Henning Wallentowitz (Hrsg.)

AKTIVE FAHRWERKSTECHNIK

Fortschritte der Fahrzeugtechnik

Band 1 Waldemar Stühler (Hrsg.)
Fahrzeugdynamik
Reifenmodelle, Antriebsstrang, Gesamtfahrzeug, Schwingungseinwirkung

Band 2 Willi Geib (Hrsg.)
Geräuschminderung bei Kraftfahrzeugen

Band 3 Fritz Eisfeld (Hrsg.)
Keramikbauteile in Verbrennungsmotoren

Band 4 Karl-Heinz Brück (Hrsg.)
Fahrzeugverglasung
Entwicklung · Techniken · Tendenzen

Band 5 Carlos de Molina
Fahrverhalten von Krafträdern
Rechnerische Simulation

Band 6 Manfred Rautenberg (Hrsg.)
Aufladung von Verbrennungsmotoren
Entwicklung, Regelung und Stand der Technik

Band 7 Henning Wallentowitz (Hrsg.)
Allradlenksysteme bei Personenkraftwagen

Band 8 Waldemar Stühler (Hrsg.)
Schwingungen in der Fahrzeugdynamik

Band 9 Otmar Krettek
Federungs- und Dämpfungssysteme

Band 10 Henning Wallentowitz (Hrsg.)
Aktive Fahrwerkstechnik

Vieweg

Fortschritte der Fahrzeugtechnik 10

Henning Wallentowitz (Hrsg.)

AKTIVE FAHRWERKSTECHNIK

Mit 212 Bildern

vieweg

Fortschritte der Fahrzeugtechnik

Exposés oder Manuskripte zu dieser Reihe werden zur Beratung erbeten unter der Adresse: Verlag Vieweg, Postfach 58 29, D-6200 Wiesbaden

Dieser Band enthält die Referate der Fachtagung „Aktive Fahrwerkstechnik" vom 10./11. Juni 1991 im Haus der Technik, Essen.

Herausgeber: Dr. Henning Wallentowitz ist Hauptabteilungsleiter Vorentwicklung Fahrwerk der Bayerischen Motoren Werke AG in München.

Der Verlag Vieweg ist ein Unternehmen der Verlagsgruppe Bertelsmann International.

ISBN 978-3-663-00007-5 ISBN 978-3-663-00156-0 (eBook)
DOI 10.1007/978-3-663-00156-0

Umschlaggestaltung: Wolfgang Nieger, Wiesbaden

Gedruckt auf säurefreiem Papier

Vorwort

Die Fahrwerke werden seit einigen Jahren zunehmend durch elektronische Systeme in ihrer Leistungsfähigkeit unterstützt. Deshalb entstand im Haus der Technik die Idee, diese Thematik parallel zur mechanischen Fahrwerkstechnik einmal zusammenfassend zu behandeln. Es soll ein Überblick vermittelt werden, welche Arbeitsgebiete bereits sehr weitgehend bearbeitet worden sind und wo in der Zukunft noch mehr Entwicklungsarbeiten zu leisten sein werden.

In der ersten Veranstaltung dieser Art habe ich deshalb versucht, Referenten zu gewinnen, die die verschiedenen Fahrwerkselemente sowohl im Detail als auch im Überblick – wo stehen wir heute – darstellen können. Den Referenten danke ich sehr für ihre Beiträge.

Es werden sowohl Einzelaggregate bzw. Systeme, die unmittelbar im Fahrwerk wiederzufinden sind, behandelt, wie auch darüber hinausgehende Themen wie z.B. neue Logikansätze, qualitätssichernde Maßnahmen und funktionale Integrationsmöglichkeiten von Fahrwerksystemen. Das scheinen heute zwar noch Randthemen zu sein, nur werden die nächsten Entwicklungsarbeiten sich gerade hier konzentrieren. Die wirtschaftliche Umsetzung der modernen Fahrwerksysteme wird durch differenzierende Logiken, kostensenkende Integrationen und konstruierte Qualität möglich sein. Das konventionelle Einzelsystem allein hat, wie uns die Beispiele der Vergangenheit immer wieder schmerzhaft zeigen, auf dem Markt keine großen Chancen.

Deshalb möge die Tagung im Haus der Technik und dieses Buch als Gemeinschaftswerk einer größeren Zahl von Fahrzeugentwicklern dazu beitragen, daß wir die gemeinsamen Ziele besser erkennen. Wir können unsere Arbeiten anschließend zum Nutzen unserer Kunden wahrscheinlich sogar zweckmäßiger koordinieren. Für die Gewährung dieses Forums sei dem Haus der Technik und dem Verlag Vieweg bestens gedankt.

München, April 1991 *H. Wallentowitz*

Referentenverzeichnis

Dipl.-Ing. *H. Beduhn*, Volkswagen AG, Wolfsburg
Dipl.-Ing. *D. K. Busch*, VDO Adolf Schindling AG, Schwalbach a.T.
Dipl.-Ing. *A. Czinczel*, Robert Bosch GmbH, Stuttgart
Dipl.-Ing. *G. Feurer*, Carl Freudenberg, Weinheim
Mr. *N. Fukushima*, Nissan Motor Co. Ltd., Atsugi-shi, Japan
Mr. *K. Fukuyama*, Nissan Motor Co. Ltd., Atsugi-shi, Japan
Dipl.-Ing. *H. Geiger*, WABCO Westinghouse Fahrzeugbremsen GmbH, Hannover
Dipl.-Ing. *D. Gradert*, WABCO Westinghouse Fahrzeugbremsen GmbH, Hannover
Dr.-Ing. *R. Hölscher*, August Bilstein GmbH & Co. KG, Ennepetal
Dr.-Ing. *Z. Huang*, August Bilstein GmbH & Co. KG, Ennepetal
Dipl.-Ing. *H.-Ch. Klein*, Alfred Teves GmbH, Frankfurt am Main
Dr.-Ing. *D. Konik*, Bayerische Motoren Werke AG, München
Dipl.-Ing. *H. Leinfellner*, Steyr-Daimler-Puch Fahrzeugtechnik GmbH, Graz, Österreich
Dipl.-Ing. *P. Martin*, Lucas Automotive Ltd., Fen End, England
Dr.-Ing. *K. Schönfeld*, WABCO Westinghouse Fahrzeugbremsen GmbH, Hannover
Dipl.-Ing. *H.-J. Schröder*, VDO Adolf Schindling AG, Schwalbach a.T.
Dipl.-Ing. *A. Sigl*, Robert Bosch GmbH, Stuttgart
Dr.-Ing. *H. Wallentowitz*, Bayerische Motoren Werke AG, München
Dr.-Ing. *U. Weltin*, Carl Freudenberg, Weinheim

Inhaltsverzeichnis

Aktive Aggregatlagerungen 1
U. Weltin, G. Feurer

Das komfortorientierte semiaktive Dämpfungssystem 20
R. Hölscher, Z. Huang

Electronically Controlled Braking Intervention Systems in Europe 35
P. Martin

Antriebsschlupfregelung – mögliche Lösungen und Entwicklungstendenzen 52
A. Sigl, A. Czinczel

Allradantrieb – ein Beitrag zur aktiven Sicherheit 83
H. Leinfellner

Fuzzy Logic für geregelte Fahrzeugfederungssysteme 110
H. Beduhn

ECAS – Elektronisch geregelte Luftfederung für Nutzfahrzeuge 125
K. Schönfeld, H. Geiger, D. Gradert

Von der Niveauregulierung zur Aktiven Federung: Erkennbare Entwicklungstendenzen 150
H. Wallentowitz, D. Konik

Nissan Hydraulic Active Suspension 192
N. Fukushima, K. Fukuyama

Die geplante Zuverlässigkeit – Strategien bei der Konzeption aktiver Fahrwerkselemente 211
H.-J. Schröder, D. K. Busch

Brems- und Stoßdämpfer-Verbundregelsystem (B & SC) unter Einbeziehung von System-Diagnose und Wartungs-Instruktor (DWI) 244
H.-Ch. Klein

Aktive Aggregatlagerungen

von U. Weltin, G. Feurer

1. Einleitung

Das gestiegene Komfortbewußtsein der Käufer von Fahrzeugen zwingt den Konstrukteur zu immer größeren Anstrengungen beim Entwurf der geeigneten Geometrie eines Fahrzeuges. Der gleichzeitig von den Designern geforderte Freiraum zur Gestaltung strömungsgünstiger und attraktiver Karosserien erschwert zusätzlich die Aufgabe ein sicheres und dabei auch komfortables Fahrzeug zu entwerfen.

Durch die zunehmend zu beobachtenden Leichtbaubestrebungen zur Minimierung des Rohstoff- und Energiebedarfs treten zusätzlich Schwingungsprobleme in den Vordergrund, die wesentlich den Vibrations- und Akustikkomfort beeinträchtigen. Dabei spielt auch die Aggregatlagerung des Fahrzeuges eine wesentliche Rolle. Es ist absehbar, daß künftig die allgemeinen Anforderungen ein Nivau haben werden, das nur noch durch aktive Maßnahmen erreicht werden kann. So sind bereits heute aktive Lager bei Serienfahrzeugen im Einsatz [BAS90].

Die steigenden Kosten bei der Erstellung mechanischer Komponenten sowie gleichzeitig sinkenden Kosten elektronischer Bauteile verstärken zusätzlich die Motivation, aktive Schwingungstechnik als Bestandteil künftiger Fahrzeugtechnik anzubieten.

In dieser Arbeit sollen nach einem Überblick über die Anforderungen an die Aggregatlager von Fahrzeugen eine Klassifikation aktiver Lager vorgeschlagen werden. Es werden aktive Lager für den niederfrequenten und hochfrequenten Bereich vorgestellt. Danach wird das Potential eines realisierten aktiven Lagers diskutiert und seine Wirksamkeit im System aufgezeigt.

2. Anforderungen an die Aggregatlagerung

Die erste Aufgabe von Motorlagern ist zunächst, das Aggregat eines Fahrzeuges zu positionieren. Abweichungen von dieser Position sind unter den vielfältigen Belastungszuständen der Aggregatlagerung nur in engen Toleranzen zulässig. Betrachtet man eine Liste von beobachteten Lagerungsphänomenen mit den zugehörigen Maßnahmen zur Verringerung der unerwünschten Eigenschaften, so stellt man fest, daß sich mit konventionellen Gummi-Metall-Lagern allein unlösbare Zielkonflikte ergeben [HAM85].

Anregung	Phänomen	Lagereigenschaft
Motormasse	statische Last	hohe Steifigkeit
Motormoment	quasistatische Kräfte	hohe Steifigkeit
Lastwechsel	Lastwechselschlag Nachschwingen	progressive Steifigkeit und Dämpfung
Antriebsstrang-schwingungen	"Bonanzaeffekt"	hohe Steifigkeit hohe Dämpfung
Anstellvorgang Abstellvorgang	Ab- und Anstell-schütteln	geringe Steifigkeit hohe Dämpfung
Straßenanregung	Vorderbauunruhe, Stuckern	hohe Steifigkeit optim. Dämpfung
Gas- Massenkräfte	Vibrationen Geräusche	geringe Steifigkeit geringe Dämpfung

Tab.1: Schwingungsphänomene und wünschenswerte Lagereigenschaften

So ist es im Sinne eines guten Fahrkomforts erforderlich, die durch Straßenanregung im Bereich der Rad- und Motoreigenfrequenzen (5 – 15 Hz) auftretenden großen Schwingungsamplituden des Aggregates relativ zur Karosserie zu bedämpfen. Bei hochfrequenter Anregung der Schwingungen des Aggregates durch Gas- und Massenkräfte ist man dagegen an einer möglichst guten Schwingungsisolation, d.h. an sehr geringer Dämpfung und niedriger Steifigkeit interessiert. Zur Lösung dieses Zielkonfliktes wurde von Freudenberg das Hydrolager entwickelt. Es wurde zuerst 1977 beim Audi 100 in Serie eingesetzt und ist heute in nahezu allen Fahrzeugen der gehobenen Mittelklasse zu finden.

Die Optimierung der Motorlagerung erfolgt in der Regel empirisch und verursacht sowohl beim Fahrzeughersteller wie auch beim Motorlagerlieferant hohe Kosten. Zur Minimierung dieser Kosten ist eine methodische, für alle Entwicklungspartner transparente Produktentwicklung wünschenswert. In diesem Sinne soll in Zukunft die Integration von Versuch und Berechnung helfen, die Entwicklungszeiten zu verkürzen [WEL90].

Auch die Verwendung von aktiven Lagern kann durch die Lösung weiterer Zielkonflikte dazu beitragen, Kosten für das Fahrzeug zu senken, ohne gleichzeitig auf Fahrkomfort verzichten zu müssen [KEE90].

3. Klassifikation aktiver Motorlager

Zur Abgrenzung und Unterscheidung aktiver Aggregatlager ist es nützlich eine Klassifikation vorzunehmen. Als Unterscheidungskriterium verschiedener Lagerkonzepte bietet sich die zur Aktivierung erforderliche Energie an (Abb.1).

Das passive Lager zeichnet sich dadurch aus, daß es für seine Funktion keine zusätzliche Energie benötigt. Es läßt sich durch einen Frequenzgang beschreiben. In der Automobilindustrie haben sich dazu die Kenngrößen "dynamische Steifigkeit und Verlustwinkel" durchgesetzt (Abb.2). Mit einem passiven Lager sind als Reaktion auf eine positive bzw. negative Verschiebung nur positive bzw. negative Kraftreaktionen realisierbar (2 Quadrantenbetrieb). Bei einer bestimmten Frequenz läßt sich am Prüfstand die für ein Hydrolager typische Hystereseschleife beobachten.

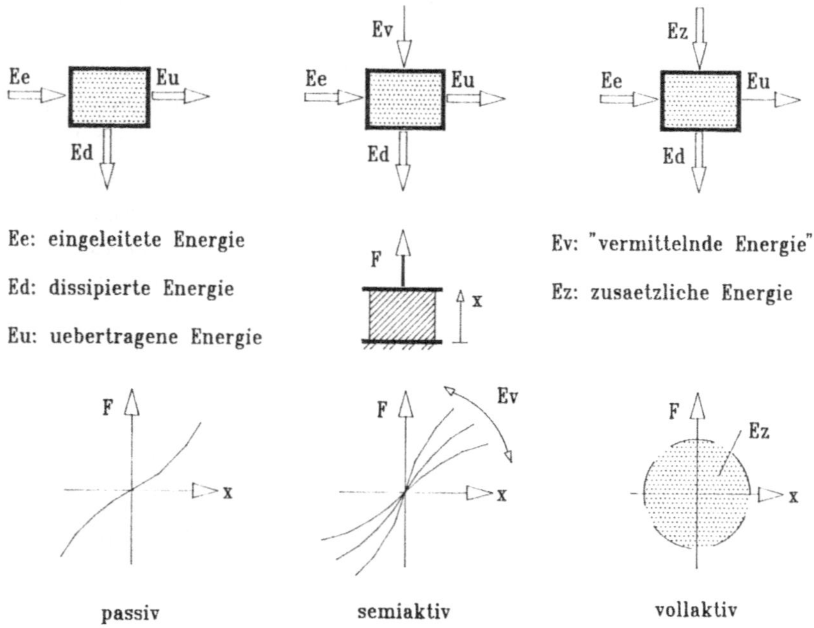

Abb.1: Klassifikation aktiver Motorlager

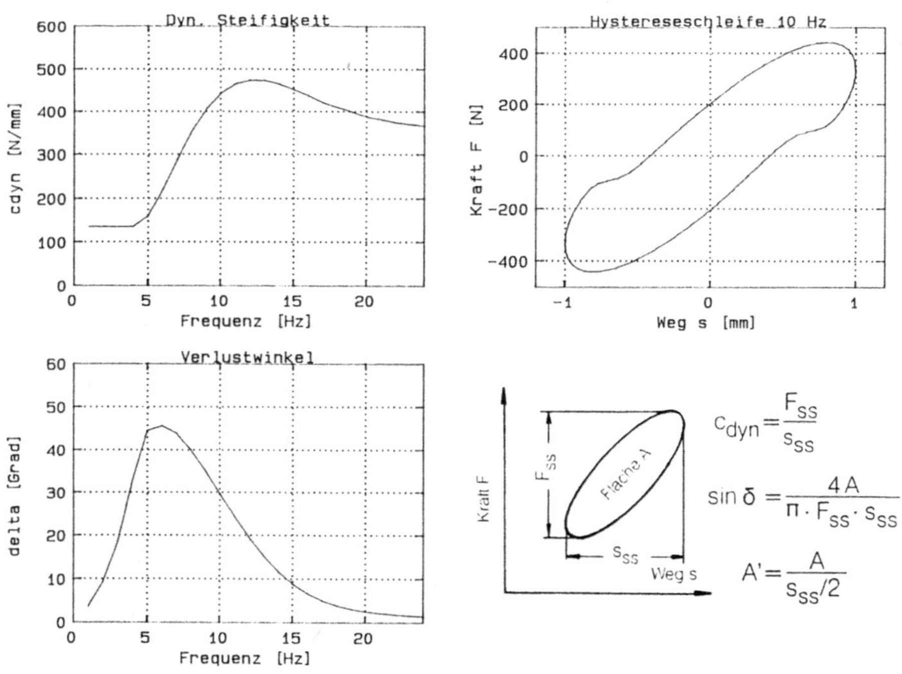

Abb.2 Frequenzgang und Hystereseschleifen eines Passiven Lagers

Ein Motorlager, das zur Veränderung seiner Charakteristik nur eine vermittelnde Energie benötigt, wird als semiaktives Lager bezeichnet. Bei einem semiaktiven Lager können die Steifigkeit oder die Dämpfung oder eine Kombination von Steifigkeit und Dämpfung abhängig vom jeweiligen Betriebszustand verändert werden. Semiaktive Lager lassen sich durch Frequenzkennfelder beschreiben. Abb.3 zeigt das zu den beiden Schaltstufen des semiaktiven Motorlagers des Audi 100 TDI gehörenden "Frequenzkennfeld".

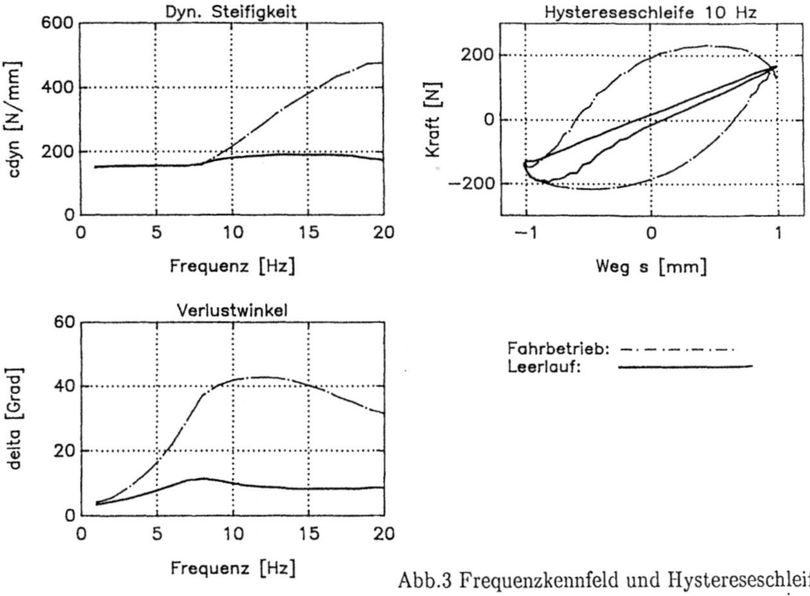

Abb.3 Frequenzkennfeld und Hystereseschleifen eines semiaktiven Motorlagers

Wie bei einem passiven Lager sind als Reaktion auf eine positive bzw. negative Verformung nur positive bzw. negative Kraftreaktionen realisierbar. Am Prüfstand lassen sich für eine Anregungsfrequenz beim Lager des Audi 100 TDI zwei Hystereseschleife realisieren.

Beim aktiven Aggregatlager im eigentlichen Sinn wird die aufgenommene Energie dazu verwendet, unabhängig von der Verschiebung des Kraftangriffspunktes Kräfte mit beliebigem Vorzeichen in das System einzubringen. Aktive Lager können ebenfalls durch Frequenzkenngrößen beschrieben werden. Abb.4 zeigt den Verlauf der über der Frequenz aufgetragenen Kraftamplitude eines, für eine bestimmte Anwendung realisierten aktiven Lagers bei festgehaltenem Weg (siehe auch Abschnitt 4.3).

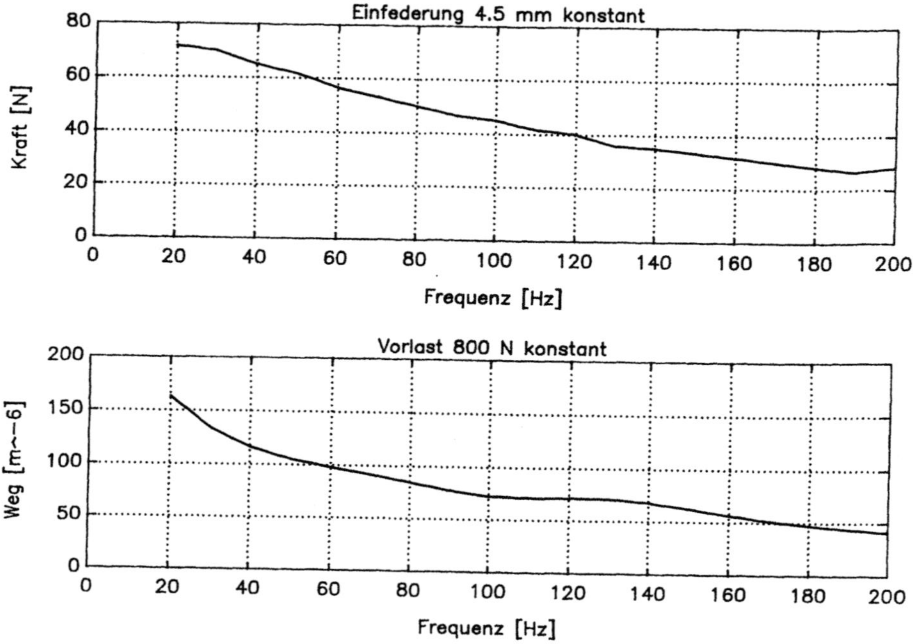

Abb.4 Frequenzgang eines aktiven Lagers

Hält man die übertragene Kraft (z.B. statische Vorlast) konstant, läßt sich auch die in Abb.4 dargestellte Wegamplitude des Lagers als Funktion der Frequenz messen. Während bei passiven und semiaktiven Lagern nur die gewohnten Hystereseschleifen am Prüfstand beobachtet werden, kann durch Steuerung oder Regelung in dem durch die oben beschriebene Messung festgelegten Gebiet nahezu jeder beliebiger Kraft–Weg Verlauf realisiert werden (4 Quadrantenbetrieb). Abb.5 zeigt für ein realisiertes, aktives Lager das Gebiet im Kraft–Weg–Diagramm, in dem beliebige Kombinationen der beiden Zustandsgrößen möglich sind.

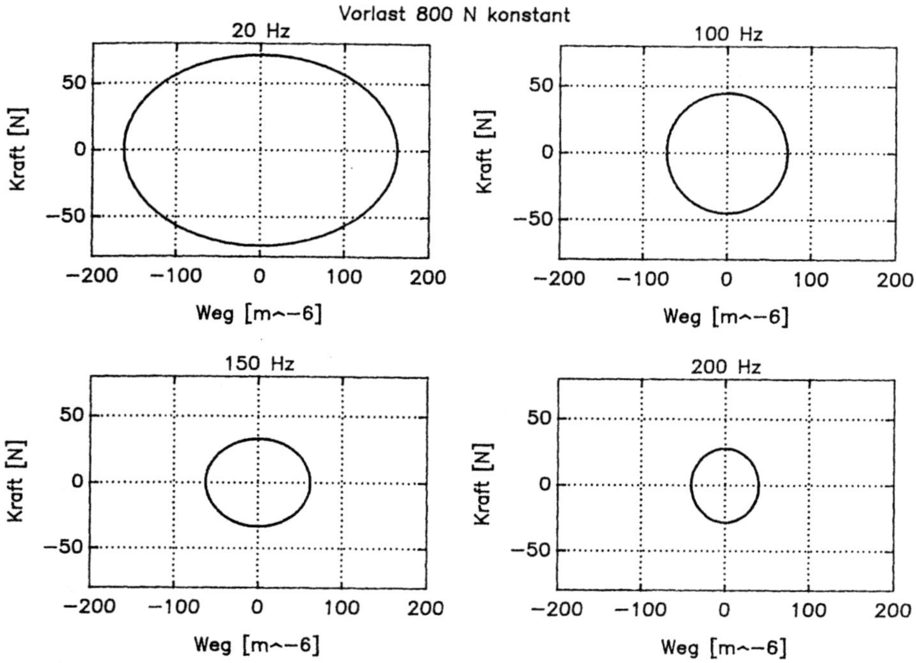

Abb.5: Aktiv erreichbares Gebiet eines aktiven Lagers

4. Funktionsprinzipien und Potential aktiver Lager

Zum Aufzeigen des Potentials aktiver Lager sollen exemplarisch drei unterschiedliche Typen vorgestellt werden, die für verschiedene Einsatzzwecke in Frage kommen.

Zunächst wird ein semiaktives Lager vorgestellt, das ähnich wie das in Abschnitt 3 zur Klassifikation von aktiven Lagern vorgestellte Schaltlager für die Verbessereung von Leerlaufproblemen eingesetzt werden kann, wobei jedoch ein anderes Funktionsprinzip zum Einsatz kommt.

Für die Verbesserung des Verhaltens der Aggregatlagerung bei unterschiedlicher Fahrbahnanregung wird ein kontinuierlich verstellbares, semiaktives Lager vorgestellt.

Zum Schluß wird eine Neuentwicklung eines vollaktiven Lagers vorgestellt und hinsichtlich seiner Vorteile gegenüber konventionellen Lagern erörtert.

4.1 Leerlauf-Entkopplung

Zur Optimierung des Leerlaufverhaltens ist man daran interessiert, die Bewegungen des Aggregates möglichst gut bezüglich der Kraftübertragung auf die Karosserie zu isolieren. D. h. man möchte verhindern, daß die Bewegung des Aggregates auf die Karosserie übertragen wird und somit das lästige, als Leerlaufschütteln bezeichnete Schwingungsverhalten unterbleibt.

Indem man durch eine, in der Leerlaufdrehzahl möglichst niedrige dynamische Federrate die Kraftübertragung minimiert, nähert man sich dem Idealziel, möglichst keine dynamischen Kräfte auf die Karosserie zu übertragen. Wie bereits in der Einleitung beschrieben, sind durch die Randbedingungen des Systems (Drehmomentenabstützung, Lastwechselreaktionen) der Verringerung der Steifigkeit der Lager jedoch enge Grenzen gesetzt. Durch die Verwendung eines mit Hilfe von Hydrolagern realisierbaren Tilgereffektes kann man dagegen erreichen, daß die dynamische Federrate bei der Leerlauffrequenz deutlich unter die statische Federrate abgesenkt wird. Die statische Tragfunktion des Lagers wird dadurch nicht beeinträchtigt. Abb. 6 zeigt die Prinzipskizze eines "Leerlauf-Entkopplungslagers", das diese Funktion realisiert.

Damit das Lager hochfrequent wie ein normales Hydrolager funktioniert, kann die Bypassöffnung durch einen Kolben verschlossen werden. Dies kann, wie hier gezeigt mit einem Schrittmotor, elektromagnetisch oder pneumatisch erfolgen. Selbstverständlich kann das Lager dann auch, wie beim herkömmlichen Hydrolager, mit einer "Lose" zur Entkopplung hochfrequenter Schwingungen versehen werden.

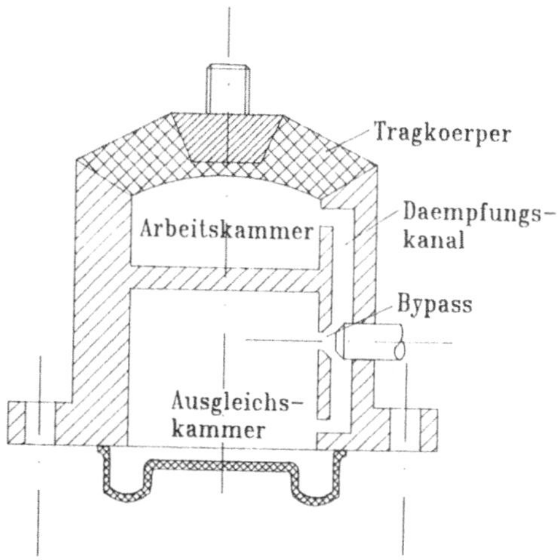

Abb. 6: Leerlauf-Entkopplungslager

Zum Aufzeigen des Potentials des Leerlauf-Entkopplungslagers sollen im folgenden die Kenngrößen "dynamische Steifigkeit und Verlustwinkel" für den geschalteten und ungeschalteten Zustand berechnet werden. Für das Lager in Abb.6 läßt sich das in Abb.7 dargestellte Ersatzschaubild angeben.

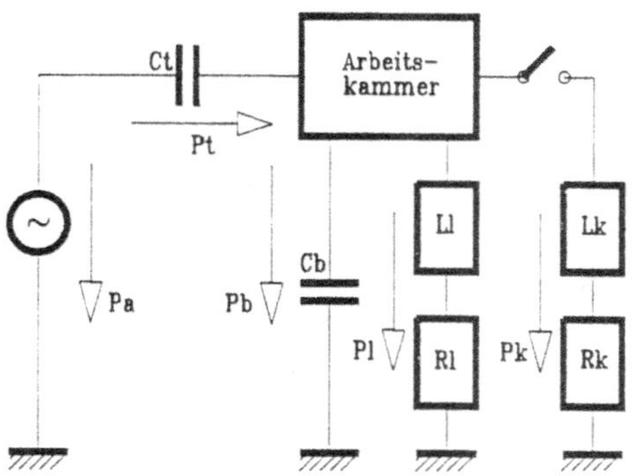

Abb. 7: "Hydraulisches Netzwerk" Leerlauf-Entkopplungslager

Zur Herleitung der beschreibenden Gleichungen des Hydrolagers wird ein physikalisches Ersatzmodell benötigt. Nach Freudenberg [FRE88] wird hier die elektrische Analogie für das hydraulische System verwendet. Die Gleichungen dieses "hydraulischen Netzwerkes" lassen sich durch das Aufstellen der zugehörigen Maschengleichungen

$$
\begin{aligned}
P_a &= P_t + P_b \,, \\
0 &= P_b - P_l \,, \\
0 &= P_l - P_k \,,
\end{aligned}
$$

und der Knotengleichung

$$V_t = V_b + V_l + V_k$$

mit den Beziehungen für den Druckabfall

$$P_t = \frac{V_t}{C_t}\,, \quad P_b = \frac{V_b}{C_b}\,, \quad P_l = L_l\,\ddot{V}_l + R_l\,\dot{V}_l\,, \quad P_k = L_k\,\ddot{V}_k + R_k\,\dot{V}_k$$

an den Inertanzen (Trägheiten)

$$L_k = \frac{\rho\, l_k}{A_k^2}\,, \quad L_l = \frac{\rho\, l_l}{A_l^2}$$

und den Querschnittswiderständen

$$R_l = \frac{\rho}{2\,A_{le}^2}\,(1 + \xi_l)\,|\dot{V}_l|\,, \quad R_k = \frac{\rho}{2\,A_{ke}^2}\,(1 + \xi_k)\,|\dot{V}_k|\,,$$

nach kurzer Rechnung in Matrizenschreibweise gemäß

$$
\begin{Bmatrix} \ddot{V}_l \\ \dot{V}_l \\ \ddot{V}_k \\ \dot{V}_k \end{Bmatrix}
=
\begin{Bmatrix}
-R_l/L_l & -1/(C_b\;L_l) & 0 & -1/(C_b\,L_l) \\
1 & 0 & 0 & 0 \\
0 & -1/(\,C_b\;L_k) & -R_k/L_k & -1/(C_b\,L_k) \\
0 & 0 & 1 & 0
\end{Bmatrix}
\begin{Bmatrix} \dot{V}_l \\ V_l \\ \dot{V}_k \\ V_k \end{Bmatrix}
+
\begin{Bmatrix} A_t/(C_b\,L_l) \\ 0 \\ A_t/(C_b\,L_k) \\ 0 \end{Bmatrix} x_t\,,
$$

$$\begin{Bmatrix} F_a \\ \dot{V}_l \\ \dot{V}_k \end{Bmatrix} = \begin{Bmatrix} 0 & -A_t/C_b & 0 & -A_t/C_b \\ 1 & 0 & 0 & 0 \\ 0 & 0 & 1 & 0 \end{Bmatrix} \begin{Bmatrix} \dot{V}_l \\ V_l \\ \dot{V}_k \\ V_k \end{Bmatrix} + \begin{Bmatrix} A_t/(C_b\, L_l) \\ 0 \\ 0 \end{Bmatrix} x_t ,$$

für den geschalteten Zustand und

$$\begin{Bmatrix} \ddot{V}_l \\ \dot{V}_l \end{Bmatrix} = \begin{Bmatrix} \frac{-R_l}{L_l} & \frac{-1}{C_b\, L_l} \\ 1 & 0 \end{Bmatrix} \begin{Bmatrix} \dot{V}_l \\ V_l \end{Bmatrix} + \begin{Bmatrix} \frac{A_t}{C_b\, L_l} \\ 0 \end{Bmatrix} x_t ,$$

$$\begin{Bmatrix} F_a \\ \dot{V}_l \end{Bmatrix} = \begin{Bmatrix} 0 & \frac{-A_t}{C_b} \\ 1 & 0 \end{Bmatrix} \begin{Bmatrix} \dot{V}_l \\ V_l \end{Bmatrix} + \begin{Bmatrix} \frac{A_t}{C_b\, L_l} \\ 0 \end{Bmatrix} x_t$$

für den ungeschalteten Zustand angeben. Mit ρ wird die Dichte des Fluides bezeichnet. A_k und A_l sind die mittleren Querschnittsflächen des Kanales mit der Länge l_k bzw. des Kanales l_l. Mit A_{ke} und A_{le} werden die, die Dämpfung bestimmenden engsten Querschnitte der Kanäle bezeichnet. Zur Erfassung der durch Verwirbelung auftretenden Strömungsverluste werden die Konstanten ξ_k und ξ_l eingeführt. Die Kraft F_a ist die am Tragkörper für eine Verschiebung x_t des Tragkörpers notwendige Kraft. Die Größe At ist der "Pumpquerschnitt" des Tragkörpers. Mit x_t wird die Eingangsgröße, F_a die Ausgangsgröße des Systems bezeichnet. In der Simulation wird die zur Ermittlung der Kenngrößen gemäß Abb.8 benötigte Hystereseschleife zwischen F_a und x_t berechnet. Die oben angegebene Matrizengleichung wird dazu mit Hilfe eines Integrationsverfahrens im Zeitbereich gelöst. Die oben angegebenen Nichtlinearitäten in der Dämpfung bereiten auf diese Art keine Probleme. Für die beiden Schaltpositionen des Leerlauf-Entkopplungslagers erhält man mit der Berechnung die in Abb.8 dargestellten Verläufe.

Das Motorlager des Honda-Accord (Abb.9) arbeitet nach dem oben beschriebenen Prinzip. Es wird von NOK in Japan gefertigt.

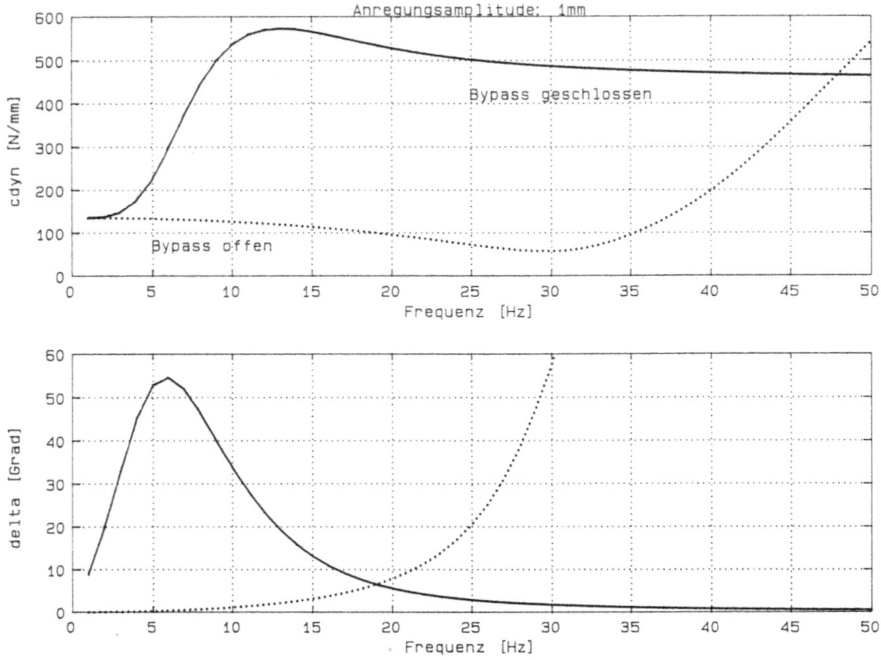

Abb.8: Berechnete Kenngrößen des Leerlauf–Entkopplungslagers für zwei Schaltstufen

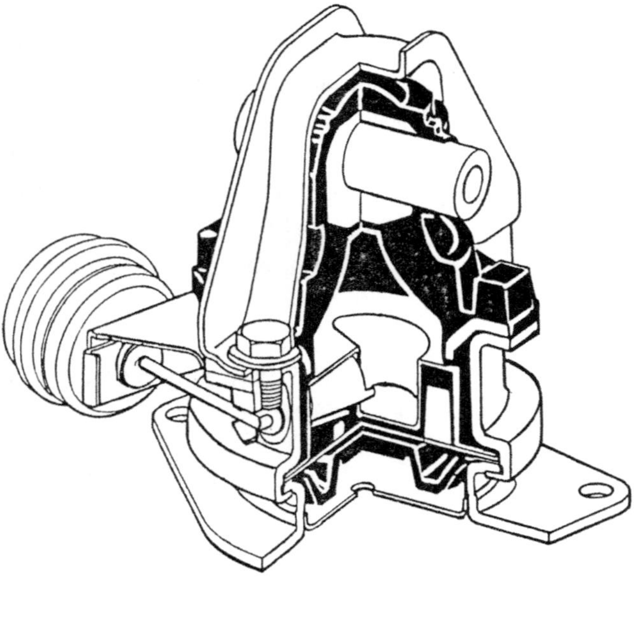

Abb.9: Semiaktives Motorlager des Honda Accord (NOK)

4.2 Semiaktives, kontinuierlich verstellbares Motorlager

Die Dämpfung eines Hydrolagers wird im wesentlichen durch den engsten Querschnitt A_{ke} des Dämpfungskanals bestimmt. Indem man den diesen Querschnitt variabel macht, etwa durch den stetig verstellbaren Kolben 9 in Abb.10, läßt sich die Dämpfungscharakteristik des Hydrolagers kontinuierlich verändern.

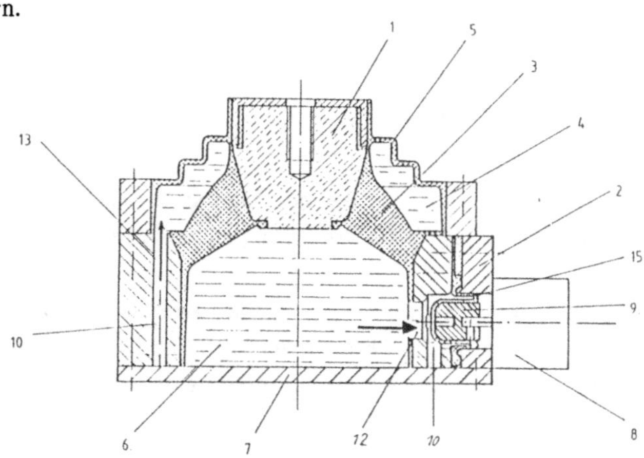

Abb.10: Kontinuierlich verstellbares Motorlager

Das hydraulische Ersatzbild des in Abb.10 dargestellten kontinuierlich verstellbaren Lagers ist in Abb. 11 angegeben.

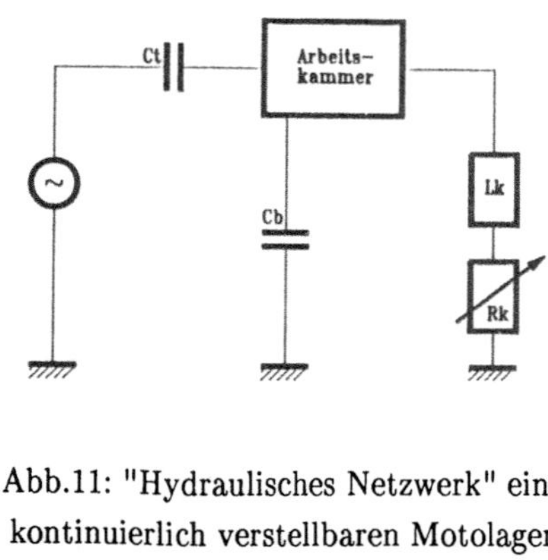

Abb.11: "Hydraulisches Netzwerk" eines kontinuierlich verstellbaren Motolagers

Auf Grund der Ähnlichkeit der Netzwerke zwischen der ungeschalteten Stellung des oben beschriebenen Leerlauf–Entkopplungslagers und des stetig verstellbaren Motorlagers in Abb.10 können die Gleichungen

$$\begin{Bmatrix} \ddot{V}_k \\ \dot{V}_k \end{Bmatrix} = \begin{Bmatrix} \frac{-R_k}{L_k} & \frac{-1}{C_b\,L_k} \\ 1 & 0 \end{Bmatrix} \begin{Bmatrix} \dot{V}_k \\ V_k \end{Bmatrix} + \begin{Bmatrix} \frac{A_t}{C_b\,L_k} \\ 0 \end{Bmatrix} x_t\,,$$

$$\begin{Bmatrix} F_a \\ \dot{V}_k \end{Bmatrix} = \begin{Bmatrix} 0 & \frac{-A_t}{C_b} \\ 1 & 0 \end{Bmatrix} \begin{Bmatrix} \dot{V}_k \\ V_k \end{Bmatrix} + \begin{Bmatrix} \frac{A_t}{C_b\,L_k} \\ 0 \end{Bmatrix} x_t$$

dieses Netzwerk übernommem werden. Bei der Berechnung sind lediglich für verschiedene Kolbenstellungen (9) die Größen für A_{ke} zu variieren.

Wie bereits in Abschnitt 4.1 gezeigt lassen die für die verschiedenen Positionen des Drosselkolbens gültigen Kenngrößen ermitteln. Abb.12 zeigt für vier verschiedene Stellungen des Kolbens (9) die Werte für die dynamische Steifigkeit und den Verlustwinkel.

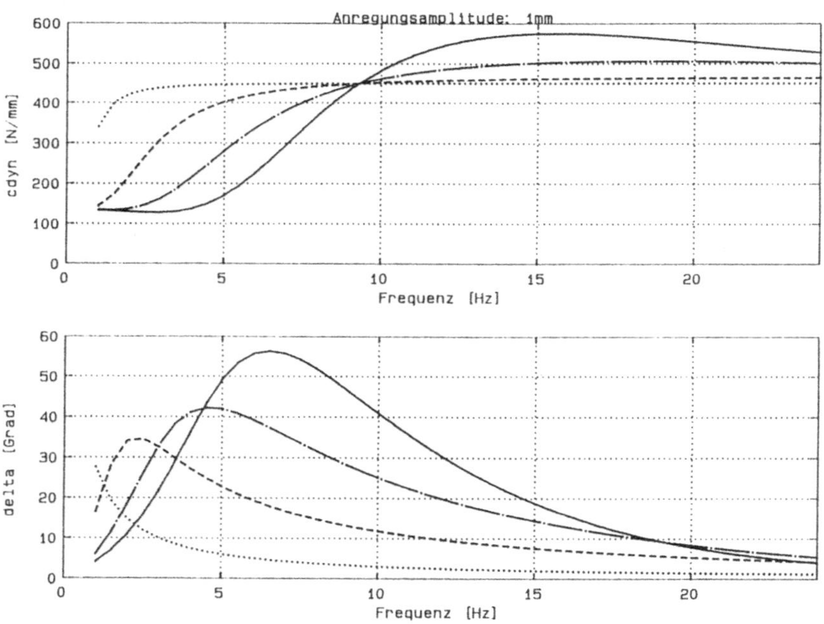

Abb.12: Kenngrößen des kontinuierlich verstellbaren Lagers

4.3 Akustisch aktives Lager

Das in Abb.13 dargestellte akustisch aktive Lager [FRE91] ist eine Kombination aus einem klassischen Hydrolager und einem elektrodynamischen Aktuator und wird im folgenden als aktiver Schwingungskompensator (ASK) bezeichnet.

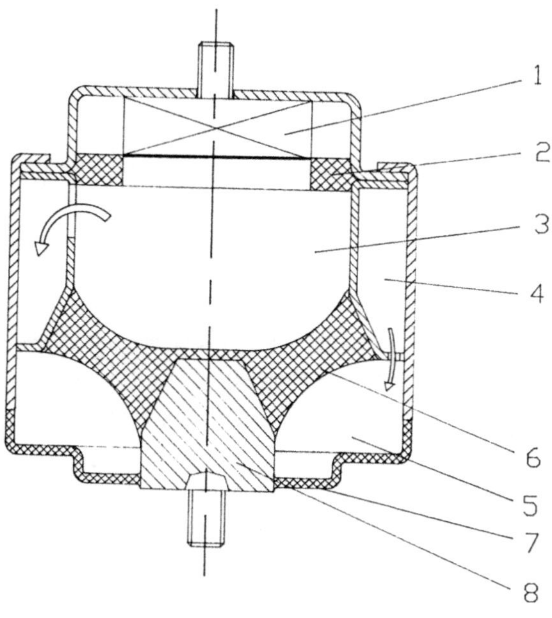

Abb.13: Aktiver Schwingungskompensator (ASK)

Der Elektromagnet (1) wirkt auf eine Membran (2), die gleichzeitig den oberen Abschluß zu der hydraulischen Arbeitskammer (3) bildet. Das statische Gewicht des Motors stützt sich auf dem gummielastischen Tragkörper (4) ab.

Bei niedrigen Frequenzen (0 .. 20 Hz) wirkt der Kompensator wie ein passives Hydrolager: Eine äußere Verschiebung des Lagerfußpunktes (8) führt zu einer Verschiebung des Dämpfungsfluides zwischen der Arbeitskammer (3) und der durch einen Gummibalg (7) abgeschlossenen Ausgleichskammer (5). Arbeitskammer und Ausgleichskammer sind über einen Ringkanal (6) miteinander verbunden. Bei niedrigen Frequenzen pulsiert die Flüssigkeit und wird beim Durchtritt durch die Düse am Kanalende verwirbelt. Dabei wird Schwingungsenergie in Wärme umgewandelt und somit die Schwingung gedämpft.

Bei höheren Frequenzen (>20 Hz) wird die Trägheit der Flüssigkeitssäule im Ringkanal (6) sehr hoch, so daß die Bewegung der Flüssikeit immer mehr eingeschränkt wird. Durch die gesteuerte Bewegung der Membrane (2) kann nun das Lager aktiviert werden.

Das Besondere am konstruktiven Aufbau des hier gezeigten aktiven Schwingungskompensators ist die Trennung der statischen Tragfunktion von der dynamischen Isolierfunktion. Das Lager kann relativ hart ausgelegt werden und durch eine geeignete Regelung im akustischen Bereich "dynamisch extrem weich" reagieren.

Mit Hilfe moderner Verfahren zur elektronischen Geräuschreduzierung [KÖN91] werden solche Lager sogar als "Lautsprecher" verwendet, mit denen gezielt Schall an den Lagerpunkten der Karosserie eingeleitet wird, um im Innrenraum von Fahrzeugen durch Auslöscheffekte zu niedrigen Schallpegeln beizutragen.

Das Potential solcher aktiver Lager konnte bereits im Versuch erprobt werden. Abb.14 zeigt die Absenkung des Innengeräuschpegels durch Einbau der Lager gegenüber dem Pegel, der in der Serie bei dem untersuchten Mittelklassefahrzeug gemessen wurde.

Dabei wurde ein sehr einfaches, lokal arbeitendes Regelkonzept angewendet. Nur ein Lager war bei den Messungen zum Geräuschpegel (Abb.14) aktiv. In Abb.15 sind die Beschleunigungen in axialer Lagerrichtung Motor– und Karosserieseitig bei passivem und aktiviertem Schwingungskompensator aufgetragen. Man erkennt die hohe Isolationswirkung des ASK. Mit den zur Zeit mit dem Labormuster des Kompensators erreichbaren Amplituden für die aktiv zu realisierende Kraft bzw. den Kompensationsweg (siehe Abschnitt 3) lassen sich die meisten 4 – Zylindermotoren in der zweiten Motorornung im gesamten Drehzahlbereich gut isolieren. Es ist absehbar, daß für spezielle Fahrzeuge mit ungünstigen Lagerpunkten größere Kompensationsamplituden (aktive Wege bei festgehaltener statischer Kraft) benötigt werden. Entsprechend modifizierte Lager mit deutlich höherem Leistungsniveau sind zur Zeit in Arbeit.

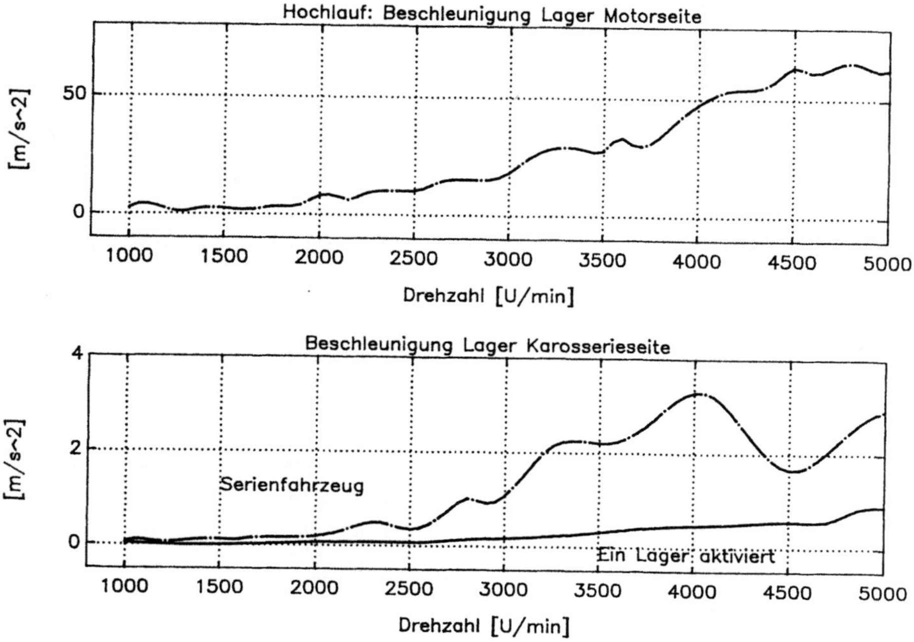

Abb.14: Absenkung des Innengeräuschpegels mit ASK

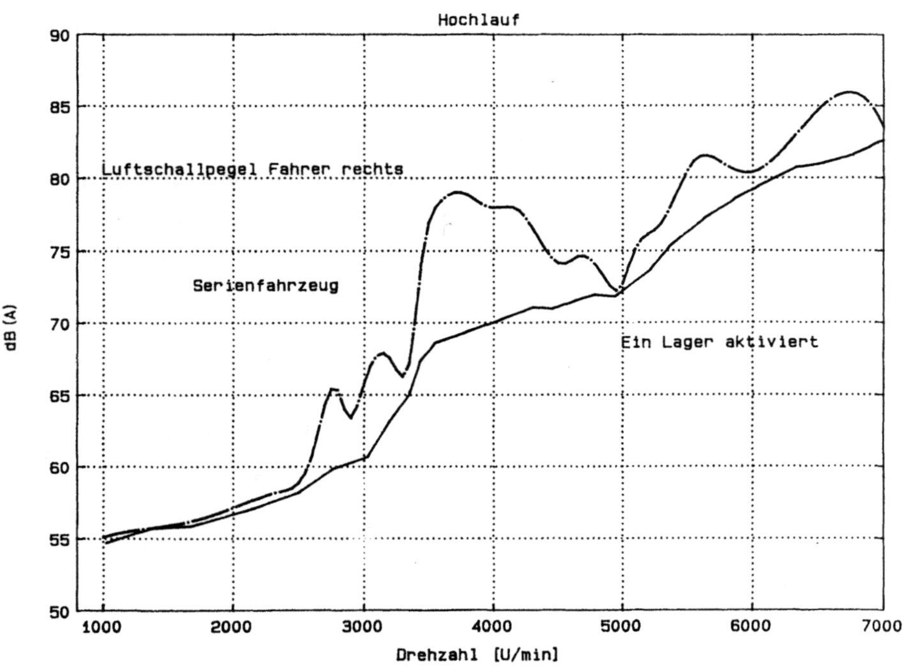

Abb.15: Lokale Beschleunigungsisolation mit ASK

5. Zusammenfassung

Die Entwicklung aktiver Lager zur Isolation und Kompensation von Aggregatschwingungen ist einer der Entwicklungsschwerpunkte bei Freudenberg. Es konnte gezeigt werden, daß für eine Reihe aktueller Geräusch- und Vibrationsprobleme, die mit konventionellen Lagern nicht oder nur unter erheblichem konstruktivem Aufwand am Lager und im Umfeld der Lagerung gelöst werden können, bereits heute seriennahe aktive Lagerungskonzepte angeboten werden.

Der Einsatz aktiver Lagerungskonzepte erlaubt es, Fahrzeuge ohne die bisher nötigen Kompromisse hinsichtlich des Vibrations- und Akustikkomforts zu optimieren. Hierdurch wird ein weiterer Fortschritt auf dem Weg zur Gewichtsreduzierung und Kraftstoffeinsparung eingeleitet.

Für die aktive Motorlagerung mit ASK wird beispielsweise nur etwa 30 Watt Wirkleistung aus dem Bordnetz benötigt. ASK ist somit eine echte Alternative zur Ausgleichswelle, die bei großvolumigen 4–Zylindermotoren Bekämpfung der Vibrationen eingesetzt wird. Solche Ausgleichswellen benötigen für ihren Antrieb wesentlich mehr Leistung. Größenordnungen von 1000 Watt sind keine Seltenheit.

Während bei passiven Lagerungssystemen die Abstimmung nur durch Variation der jeweils verwendeten "Hardware" erfolgen kann, ist es mit Hilfe aktiver Systeme möglich, in "Software" zu optimieren. Es ist bereits jetzt abzusehen, daß mit aktiven Lagern bei gleichzeitig verringertem Entwicklungszeitbedarf vibrationsärmere und damit auch leisere Fahrzeuge angeboten werden können.

Die oft bei älteren Fahrzeugen beobachtete Verschlechterung in der Fahrzeugakustik ist zu zum Teil auch auf Alterungseinflüsse von Motorlagern zurückzuführen. Mit Hilfe der aktiven Schwingungstechnik können solche Einflüße vollständig kompensiert werden.

6. Literaturnachweis

[WEL90] U. Weltin: Integrierte Berechnungs– und Versuchsmethodik zur Optimierung der Aggregatlagerung von Fahrzeugen, VDI–Berichte (1990), Düsseldorf.

[BAS90] R. v. Basshuysen, G. Kuipers, H. Hollerweger: Akustik des Audi 100 TDI mit direkteinspritzendem Turbo–Dieselmotor, ATZ 92 (1990) 1, Stuttgart.

[FRE91] T. Freudenberg, T. Barth und H. Schilling: Akustisch aktives Motorlager, Kautschuk–Gummi–Kunststoffe, (1991) 1, Heidelberg.

[KEE90] J. Keebler: High–Tech engine mount may quiet inline 4 and 6 bangers, cut costs. Automotive News, Oct. 22 (1990).

[FRE88] U. Freudenberg und T. Freudenberg: Berechnung des dynamischen Verhaltens komplexer Hydrolager, Automobilindustrie (1988) 2.

[HAM85] A. Hamaerkers: Entkoppelte Hydrolager als Lösung des Zielkonfliktes bei der Auslegung von Hydrolagern, Automobi–Industrie 30 (1985) 5

[KÖN91] W. König: Anti–Noise–System, Test&Technik, Auto Motor und Sport 4 (1991).

Das komfortorientierte semiaktive Dämpfungssystem

von R. Hölscher, Z. Huang

1. Einleitung

Herkömmliche Fahrwerke von PKW weisen eine Festabstimmung von Federung und Dämpfung auf. Während die Auslegung der Federung durch statische und quasistatische Effekte, wie Einfederung bei Zuladung und stationäre Wank- und Nickwinkel, weitgehend vorgegeben ist, bleibt die Auswahl von Stoßdämpfern als Mittel zur Abstimmung von Fahrwerken. Theoretische und experimentelle Untersuchungen zum Federungsverhalten, /1/, /2/, haben gezeigt, daß die gewählte Abstimmung einen Kompromiß zwischen Fahrkomfort und Fahrsicherheit darstellt.

Mit konventionellen Federn und Dämpfern ist dieser Kompromiß bekanntermaßen auf einen engen Bereich beschränkt. Er kann nur mit Hilfe der Elektronik und Regelungstechnik durchbrochen werden, damit läßt sich ein besserer Fahrkomfort bei gleicher oder noch größerer Fahrsicherheit in dem Gesamtbereich variierender Fahrgeschwindigkeit erzielen.

Der Stoßdämpfer ist wegen des großen Potentials (hohe dynamische Kräfte) und des geringeren Aufwandes als Stellglied gegenüber der Feder bevorzugt. In der Vergangenheit sind mehrere Dämpfungsverstellsysteme entwickelt und teilweise auch in der Erstausrüstung der Automobilhersteller eingeführt worden (z. B. Bilstein verstellbare Dämpfungssysteme für Porsche 959, Corvette). Dabei handelt es sich um adaptive Systeme, die mit relativ geringem Sensoraufwand auskommen. Mit adaptiven Dämpfungssystemen läßt sich der Fahrkomfort schon spürbar verbessern. Aufgrund langer Schaltzeit können sie jedoch nicht hinreichend sensibel auf Einzelhindernisse reagieren.

Zur schnellen Reaktion auf Einzelhindernisse ist eine stetige Überwachung der Fahrzeugdynamik und eine schnelle Verstellmöglichkeit der Dämpfkräfte erforderlich. Semiaktive Dämpfungssysteme bieten mit möglichen Reaktionszeiten um zehn Millisekunden gute Voraussetzungen für einen weiteren Fortschritt im Fahrkomfort.

Gegenüber aktiven Systemen, die ein noch größeres Verbesserungspotential bieten, zeichnen sich semiaktive Systeme durch geringeren Energiebedarf und einen geringeren Aufwand für Sensorik und Stellglieder aus.

Wegen des günstigen Nutzen-/Kostenverhältnisses scheint das semiaktive System die größten Erfolgsaussichten bei fortgeschrittenen Fahrwerken zu bieten /3/.

2. Theoretische Grundlagen

Semiaktive Dämpfungssysteme sind in der Lage, Dämpfungskräfte je nach Regelalgorithmus bis in den Bereich der Radeigenfrequenz zu regeln. Ein bekannter Regelalgorithmus zur Ansteuerung der Dämpfer leitet sich vom Skyhook-Prinzip ab. Dieser und das im Hause Bilstein entwickelte Regelungskonzept werden im folgenden vorgestellt:

2.1 Das Skyhook-Prinzip

Das Skyhook-Prinzip beruht darauf, daß der Aufbau des Fahrzeugs am Himmel (z. B. an den Schienen der Schwebebahn) hängt, damit wird der Aufbau von der Straße entkoppelt und Stöße von der Fahrbahn werden isoliert. Statt der starren Verbindung kann man auch einen Stoßdämpfer (den sogenannten Skyhook-Stoßdämpfer) zwischen dem Inertial-Bezugssystem und dem Aufbau (Abb. 1) einbauen. Bei dieser Anordnung ist die Dämpfkraft des Stoßdämpfers stetig gegen die vertikale Aufbaugeschwindigkeit $\dot{x}_A$ gerichtet.

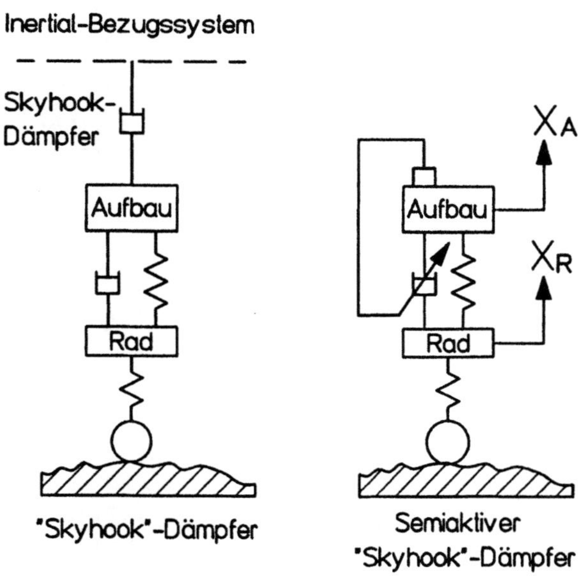

Abb. 1 : Schwingungs - Ersatzsysteme

Zur technischen Realisierung des Skyhook-Stoßdämpfers wird ein aktiver Dämpfer, der in zwei Stufen verstellbar ist, zwischen Aufbau und Rad eingesetzt. Seine Dämpfkraft wird so gesteuert: Wenn die Relativgeschwindigkeit ($\dot{x}_A$ - $\dot{x}_R$) und die vertikale Aufbaugeschwindigkeit $\dot{x}_A$ entgegengesetzt sind, wird der Stoßdämpfer ausgeschaltet (der Dämpfer kann in dieser Phase eine gegen die Aufbaugeschwindigkeit $\dot{x}_A$ gerichtete Kraft nicht erzeugen), wenn die Relativ- und Aufbaugeschwindigkeit gleich gerichtet bzw. die Dämpfkraft und Aufbaugeschwindigkeit entgegengesetzt werden, wie in dem Fall, daß der Stoßdämpfer zwischen dem Aufbau und Inertial-Bezugssystem arbeitet, wird der Stoßdämpfer auf harte Kennungen umgeschaltet. Das Ansteuerungsprinzip, der sogenannte Skyhook-Algorithmus, läßt sich mit folgenden Gleichungen darstellen:

$$\dot{x}_A\,(\dot{x}_A - \dot{x}_R) > 0 \quad \text{-->} \quad \text{harte Kennungen}$$
$$\dot{x}_A\,(\dot{x}_A - \dot{x}_R) < 0 \quad \text{-->} \quad \text{weiche Kennungen}$$
$$\dot{x}_A\,(\dot{x}_A - \dot{x}_R) = 0 \quad \text{-->} \quad \text{Grundeinstellung,}$$

wobei $\dot{x}_R$ die vertikale Radgeschwindigkeit ist.

Aus obigen Erläuterungen ist zu ersehen, daß mit verstellbaren Stoßdämpfern zwischen Aufbau und Rad das Skyhook-Prinzip nur zur Hälfte realisiert wird. Zur vollständigen Realisierung des Skyhook-Prinzips wird jedoch die Zuführung von Fremdenergie in der Phase $\dot{x}_A\,(\dot{x}_A - \dot{x}_R) < 0$ benötigt.

2.2 Der Huang-Regelalgorithmus

Die Aufhängung von Straßenfahrzeugen an den Schienen einer Schwebebahn ist nicht praktikabel. Der Aufbau wird mittels Federn und Stoßdämpfern auf der Straße (Abb. 2) abgestützt. Deshalb wird der im folgenden vorgestellte Regelalgorithmus aus der Betrachtung des Zweimassenschwingers (Viertelfahrzeug) abgeleitet.

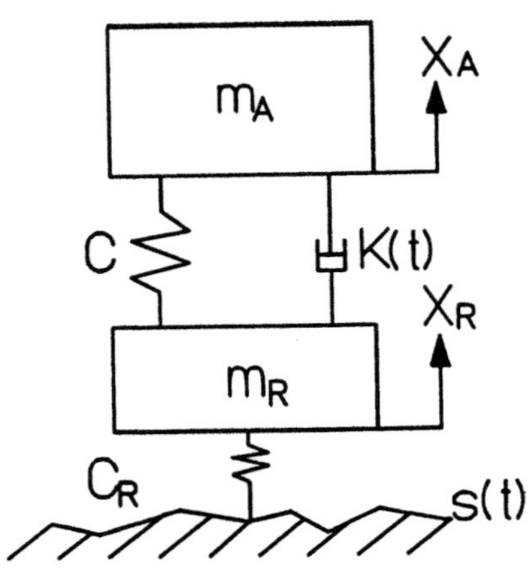

Abb. 2 : Zweimassen - Schwinger (Viertelfahrzeug)

Die vertikale Aufbaubewegung eines Fahrzeuges läßt sich durch die Gleichung

$$m_A\ddot{x}_A = -k(t)(\dot{x}_A-\dot{x}_R) - c(x_A-x_R) \qquad (1)$$

beschreiben. Eine äquivalente Umformung führt zu Gleichung (2)

$$\ddot{x}_A^2 = -\frac{k(t)}{m_A}\ddot{x}_A(\dot{x}_A-\dot{x}_R) - \frac{c}{m_A}\ddot{x}_A(x_A-x_R) \qquad (2)$$

Bei Vernachlässigung der Frequenzbewertung kann die effektive Aufbaubeschleunigung

$$\ddot{x}_{Aeff.} = \sqrt{\frac{1}{T}\int_0^T \ddot{x}_A^2 \, dt} \qquad (3)$$

als Maß für den Fahrkomfort eingesetzt werden. Einsetzen von Gleichung (2) in (3) führt zu:

$$\ddot{x}_{Aeff.} = \sqrt{-\frac{1}{Tm_A}\int_0^T k(t)\ddot{x}_A(\dot{x}_A-\dot{x}_R)\,dt - \frac{c}{Tm_A}\int_0^T \ddot{x}_A\,(x_A-x_R)\,dt} \qquad (4)$$

Das erste Glied unter der Wurzel sei Gd:

$$Gd \equiv -\frac{1}{Tm_A}\int_0^T k(t)\ddot{x}_A(\dot{x}_A-\dot{x}_R)\,dt \qquad (5)$$

Gd repräsentiert den Beitrag der Dämpfungskraft zur effektiven Aufbaubeschleunigung $\ddot{x}_{Aeff.}$, die immer positiv bleibt.

Wenn ein möglichst großer Fahrkomfort durch Verstellung der Dämpfkräfte erzielt werden soll, ist der Dämpfungskoeffizient k zeitlich so zu variieren, daß Gd möglichst klein bleibt. Hierzu wird in den Zeitintervallen, in denen $\ddot{x}_A(\dot{x}_A - \dot{x}_R)$ größer als Null ist, der Dämpfungskoeffizient erhöht bzw. der Dämpfer auf eine harte Kennlinie geschaltet. Im umgekehrten Fall, d.h. wenn $\ddot{x}_A(\dot{x}_A - \dot{x}_R)$ kleiner als Null ist, wird der Dämpfer auf eine weiche Kennlinie geschaltet. Zusammenfassend läßt sich das Regelprinzip mit folgenden Formeln beschreiben:

$\ddot{x}_A(\dot{x}_A - \dot{x}_R) > 0$ --> harte Kennungen
$\ddot{x}_A(\dot{x}_A - \dot{x}_R) \leq 0$ --> weiche Kennungen

Aus der Mechanik läßt sich der Regelalgorithmus wie folgt erklären: Stimmen die Richtungen von Dämpfkraft und Aufbaubeschleunigung überein, so verstärkt die Dämpfkraft die Aufbaubeschleunigung. Deshalb sollte in diesem Fall die Dämpfkraft möglichst klein sein. Sind die Richtungen von Dämpfkraft und Aufbaubeschleunigung einander entgegengesetzt, so verringert die

Dämpfkraft die Aufbaubeschleunigung. Es wird eine hohe Dämpfkraft gewünscht und somit auf die harte Kennlinie umgeschaltet.

Übergang zur Praxis

Bei den bisherigen Betrachtungen wurden Stellzeiten nicht berücksichtigt. Unvermeidliche Verzögerungen von der Signalerfassung, -verarbeitung bis zur Ansteuerung und Wirkung der Dämpfkraftverstellung beeinflussen die Qualität der zuvor besprochenen Modelle. Hinzu kommt, daß die bei sehr schnellem Schalten entstehenden Druckspitzen zu störenden Geräuschen und evtl. fühlbaren Stößen führen. Dies macht es erforderlich, die für ein bestimmtes Fahrzeug optimalen Schaltzeiten zu finden. In Fahrversuchen wurde festgestellt, daß eine konstant harte Dämpfereinstellung bei langwelliger Anregung (die Erregungsfrequenz ist kleiner als die Aufbaueigenfrequenz) die besten Ergebnisse zeigt. Bei wiederholter kurzwelliger Anregung (die Erregungsfrequenz ist mehrfach größer als die Aufbaueigenfrequenz) ist ein dauerndes Umschalten des Ventils wegen schlechtem, subjektiven Empfinden der Druckstöße nicht erwünscht. In diesem Fall wurde ein guter Abrollkomfort mit konstant weichen Dämpferkennungen erzielt. Der Regelalgorithmus wurde deswegen mit einem frequenzabgängigen Regelungsprinzip modifiziert, d. h.: durch die Modifizierung wird der Einsatzbereich des Huang-Regelalgorithmus auf die Erregung mit einzelnen Hindernissen und auf den Mittelfrequenzbereich bei wiederholenden Erregungen beschränkt.

Der Stoßdämpfer wird bei wiederholenden kurzen Wellen auf weiche Einstellung und bei langen Wellen auf harte Einstellung geschaltet. Die Realisierung des Regelprinzips lautet:

Die g-Sensoren überwachen die vertikalen Aufbaubewegungen. Wenn sich das Vorzeichen der Aufbaubeschleunigung $\ddot{x}_A$ in der eine langwellige Straßenanregung definierende Periodenzeit TL nicht ändert, wird die Anregung als langwellig erkannt und die Dämpfer werden auf harte Kennungen umgeschaltet, bis die langwellige Anregung vorüber ist. Die Zeitintervalle T der Schaltsignale zum Umschalten auf harte Kennungen werden mit der eine kurzwellige Anregung definierenden Periodenzeit TK verglichen. Bei T < TK werden die Erregungen als kurzwellig erkannt und die Stoßdämpfer bleiben weich. Die Verbesserung der Modifizierung ist durch Modellrechnung nachgewiesen und auch durch Fahrversuche bestätigt.

3. Technische Realisierung

3.1 Der Aufbau und die Regelung

Das von der Firma August Bilstein entwickelte semiaktive System sieht eine getrennte Regelung der einzelnen Räder vor. Es arbeitet mit jeweils einem Relativgeschwindigkeitssensor am oder im Stoßdämpfer und je einem Beschleunigungsaufnehmer am Aufbau in unmittelbarer Nähe der Stoßdämpferaufnahmen (siehe Abb. 3).

Stellglied ist ein zweistufiges (Ein - Aus) Magnetventil im Stoßdämpfer, das von der Leistungselektronik über einen Regelalgorithmus angesteuert wird. Zur Regelung der Stoßdämpfer werden zusätzlich die Querbeschleunigung und Bremsbetätigung berücksichtigt.

Die Querbeschleunigung wird aus Fahrgeschwindigkeit und Lenkwinkel näherungsweise berechnet. Die Bremsbetätigung wird durch den Bremslichtkontakt erkannt.

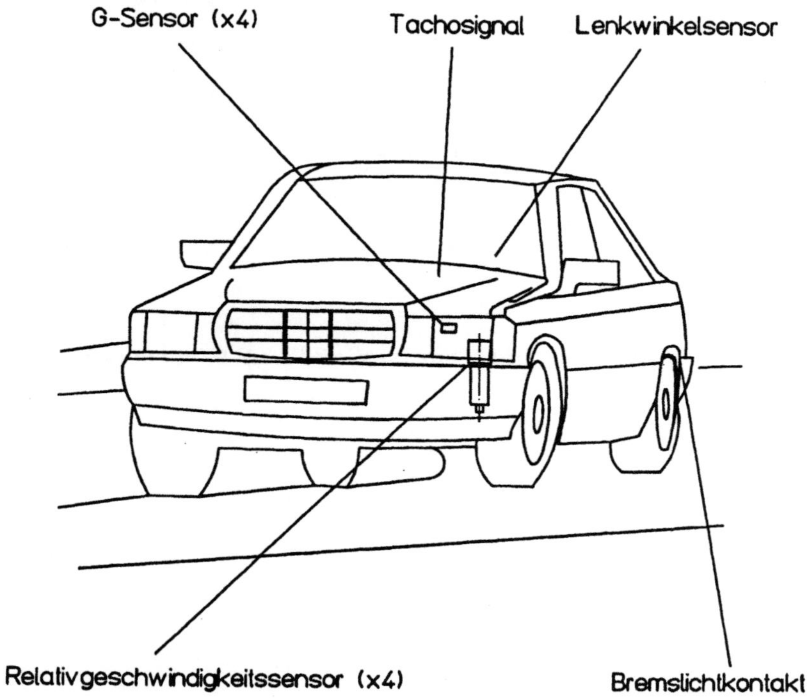

Abb. 3 : Im Fahrzeug verwendete Sensoren

Das Blockschaltbild (Abb. 4) zeigt den schematischen Aufbau des Controllers. Ein 8-bit-Mikroprozessor nimmt die Signale der Sensoren auf. Er wertet diese mit den wählbaren Regelalgorithmen aus und steuert das Magnetventil im Dämpfer mittels einer Treiberstufe an. Mittels eines BCD Schalters können acht verschiedene Programme angewählt werden. Damit kann der Bediener während der Fahrt Programme mit verschiedenen Parametern erproben.

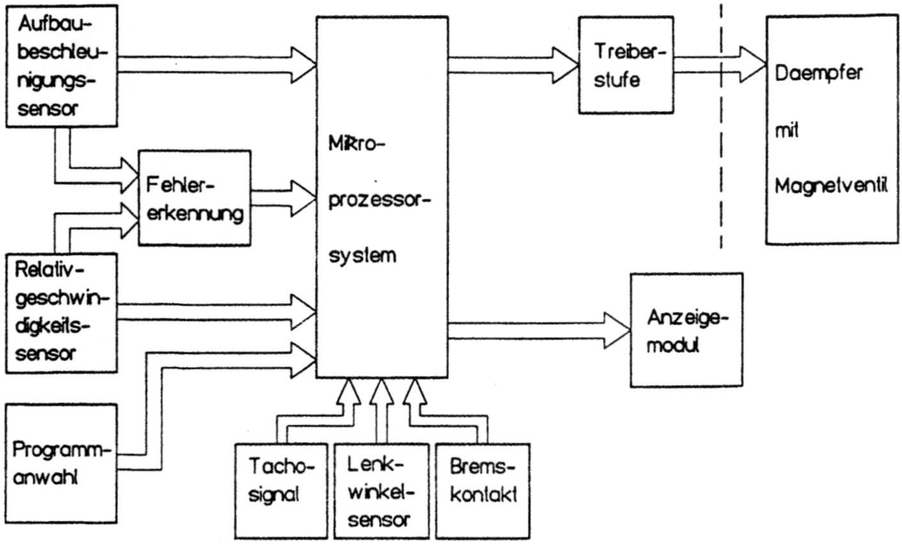

Abb. 4 : Blockschaltbild zur semiaktiven Dämpferregelung

3.2 Details

<u>Ventil</u>

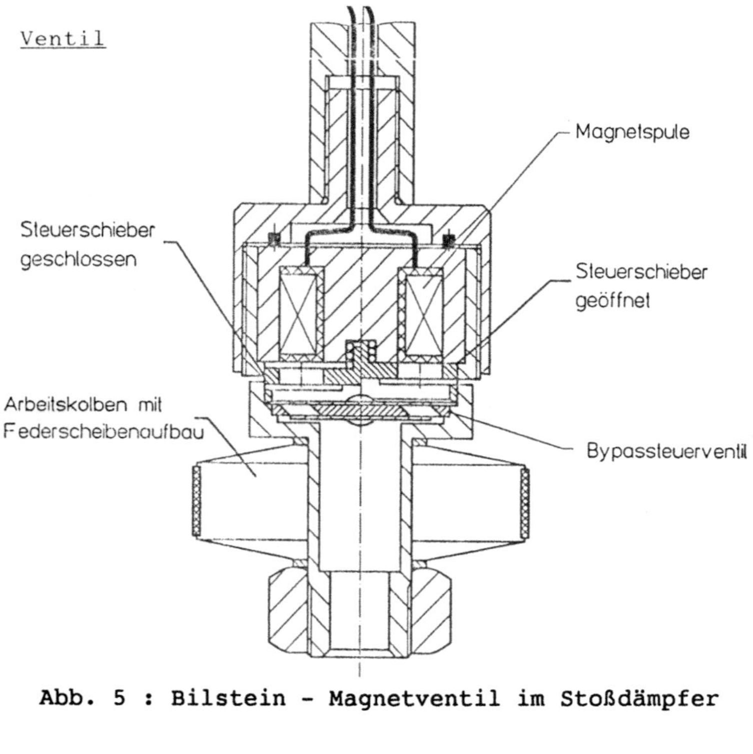

Abb. 5 : Bilstein - Magnetventil im Stoßdämpfer

Das Bilstein-Magnetventil ist ein zweistufiges (schwarz-weiß) Ventil und an die Kolbenstange adaptiert. Es trägt den Arbeitskolben und hat die Maße 31 mm (Höhe) und 34,5 mm (Durchmesser). Der Arbeitskolben mit Federscheibenaufbau bestimmt die harten Kennlinien des Dämpfers, dagegen steuert das sich unterhalb des Ventilschiebers befindende Bypaßsteuerventil die weichen Kennlinien. Bei Ausfall der elektrischen Versorgung bleiben die Dämpfer "hart", also in sicherer Stellung. Die Schaltzeiten des Ventiles sind durch konstruktive Maßnahmen zwischen 5 ms und 50 ms einstellbar.

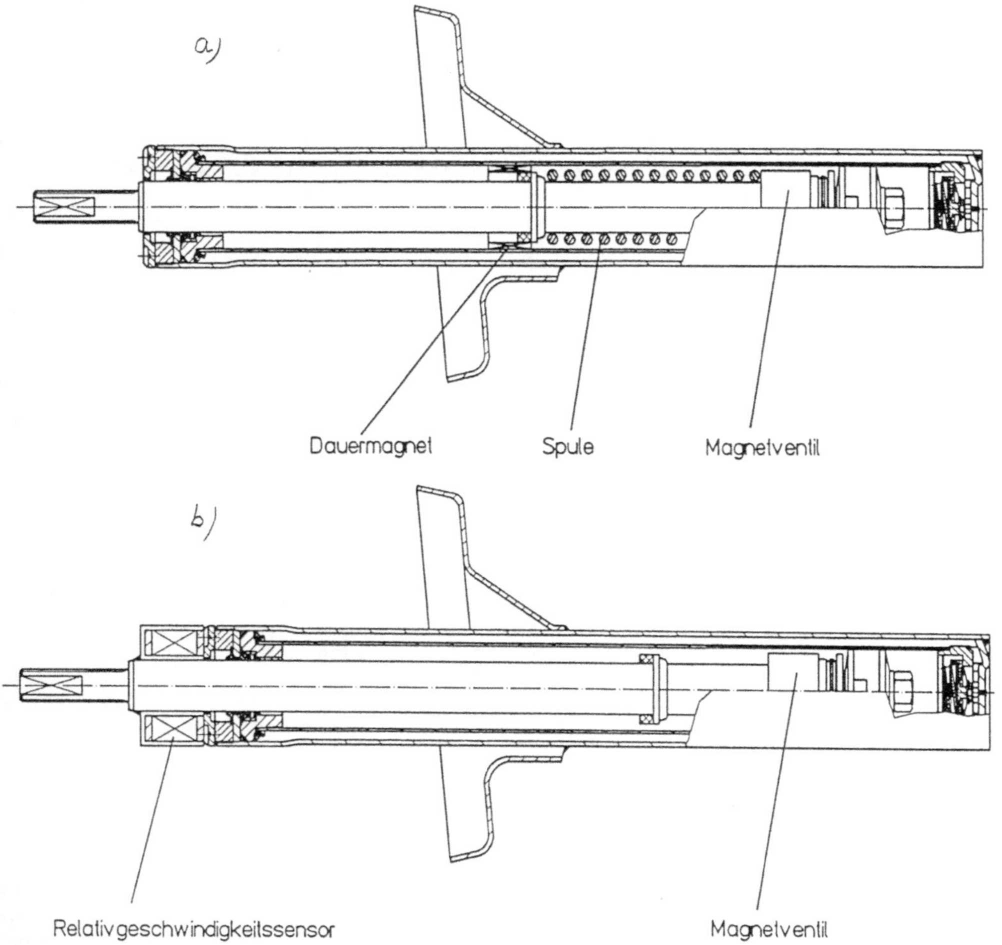

Abb. 6 : Anordnung des Relativgeschwindigkeitssensors

Im Achsbein des semiaktiven Fahrwerks ist der Relativgeschwindigkeitssensor (Abb. 6a) integriert. Damit sind die Sensorelemente Spule und Dauermagnet geschützt.

Eine weitere konstruktive Variante zeigt Abb. 6b. Der Nachteil dieser Konstruktion ist, daß Federweg und/oder Stützlänge beim Einsatz dieses Sensors verkürzt werden müssen.

Stoßdämpfer

Zur Messung der Relativgeschwindigkeit hat die Firma August Bilstein den Schutzrohrsensor (Abb. 7) entwickelt. Das Schutzrohr dient als Spulenträger. Ein Permanentmagnet wird auf dem Verschlußpaket des Dämpfers angebracht. Relativbewegungen zwischen Magnet und Spule induzieren in der Spule eine Spannung, die als Relativgeschwindigkeitssignal weiterverwertet wird.

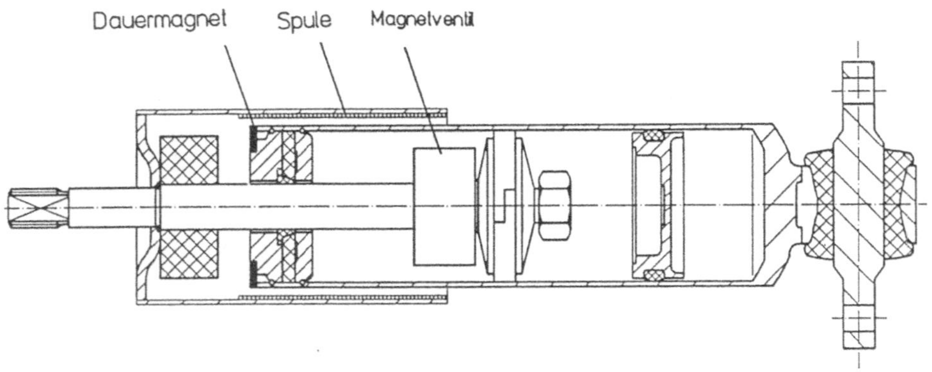

Abb. 7 : Schutzrohrsensor zur Messung der Relativgeschwindigkeit

4. Ergebnisse aus Modellrechnungen

Die Simulation bietet die Möglichkeit, die Auswirkungen der verschiedenen Regelalgorithmen auf das Federungsverhalten vorherzusagen. In Fahrversuchen wurde festgestellt, daß das Ventil wegen entstehender Druckstöße nicht zu schnell schalten darf. Durch Simulation kann man auch den Einfluß der Schaltzeit auf das Systemverhalten analysieren. Zu diesem Zwecke wurde ein Zweimassen-Schwingungssystem (Abb. 2) zur Modellbildung herangezogen.

Das Modell ist durch folgende Gleichungen

$$m_A \ddot{x}_A + k(t)(\dot{x}_A - \dot{x}_R) + c(x_A - x_R) = 0$$
$$m_R \ddot{x}_R + k(t)(\dot{x}_R - \dot{x}_A) + c(x_R - x_A) + c_R x_R = c_R s(t)$$

zu beschreiben, wobei c und c_R die Federraten von Aufbau und Rad sind und k(t) die Dämpfungskonstante ist.

Die Beträge der Massen und Federraten wurden für die Rechnung aus Messungen übernommen. In PKW verwendete Schwingungsdämpfer weisen üblicherweise eine straffere Zug- als Druckstufendämpfung auf. Die Regelphilosophie erfordert eine weiche und eine harte Dämpferkennlinie. Damit wird die Dämpfungskonstante k(t) durch vier Funktionen beschrieben. Die gemittelten Dämpfungsmaße D betragen: 0,14 für die weiche und 0,54 für die harte Kennlinie. Für die Übergänge zwischen den Kennlinien wurde die Dämpfungskraft durch lineare Interpolation berechnet. Die Nullbänder von vertikaler Aufbaubeschleunigung und Relativgeschwindigkeit wurden zu ± 0,2 m/s² und ± 0,08 m/s angesetzt.

Diese erforderlichen Toleranzen resultieren aus dem Verhalten der im Fahrzeug eingesetzten Sensoren. Das Nullband der vertikalen Aufbaugeschwindigkeit wurde auf ± 0,1 m/s angenommen.

In Abb. 8 werden die durch Simulation ermittelten vertikalen Aufbaubeschleunigungen $\ddot{x}_A$ als Funktion der Erregerfrequenz f aufgezeichnet. Das System wurde durch einen Gleitsinus mit einer konstanten Amplitude von 50 mm angeregt.

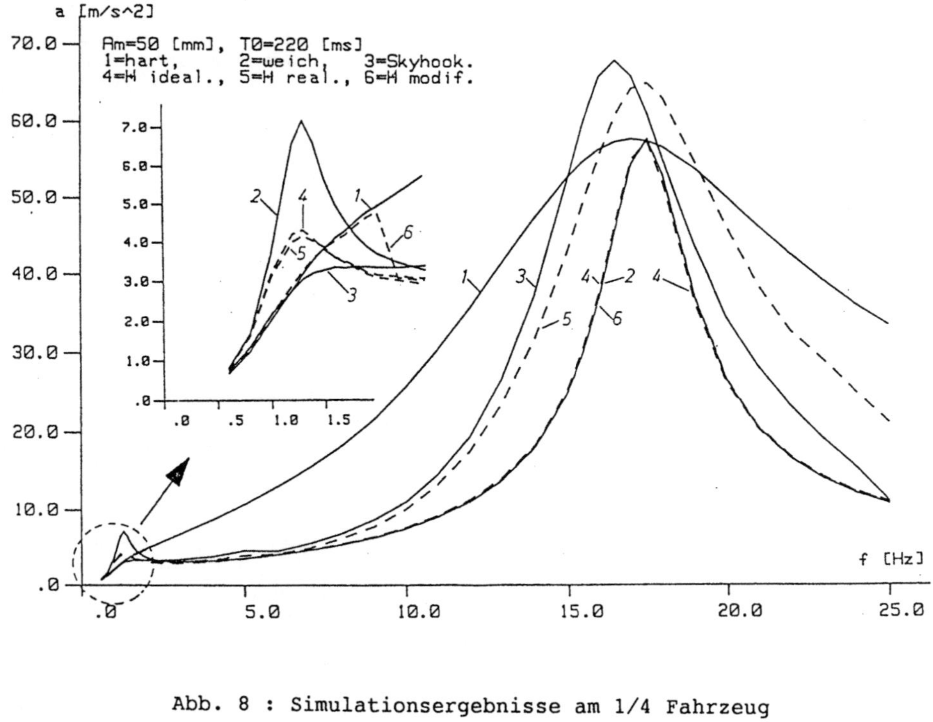

Abb. 8 : Simulationsergebnisse am 1/4 Fahrzeug

Kurve 1 zeigt den Verlauf der Aufbaubeschleunigung mit konstant harter Dämpferkennung. Aufgrund der hohen Dämpfung entstehen im Bereich der Aufbaueigenfrequenz (unter 2 Hz) relativ niedrige Aufbaubeschleunigungen. Außerhalb der Resonanzbereiche kommt es zu verhältnismäßig hohen Aufbaubeschleunigungen, die einen unzureichenden Fahrkomfort bewirken. Demgegenüber verläuft die Kurve der Aufbaubeschleunigung mit konstant weicher Kennung (Kurve 2) erheblich niedriger, mit Ausnahme des Bereiches der Aufbaueigenfrequenz. Hier kommt es infolge der Unterdämpfung zu hohen Beschleunigungswerten. Oberhalb der Aufbaueigenfrequenz wird mit weicher Kennung ein sehr guter Fahrkomfort erzielt.

Das nach der Skyhook-Philosophie gesteuerte System (ohne Berücksichtigung der Umschaltzeit des Ventils) erreicht unterhalb einer Erregerfrequenz von 2 Hz sehr niedrige Aufbaubeschleunigungen. Bei höheren Frequenzen (über 3 Hz) führt das häufige Umschalten zu einem übermäßigen Anstieg der Aufbaubeschleunigung. Ein erheblicher Verlust am Fahrkomfort gegenüber der weichen Kennung (Kurve 2) ist deutlich erkennbar.

Die Kurve 4 wurde mit einer Ventilschaltzeit von 1 ms berechnet. Theoretisch sind so sehr niedrige Aufbaubeschleunigungen über annähernd den gesamten Frequenzbereich erreichbar. In der Praxis lassen sich jedoch extrem kurze Schaltzeiten nicht anwenden, da sie zu störenden Druckstößen führen. Folglich wurde die realisierbare Schaltzeit auf 25 ms verlängert (Verzögerungszeit = 15 ms). Dies bewirkt wiederum eine Zunahme der Aufbaubeschleunigung (Kurve 5). Die damit verbundene Abnahme des Komforts, besonders im Bereich des Abrollens, bestätigte sich auch bei Fahrversuchen.

Zur Verbesserung des Systems unter periodischen Erregungen wurde die Regelphilosophie in Richtung Frequenzregelung modifiziert, indem die für die Identifizierung der charakteristischen Frequenz erforderliche Zeit T_0 auf 220 ms festgelegt wurde. Durch diese Maßnahme wird eine deutliche Verringerung der Aufbaubeschleunigung fast im ganzen Frequenzbereich erreicht (Kurve 6).

5. Ergebnisse aus Fahrversuchen

Abbildung 9 zeigt das Ergebnis von Messungen an einem Fahrzeug der gehobenen Mittelklasse, das mit der Bilstein-Fahrwerksregelung ausgestattet ist. Zur Bildung des Amplitudenspektrums wurde die vertikale Aufbaubeschleunigung über einem Vorderrad herangezogen (vgl. Abb. 3).

Von besonderem Interesse sind die Peaks im Bereich der Eigenfrequenzen von Aufbau und Achse. Die höchsten Vertikalbeschleunigungen sind bei der Aufbaueigenfrequenz erwartungsgemäß mit weicher Dämpfung und bei höherer Frequenz mit harter Dämpfung zu verzeichnen.

Die Kurve der semiaktiven Regelung liegt im Bereich der Aufbaueigenfrequenz noch unter der der harten Kennung und bei höheren Frequenzen nahe der dort einen guten Komfort vermittelnden weichen Kennung.

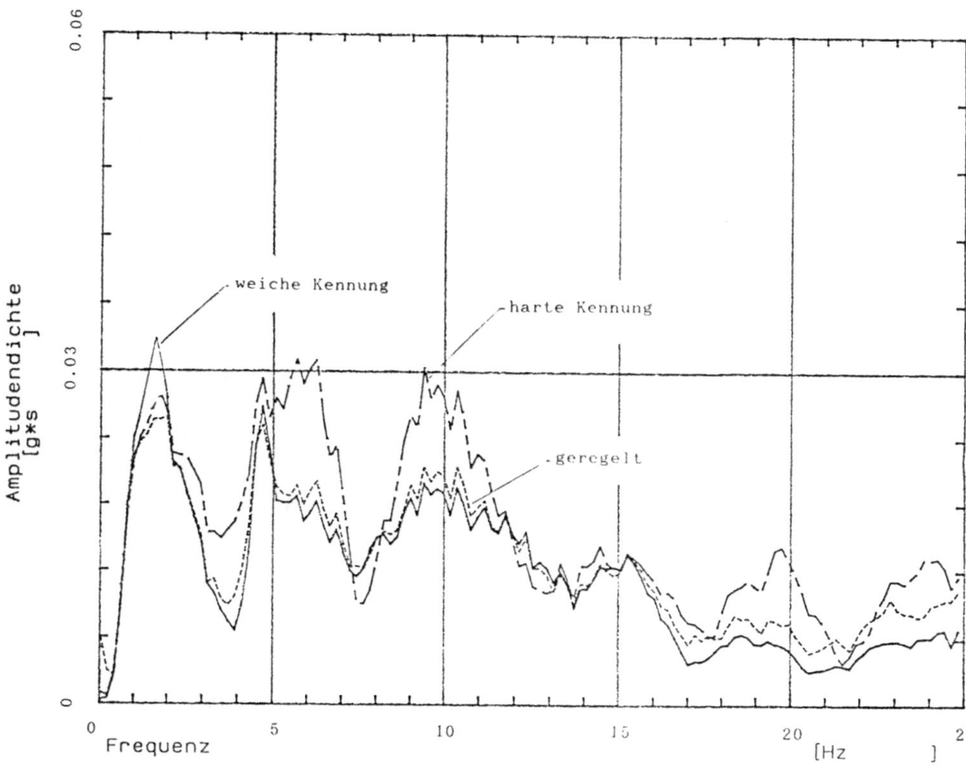

Abb. 9 : Meßergebnisse aus Fahrversuchen

Die Abbildungen 10 bis 12 geben ebenfalls Amplitudenspektren wieder. Als Anregung diente eine Aufpflasterung, wie sie im Kreuzungsbereichen von verkehrsberuhigten Zonen anzutreffen ist. Dieses Hindernis wurde nacheinander in den Einstellungen "weich", "hart" und "geregelt", jeweils mit konstanter Geschwindigkeit von 30 km/h überfahren. Die Auswertezeit beträgt 5.12 Sekunden.

Mit einer konstant weichen Dämpferkennung sind ausgeprägte Peaks in den Bereichen der Eigenfrequenz von Aufbau und Rad zu verzeichnen, Abb. 10.

Mit einer konstant harten Kennung verringert sich der Peak im Bereich der Aufbaueigenfrequenz, Abb. 11.

Das geregelte Fahrwerk wird mit der Anregung am besten fertig, Abb. 12. Die Amplitudendichte der Aufbaubeschleunigung liegt im gesamten Frequenzbereich auf einem niedrigen Niveau.

Das subjektive Empfinden deckt sich mit den vorgestellten Ergebnissen: Das weich bedämpfte Fahrwerk federt stark ein und schwingt nach Ende der Anregung mehrmals nach. Bei konstant harter Dämpfung kommen stärkere Stöße bis zum Fahrer durch; das Fahrzeug schwingt nicht nach.

Das geregelte Fahrwerk verbindet weiches Ansprechen mit guter Aufbaudämpfung, die Schwingungen schnell abklingen läßt.

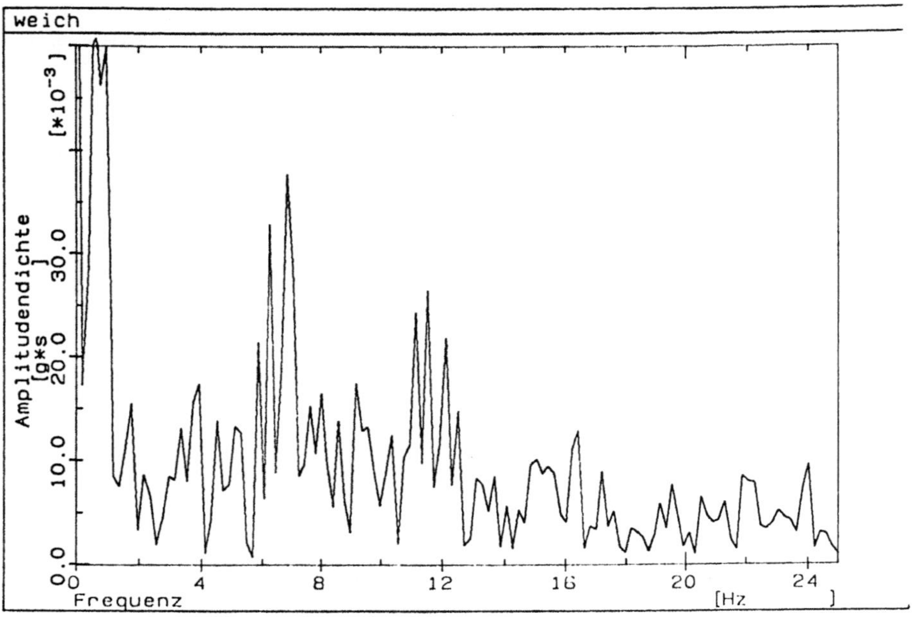

Abb. 10 : Amplitudenspektrum für das Überfahren einer Aufpflasterung mit weicher Dämpferkennung

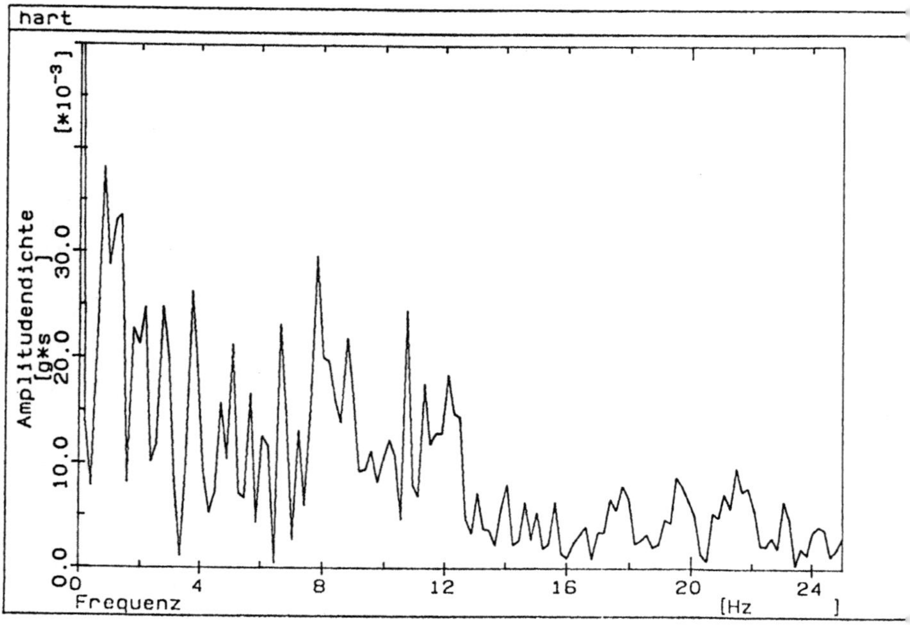

Abb. 11 : Amplitudenspektrum für das Überfahren einer Aufpflasterung mit harter Dämpferkennung

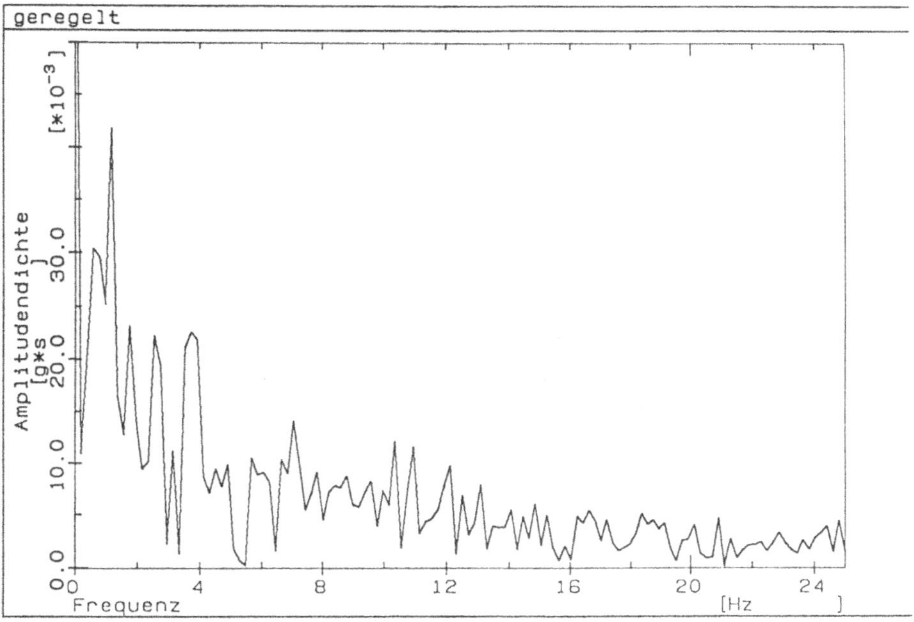

Abb. 12 : Amplitudenspektrum für das Überfahren einer Aufpflasterung mit semiaktiv geregeltem Dämpfer

6. Zusammenfassung und Ausblick

Die Dämpfungskräfte im semiaktiven Dämpfersystem vermindern nach dem Huang-Regelalgorithmus die vertikale Aufbaubeschleunigung. Zur stetigen Anpassung der Fahrzeugzustände wird die Dämpfereinstellung im semiaktiven Fahrwerk wesentlich schneller als im adaptiven Dämpfersystem angesteuert. Dadurch wird ein besserer Komfort erzielt. Gegenüber einem vollaktiven System benötigt das semiaktive System nur geringe Fremdenergie zur Ansteuerung des Stellgliedes und für den Controller.

Durch den Wegfall des komplexen hydraulischen Systems, das bei aktiver Fahrwerksregelung erforderlich ist, ist das semiaktive System preisgünstig realisierbar.

Um die Kosten, die einem Durchbruch semiaktiver Systeme noch im Wege stehen, weiter zu reduzieren, untersucht Bilstein die Möglichkeit, einige der Sensoren einzusparen. So könnten z. B. die für die Ansteuerung der Hinterachsdämpfer erforderlichen Signale von den Meßsignalen der entsprechenden Vorderachsdämpfer abgeleitet werden.

Ein innenliegender Antrieb (Proportionalventil) (Abb. 13) befindet sich derzeit in der Erprobungsphase. Seine einfache Konstruktion und stufenlose Verstellbarkeit lassen - zusammen mit einer darauf zugeschnittenen Regelung - für die Zukunft eine weitere Steigerung des Komforts bei reduzierten Kosten erwarten.

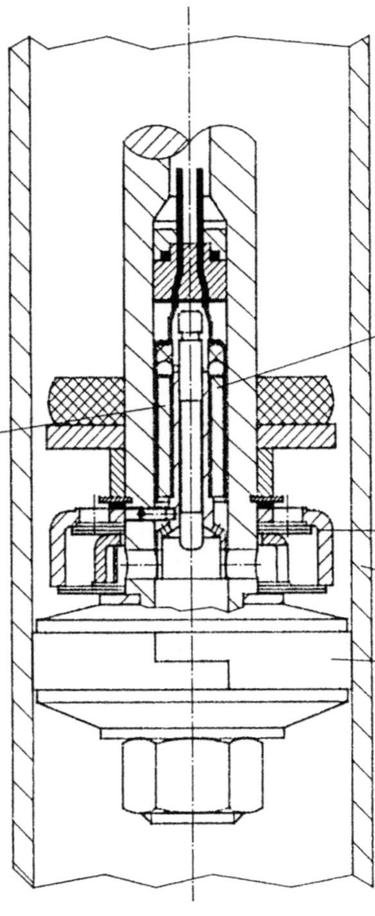

Abb. 13 : Bilstein - Dämpfer mit innenliegendem Proportionalventil

Literatur

/1/ Mitschke, M. : Dynamik der Kraftfahrzeuge. Springer Verlag 1984

/2/ Wallentowitz, H. : Geregelte Fahrwerke. Automobil-Industrie 6/1989

/3/ Richter, B.: Entwicklungstrends bei aktiven Fahrwerkssystemen. VDI Berichte 816. 1990

Electronically Controlled Braking Intervention Systems in Europe

von P. Martin

Background.
ABS has been in widespread use in Europe for some ten years. Early attempts to introduce ABS both in the USA and Europe failed for a variety of reasons including cost, reliability and legislative fears.

ABS has been refined to such a level in the European market that it can be almost considered as a "commodity" product. It is generally accepted that the majority of the current system configurations will give an acceptable level of performance for the "normal" driver.
There is, however, considerable argument between the various experts who, given adequate testing time, can prove minor performance differences between the various systems.

A more significant area of disagreement is that of "pedal feel". This is the feed back given to the driver through the brake pedal when the ABS is operating. Tests carried out by the author have shown that the normal driver is quite tolerant of pedal feedback except when this is a severe push back of the pedal during ABS.

This paper does not look in detail at the performance of the various systems, assuming them to be adequate, but looks into the system configurations and discusses the different philosophies.

Wheel Speed Sensors.
In order to control the behaviour of the braked wheel it is necessary to know the speed of the wheel as accurately as possible. The measurement of wheel speed is usually made using a variable reluctance sensor monitoring a toothed ring which is directly attached to the rotating wheel hub.
Installation techniques have been evolved to minimise the deficiencies of this type of sensor and to provide an adequate signal even down to a very low vehicle speed. New types of speed sensor are being evaluated by the industry and these can give speed outputs down to zero wheel speed but cost is greater than the variable reluctance type and increasing ingenuity is gradually overcoming the practical limits of this cost effective sensor.

Electronic Control Units.
The development in the late 1970's of reliable and relatively low cost digital electronics enabled ABS to become a realistic production possibility for the mass automotive market.
Contemporary ECU's are compact, reliable and have considerable computing power controlling the ABS braking to a very high level of performance. The ECU also has a large part of its computing power dedicated to checking the system for correct operation and looking for any component failures.

ABS Configurations.
The most common types of ABS layout are shown schematically in **Figures 1a-1f.**
The generally accepted "classical" system layout is shown in **figure 1a.** This uses 4 wheel speed sensors and can modulate the braking pressure of all four wheels independently. This system may be used with front/rear or diagonal braking circuit splits and front, rear or four wheel drive. The use of separate hydraulic modulators allows a diagonal split system to retain one diagonal circuit in the event of a major failure in one modulator. In general most cars using this type of system control both rear modulators simultaneously in a control mode called "select low". This is where both rear brake pressures are controlled from the rear wheel which skids first. This may sacrifice stopping distance performance on some unusual road surface conditions but will maintain maximum vehicle stability.
On small to mid range front drive cars some systems maintain hydraulic integrity between the two rear brakes but use a simpler modulator where one hydraulic channel is the master and is directly controlled from the ECU and the other rear channel "copies" the pressure from the master channel. This approach gives select low control of the rear axle with one control circuit but maintains hydraulic integrity of one braking circuit in the event of an hydraulic failure on a diagonal split system.

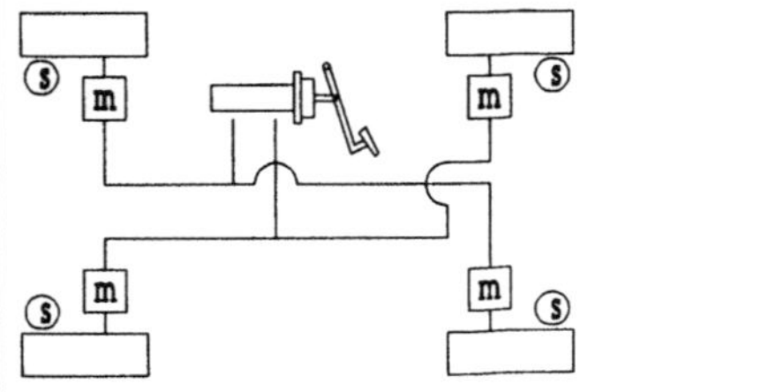

4 Channel - 4 Sensor
Diagonal or F/R Split
Figure 1a

The system layout shown in **Figure 1b** can be used for rear wheel driven cars and will give a "select low" control of the rear axle using the single modulator for the rear brakes. This type of layout can be used with a front driven car if a "triple" braking circuit is provided thus braking each front wheel with a separate braking circuit. The Teves Mk 11 system fitted to Saab uses a tandem master cylinder to the front brakes and power hydraulics to the rear axle. This provides a high residual braking performance in the event of an hydraulic failure.
Because of the single modulator fitted to the rear brakes this system is not suited to a diagonal split braking layout.

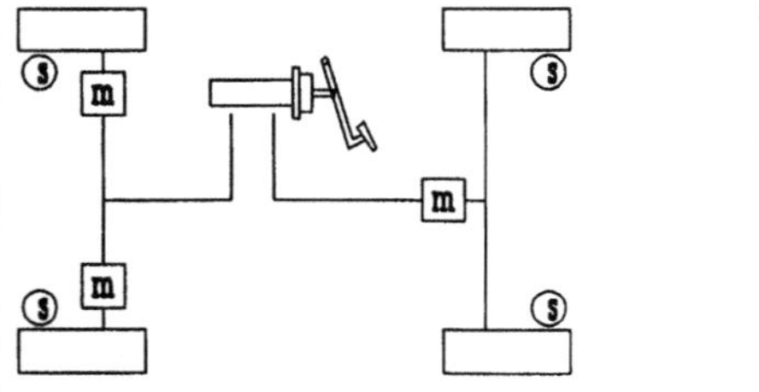

3 Channel - 4 Sensor
F/R Split
Figure 1b

Figure 1c is basically a cost reduced layout of Figure 1b and is suitable for rear wheel driven cars. The rear brakes are controlled in the select low mode but the use of a single wheel speed sensor on the rear axle can result in a reduced sensitivity of control of the rear wheels under some conditions.

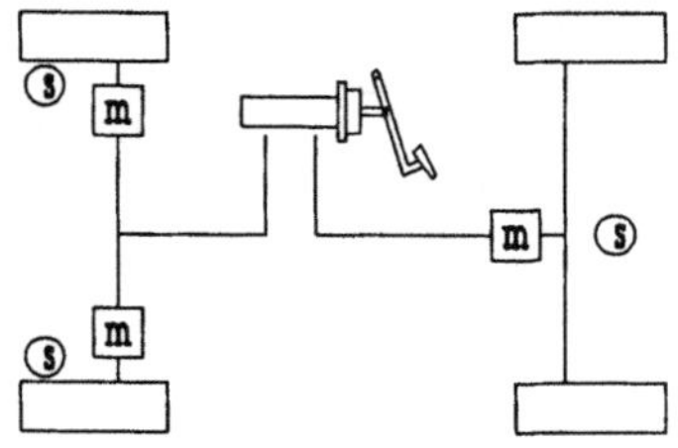

3 Channel - 3 Sensor
F/R Split
Figure 1c

The system in **Figure 1d** is not widely used but is worthy of some comment. The use of a single modulator for each axle should result in a significant cost saving.
The rear axle is controlled on the classic select low principle which will provide the necessary stability, the front axle, however, must be controlled on a "select high" philosophy. This is when one wheel is allowed to lock and the braking pressure for the axle is modulated to control the second wheel to skid. This system did not find favour in the European market and later versions use the more acceptable layout as shown in Figure 1a. The system was described as giving good stopping performance under difficult surface conditions such as gravel or deep snow. These surfaces are the Achilles heel of current ABS performance. Audi cars have even been fitted with a switch to turn off the ABS if the driver thinks that the surface conditions are more suited to locked wheels. Other vehicle manufacturers have not followed the Audi example.

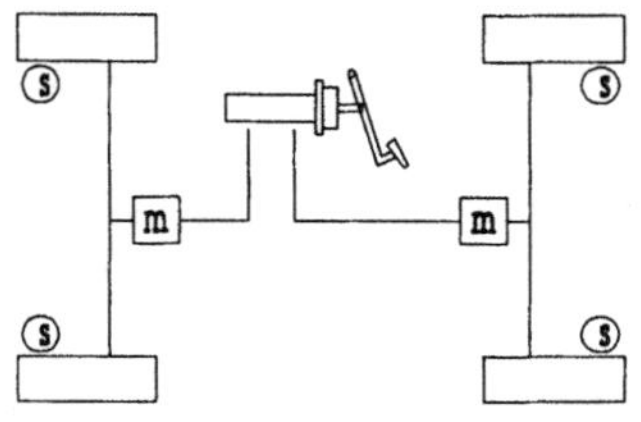

2 Channel - 4 Sensor
F/R Split-Select High Front-Select Low Rear
Figure 1d

The systems shown in the Figures 1a to 1d all allow the rear wheel(s) pressure to be modulated independently from that of the front wheels. The final two systems shown have a significantly different philosophy. These systems are of the "2 Channel" control philosophy and require more attention to the overall control of the brake balance of the car if ABS performance is to reach the Category 1 level. These systems usually fit a sophisticated valve to apportion the rear pressure more effectively than the type of valve which may be fitted to the previous systems.
The two channel system is fitted to front wheel and to four wheel driven cars.

Figure 1e shows a two channel hydraulic control system which has four wheel speed sensors. When a front wheel skids the pressure to that wheel and to the diagonally opposite rear wheel are modulated together. For vehicle dynamic considerations it is essential that it is the diagonal wheel and not the wheel on the same side of the vehicle that is "co-controlled". As the cars which can use this system are those with significant front weight bias it is still quite practicable to control the rear wheels in this manner and still comply with Category 1 of the European Antilock requirements.

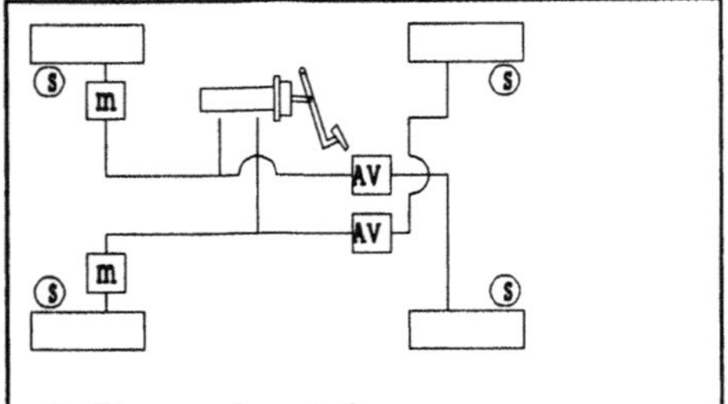

2 Channel - 4 Sensor
Diagonal Split
Figure 1e

The rear wheel speed sensors are used to indicate if there is some unforseen rear wheel lock, for example if the brake friction pads were replaced with incorrect materials which resulted in a severe brake imbalance. Under certain surface conditions eg. split friction, when a rear wheel will skid on a two channel system, the control logic may decide to release the braking in that channel in order to control the skidding rear wheel. If this is not carefully controlled then excessive stopping distances may result as the braking on the diagonally opposite front wheel will also be reduced but in much greater ratio as a result of the apportioning valve.

The two channel two sensor system shown in **Figure 1f** does not have the same problem of releasing a front brake during a rear wheel skid, but it does not have the extra protection of the rear wheel speed sensors in the case of a major brake lining error. This type of system has been in use for some years in the European market and experience seems to indicate that if the correct vehicle dynamics criteria are used and the lining materials carefully chosen then service problems should be minimal. The penetration of this type of system is increasing for small front driven cars where cost is a prime factor.

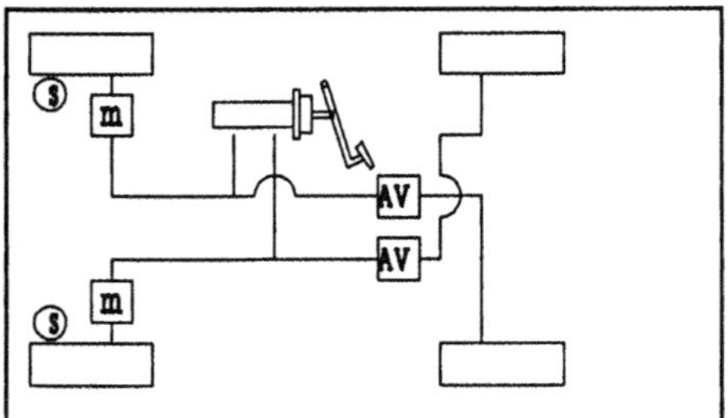

2 Channel - 2 Sensor
Diagonal Split
Figure 1f

System Control Schematics.
While there is a significant variation in the types of ABS layouts fitted to various cars throughout the European market, there is an even greater variety of the detail operation and characteristics of ABS suppliers.

Table 1 shows the major characteristics of some of the ABS types available.

TABLE 1 ABS SYSTEM CHARACTERISTICS

		System Type	Brakes Relieved	Fluid Recovery	Brakes Reapply	Cut Off M/Cyl
1.	Bosch ABS ABS 2E Fig. 2	Dump and Pump	Dump to Expander	Electric Pump to M/Cyl	Pulsed from M/Cyl	Solenoid Sequence Valve
2.	Lucas 2/2 Fig. 3	Dump and Pump	Dump to Expander	Electric Pump to M/Cyl	Flow Control from M/Cyl	Sequence Flow Valve
3.	Sumitomo MkII Fig. 3	Dump and Pump	Dump to Expander	Electric Pump to M/Cyl	Flow Control from M/Cyl	Sequence Flow Valve
4.	Bendix Addonix Fig. 4&5	Dump and Pump	Two Rate Dump to Expander	Electric Pump to M/Cyl	Two Rate from M/Cyl	Solenoid
5.	Sumitomo Mk I Fig. 6	Deboost	Deboost	Electric Pump to Acc.	Pulsed from Acc.	Acc. Powered Valve
6.	Honda Fig. 7	Deboost - No Fluid Volume Increase	Deboost by Acc. Power against M/Cyl	M/Cyl	M/Cyl	Deboost Operated Valve
7.	Delco ABS Mk VI Fig. 8	Deboost	Deboost	Electric Motored Screw	Electric Motored Screw	Ball Valve and Solenoid in parallel
8.	F.A.G. Motorcycle Fig. 9	Deboost	Deboost	Electric Powered Deboost	Spring Returned Deboost	Ball Valve
9.	Teves Mk IV Fig. 10	Dynamic Flow	Dump to Reservoir	Electric Pump to M/Cyl	Pulsed from M/Cyl	Solenoid
10.	Teves Mk II Fig. 11	Dynamic Flow	Dump to Reservoir	Electric Pump to Acc.	Pulsed From Acc. via M/Cyl	Solenoid
11.	Bendix Integrated Fig. 12	Dynamic Flow	Two Rate Dump to Reservoir	Electric Pump to Acc.	Two rate from Acc. via M/Cyl	Solenoid
12.	Wabco Fig. 13	Dynamic Flow + Deboost	Dump to Reservoir	Electric Pump to Acc.	Pulsed from Acc.	Solenoid

They fall into three main groupings:-

a. Dump and Pump.
b. Deboost.
c. Dynamic Flow.

a. Dump and Pump.

This is where the fluid removed from the brake to correct a skidding wheel is returned by pump to the master cylinder/brake line upstream of the master cylinder isolating device.

This can be considered as a "closed" system as the fluid used during ABS operation is maintained in the circuit between the master cylinder and the brake and is circulated by the action of the operating solenoid valves and the pump.

There is normally a small "buffer" chamber between the brake and the pump to temporarily store the fluid released by the system from the brake in the case where a very rapid fall in braking pressure is required for wheel control. This chamber does not need to be capable of holding the full brake volume equivalent to a fall from maximum brake pressure to zero, but is usually a significant proportion of this volume.

As the pump forces the brake fluid back into the master cylinder, this will cause oscillations on the brake pedal. In order to reduce this effect most systems have restrictors and extra chambers between the pump and the master cylinder. These of course will increase the size of the ABS modulator. As the brake pedal could fall if the brake fluid was not returned to the master cylinder line rapidly enough during ABS operation, the pump and electric motor must be of adequate capacity to cope with both the volume of fluid and the back pressure generated by the master cylinder line which could be considerable.

b. Deboost.

Systems falling into this category can be classified by two major characteristics. They usually totally isolate the master cylinder during ABS braking giving no brake pedal feed back and there is a "deboost" chamber which can accommodate the total brake volume during the pressure reduction phase of ABS.

All the systems in this group can be considered as "closed". The fluid used during ABS is that contained in the system downstream of the master cylinder and this fluid volume is maintained during ABS. Systems of this type usually give excellent pedal feel during ABS but also require a master cylinder with enough stroke to provide extra fluid in the event of certain failure modes. The Honda system although categorised as a deboost type does not however, have these characteristics as will be described later.

c. Dynamic Flow.

The term Dynamic Flow was initially used by Teves who were early on the market with this type of system.

In these systems the braking fluid is circulated through the fluid reservoir during ABS. Most of the systems in this group use pressure accumulators to provide the fluid flow and to enable good brake pedal isolation during ABS.

The recently introduced Teves IV although classified as a Dynamic Flow system operates effectively without the inclusion of a pressure accumulator giving significant cost benefits.

The other systems in this group have hydraulic boosters as an integral part of the system, but have hydrostatic circuits in the event of certain failure modes.

Figure 2 shows the **Bosch ABS** layout for a single channel operation, the 2E system is similar in operation but uses three electronic control channels to control a "four" channel system, the fourth channel using the earlier mentioned "copy valve" technique.

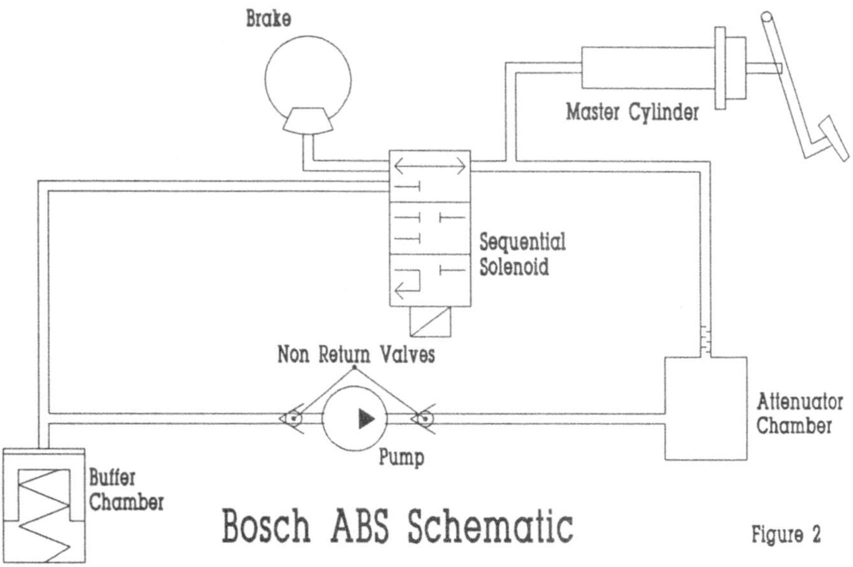

Bosch ABS Schematic

Figure 2

The Bosch system was the first to gain acceptance in the European market. The origins of this philosophy can be traced back to the work carried out by Teldix, who were too early to benefit from the later developments in digital electronics.
The system operation centres around the unique (to Bosch) sequential solenoid valve. This has three positions:-
i) master cylinder to brake
ii) master cylinder and brake isolated
iii) brake to buffer chamber and master cylinder isolated.
The valve moves through the central "all closed" position as it shuttles between the "dump" and the "reapply" mode.
The sequence during a skid control operation would be:-
1) As the wheel reaches a certain slip threshold, the valve moves to the "hold" position preventing any further pressure build up in the brake.
2) If the wheel still continues in too much slip the valve moves to the "dump" position allowing the brake fluid to move from the brake to the buffer chamber. The electrically powered pump has been started and the fluid from the buffer chamber is forced back into the master cylinder line against the pressure in that line developed by the driver.
3) When the wheel skid has recovered the valve moves back through the hold position to the initial position and the returned fluid is allowed back into the brake under the action of the master

cylinder.
The rapid movement of the valve through the three stages gives a very close control of the pressure in the brake and controls pressure rise and fall in a "staircase" manner.
The pump is forcing the fluid into the master cylinder line against the applied force of the driver and this can cause a kick back onto the brake pedal. This can be improved by the fitment of an "attenuator" chamber between the pump and the master cylinder which damps out some of the noise and kick back.

The **Lucas 2/2** and the **Sumitomo MkII** systems are shown schematically in **Figure 3**. Whilst there are differences in detail operation of the two systems the main features are similar enough to use one

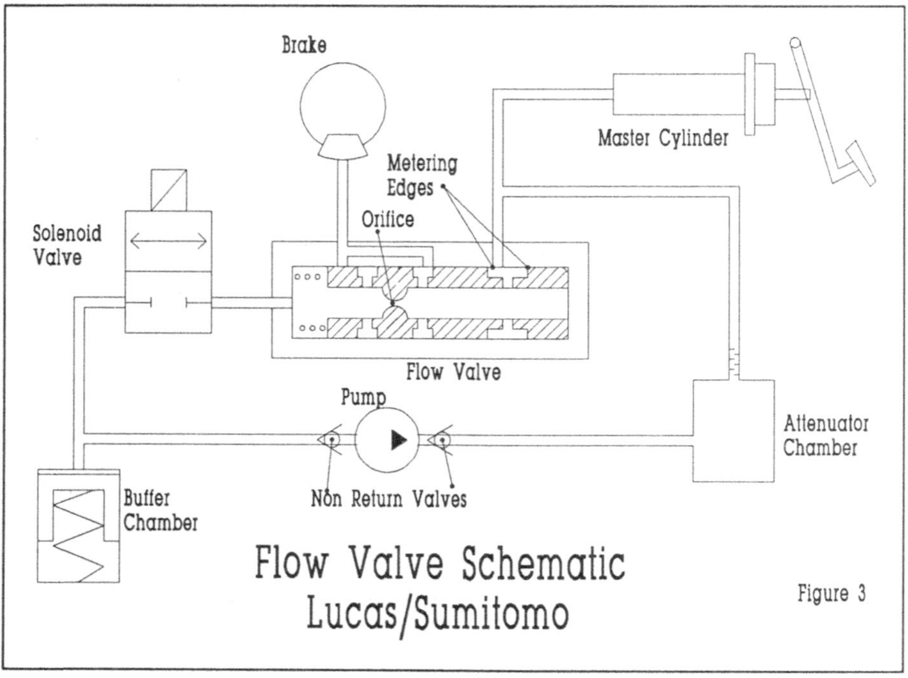

Flow Valve Schematic
Lucas/Sumitomo

Figure 3

schematic.
These systems are also of the "dump and pump" type, operating in a similar manner to the Bosch type, but the cut off of the master cylinder and the reapply control during ABS are carried out by the flow control valve.
During normal braking there is no restriction of the fluid flow into and out of the brake that could occur with a solenoid in this position. When a skid is to be corrected the normally closed solenoid opens and the flow valve rapidly moves to the left in figure 3. This movement first cuts off the master cylinder from the brake, then the brake is connected to the buffer chamber causing pressure drop in the brake. The flow valve then moves into a

metering position where it allows a constant flow of fluid from the master cylinder through the centre of the valve and out through the solenoid. This flow is determined by the relative values of the return spring, central orifice and valve area to enable close control of the pressure rise rate without recourse to a small orifice to control the fluid when the solenoid is closed. This flow valve layout does not allow a formal "holding" phase in the pressure control but this can be simulated by advanced algorithms which produce a pulsed solenoid operation resulting in an effective "hold" mode. The lack of a formal hold on this system does lead to an improved pedal feed back, a feature which is becoming increasingly important.

Figures 4 & 5 show the layouts of the recently announced **Bendix Addonix** systems. The 4.2 is a two channel system and the 6.4 is a four channel system. The 6.4 front wheel control is identical to that of the 4.2. To control a front wheel skid, the two position solenoid moves cutting off the master cylinder and allowing the brake fluid to dump into the low pressure chamber. The fall rate of this pressure drop can be high or low dependent on the state of the normally open solenoid. If this is open, there is no restriction to pressure rise or fall, if closed the pressure rise and fall rate is reduced as the fluid must flow through a parallel restrictor. The fluid is returned from the low pressure chamber by an electrically powered pump through a high pressure chamber and into the master cylinder line via a one way restrictor. The system is characterised by having two controlled

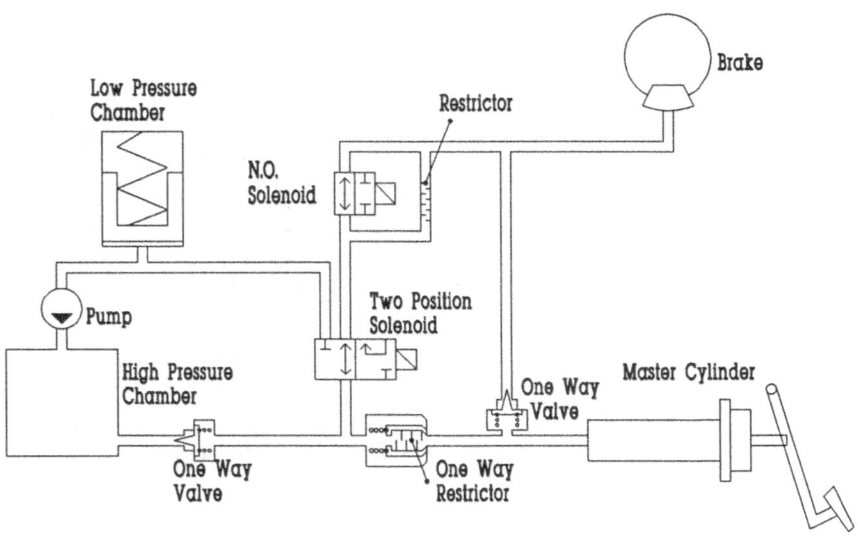

Bendix Addonix 4.2 Schematic

Figure 4

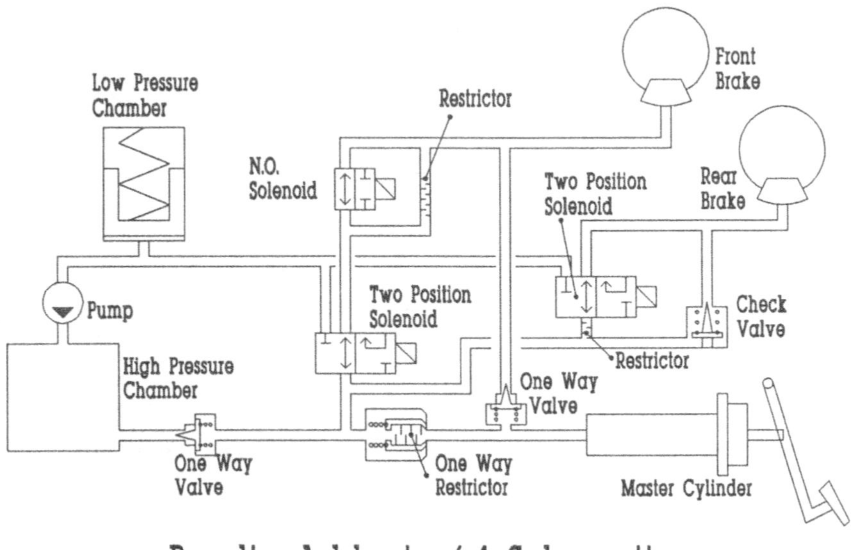

Figure 5

pressure rise and fall rates.
The control of the rear wheels in the 6.2 system is to give a fast dump of pressure in ABS but a single slow rise rate once ABS has been actuated. The normal brakes on/off takes place through the open check valve. When the two position solenoid is moved this causes a rapid brake pressure reduction into the low pressure chamber, the check valve is then unbalanced and closes, staying closed until the brake pressure is released from the master cylinder. This forces all pressure rises during ABS to go through the solenoid which has an in line restrictor upstream.

The **Sumitomo MkI ABS** shown in **Figure 6** is an accumulator powered deboost system. Normal braking is through the open isolating valve between the master cylinder and the brake. The valve is held open by the action of the accumulator pressure on the deboost piston area which is greater than the area of the isolating piston. To reduce pressure during ABS the accumulator pressure on the back of the deboost piston is reduced by control of the two solenoids. This allows the deboost piston to be forced back by the brake/master cylinder pressure. Simultaneously the isolating valve is closed by accumulator pressure closing off the master cylinder from the brake and isolating the brake pedal from any feed back during ABS operation. Pressure increase during ABS is controlled by increasing the pressure on the back of the deboost piston by pulsing the solenoids allowing the accumulator pressure to reach this piston. In the event of a power hydraulic failure the deboost piston is

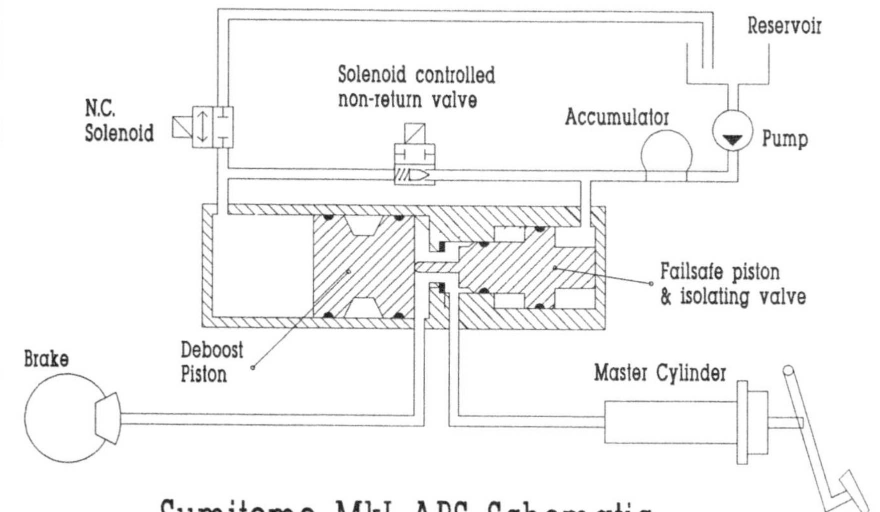

Sumitomo MkI ABS Schematic

Figure 6

held in place by an hydraulic lock with the solenoid controlled non-return valve. If the accumulator power fails during ABS then the isolating valve is held open by the master cylinder pressure, but the master cylinder requires enough stroke to compensate for the increase in volume caused by the deboost piston back position.

The **Honda** system shown in **Figure 7** is classed as a "deboost" system although it has significant differences from the others in this category. In other deboost systems the piston controlling the deboost volume is supported by some medium **against** the master cylinder pressure. In the Honda system the prime support for the deboost piston **is** master cylinder pressure.
Normal braking takes place with the fluid from the master cylinder entering the lower annulus of the ABS modulator moving through the open cut off valve, through the upper annulus and out to the brake. To reduce the brake pressure during ABS the normally open solenoid closes and the normally closed opens allowing accumulator pressure into the bottom of the modulator pushing the main valves upwards. This allows the cut off valve to close isolating the master cylinder from the brakes. The upward movement of the upper valve expands the brake line fluid volume reducing the brake pressure. The fluid in the lower annulus is pushed back into the master cylinder. A release of accumulator pressure allows the master cylinder pressure to push down the main valve increasing brake pressure in the upper annulus. When the initial pressure has been reached the cut off valve is reopened.
In the event of a power hydraulic failure before an ABS demand the system cannot reduce brake pressure, and if the power hydraulics

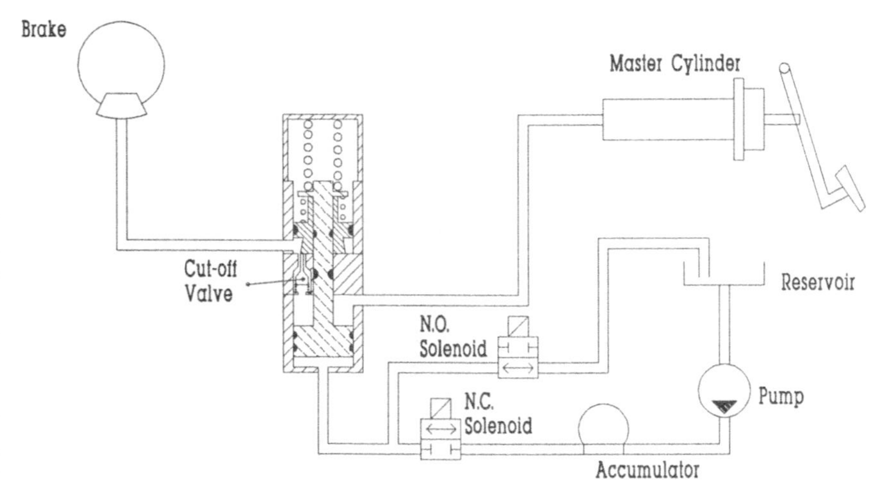

Figure 7

fail during ABS the braking pressure is automatically restored by the effect of master cylinder pressure only, no extra fluid volume has to be injected into the brake line.
Drawbacks to this obviously high integrity system are pedal push back during ABS and complexity.

The **Delco Mk VI ABS** shown in **Figure 8** is not yet widely available in Europe but is a significantly different approach to ABS control to warrant inclusion in this paper.
It is of the deboost type but the control of each expansion piston is entirely electrical with no use of hydraulic pumps or accumulators. The basic system uses three electric motors and four expansion pistons.
For normal braking the master cylinder is connected to the brake by two routes, a normally open solenoid and a cut off valve held open by the deboost piston.
During ABS a pressure reduction is carried out by closing the solenoid and expanding the volume in the deboost chamber by driving the piston down under action from an electric motor and various braking actions which can generate a holding condition. Pressure reapplication is carried out by driving the piston back under the action of the same motor until the cut off valve is reopened to reconnect the master cylinder with the brake.
In common with most deboost systems there will be very little pedal kickback.
It will be interesting to see if this novel approach to ABS receives wide acceptance.

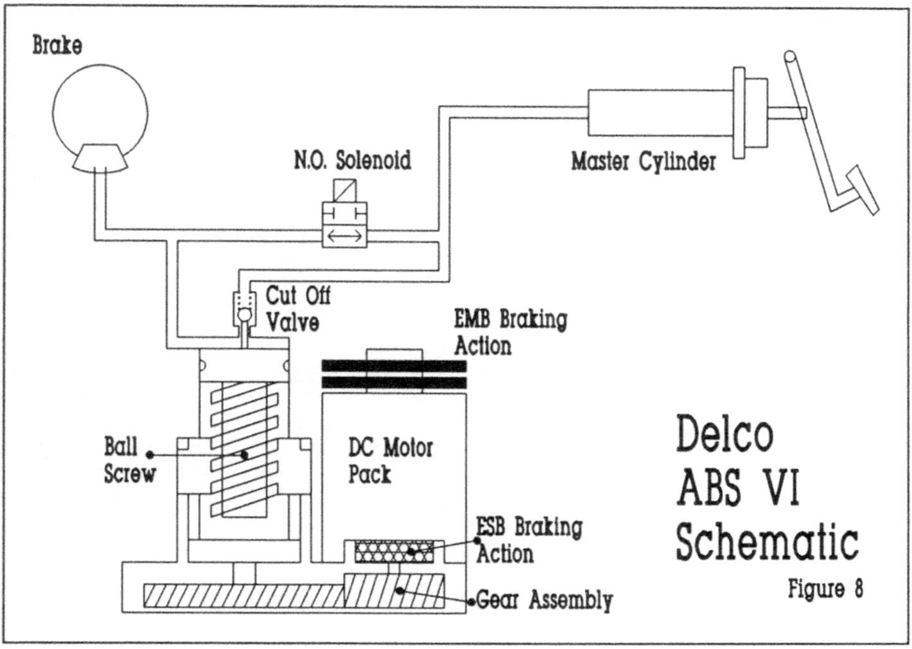

Figure 8

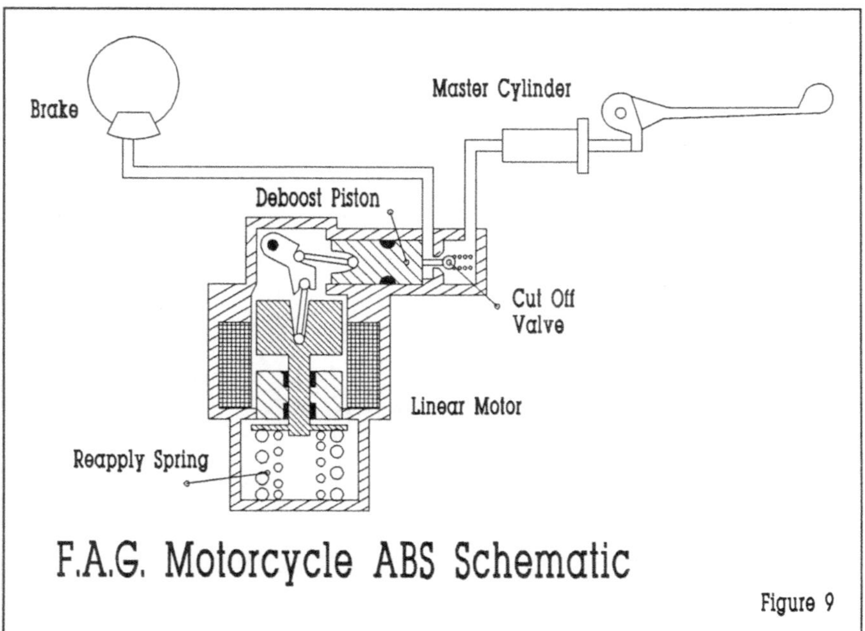

Figure 9

The **F.A.G.** system shown in **Figure 9** is fitted to motorcycles in Europe. It is of the deboost type, completely isolating the master cylinder from the brake during ABS. Good feel is probably even more important for motorcycle ABS than for cars. The deboost piston is held in place by a large spring which reacts against the master cylinder pressure to keep open the cut off valve. To reduce pressure during ABS this spring is compressed by a linear electric motor which operates as a large but sophisticatedly controlled electro-magnet. This causes the deboost piston to move back closing the cut off valve and reducing the brake pressure. When the force of the linear motor is reduced, the spring pushes back the assembly to reapply the brake pressure until the cut off valve is reopened. The detail design of the pivot mechanism and the sophisticated electronic control circuits are an integral part of this design. The linear motor, however, requires a large current to overcome the spring force and it will be interesting to see if this philosophy can be expanded to operate with car systems where the braking pressures are higher.

The final group of systems covered are those that fall into the "dynamic flow" category. This is the type of system where the fluid released from the brake during ABS is returned directly to the low pressure brake reservoir and is recovered from there by a pump. These systems can be considered as "open" systems because the fluid is released to the reservoir and is not contained within the master cylinder to brake line during ABS.

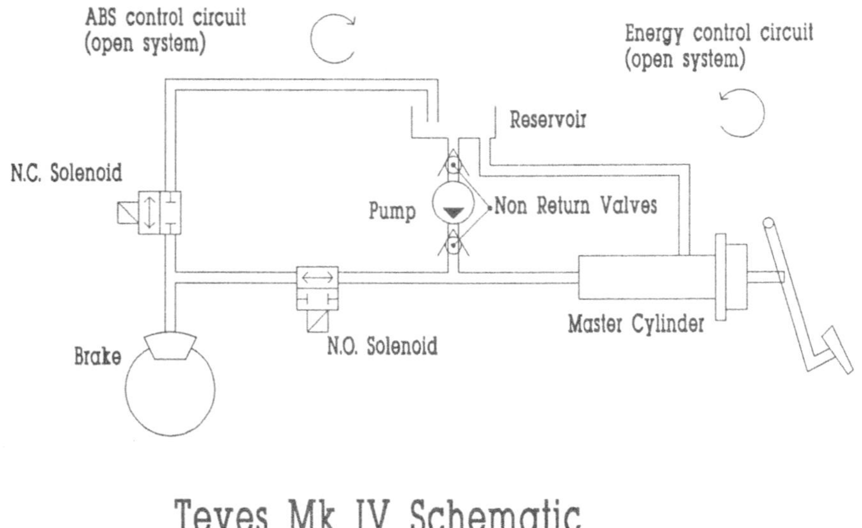

Teves Mk IV Schematic

Figure 10

Figure 10 shows the **Teves Mk IV** system which is the latest system to be announced in this category. During ABS when brake pressure must be reduced, the normally open solenoid closes isolating the master cylinder from the brake and the normally closed solenoid opens allowing the brake fluid to flow into the reservoir. The electrically driven pump has been started and this returns the brake fluid from the reservoir into the master cylinder line. Brake pressure increase is controlled by pulsing the N.O. solenoid. If the pump is providing more fluid than is required for controlled pressure rise, then this must return to the reservoir by pushing back the master cylinder until its internal cut off valves are opened and allow the excess fluid to return to the reservoir.
This could produce a severe push back onto the brake pedal and this is countered in some installations by fitting a travel switch onto the brake pedal. This can control the running of the pump so that if the pedal is being pushed back too far, the pump motor is stopped until the pedal returns to the correct position.

The final three systems in the dynamic flow class all use accumulator pressure in some form to apply the brakes during normal braking. This usually gives a short pedal travel for normal braking

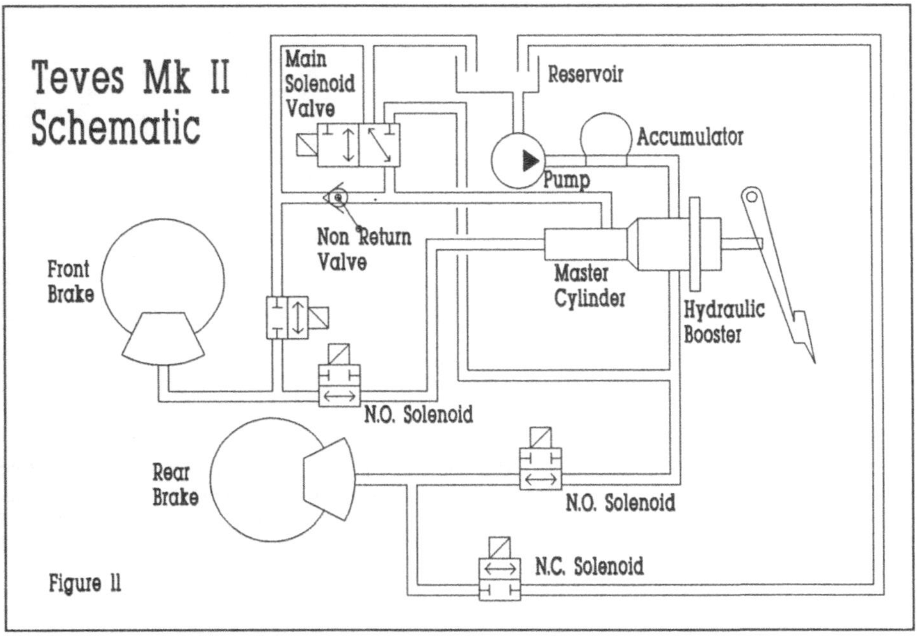

Figure 11

and also enables good isolation of the brake pedal during ABS.

The **Teves Mk II** system shown in **Figure 11** uses an hydraulic booster to assist in the application of an hydrostatic system to the front brakes and has full power braking on the rear wheels. During a

brake release in ABS the fluid from front and rear brakes is allowed to return to the reservoir and the brake pedal is held. During the pressure increase phase, the rear pressure is increased by solenoid control of the direct output of the hydraulic booster which will be outputting fluid at a pressure directly proportional to the brake pedal force.
The increase of the front brake pressure is achieved by switching the main solenoid valve to allow the same output from the booster to return to the master cylinder into the (normally) reservoir port. This high pressure fluid then flows through the master cylinder via the seals into the front brake. Thus during ABS the system becomes a full power system with all brakes reapplied with

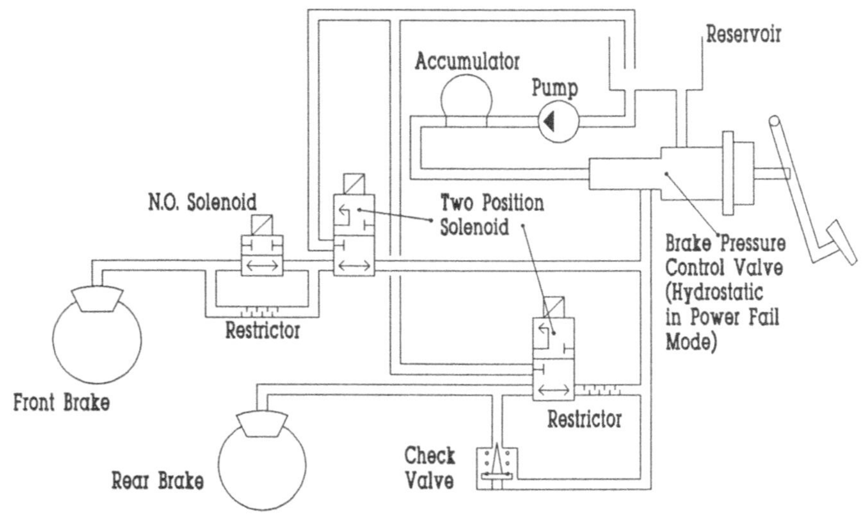

Bendix Integrated ABS Schematic

Figure 12

fluid from the accumulator..

The **Bendix Integrated** system shown in **Figure 12** is a full power braking system in normal and ABS braking. If the power accumulator fails then the system reverts to a twin master cylinder hydrostatic system. The control logic of this system is very similar to that used in the new Bendix Addonix systems so that detail explanation can be found under that heading.

The system shown in **Figure 13** is the **Wabco** system. This is a fairly involved system incorporating both hydrostatic and power braking lines. During normal braking the accumulator pressure is fed to the brakes via the booster at a pressure proportional to the pedal force. This pressure is fed directly to the rear brakes (via an apportioning valve if appropriate) and augments the hydrostatic

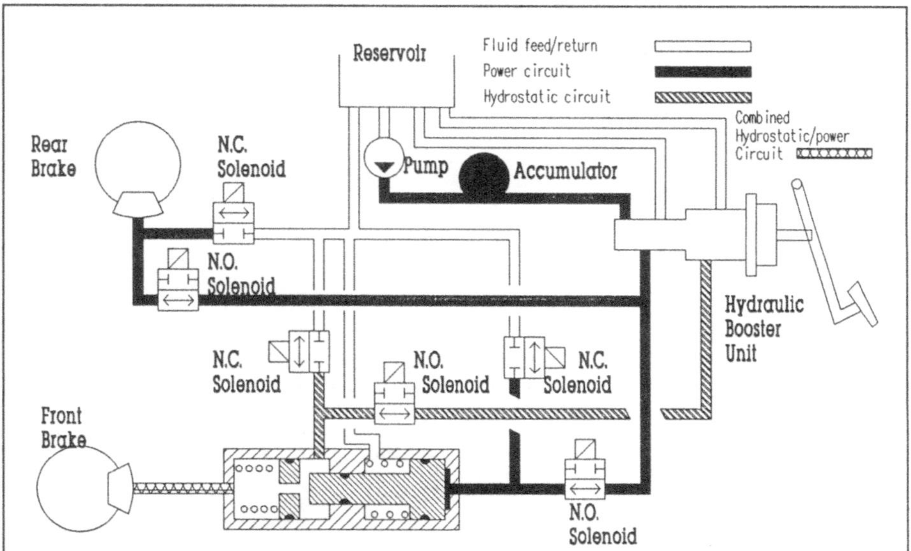

Wabco Power System ABS Schematic

Figure 13

pressure in the front brake debooster unit.
During ABS brake pressure release, fluid from the brakes is returned to the reservoir. The system is capable of controlling the pressure rise and fall during ABS by pulsing the solenoids to give a hold, rise or fall condition. The two solenoids on the Hydrostatic circuit are energised during ABS to prevent "push through" by the driver from limiting the fall in brake pressure on this circuit. (Some publications show these solenoids to be replaced by one double acting solenoid.) The pressure control is then carried out on the power side of the system in a normal manner. The system gives good pedal feel in normal braking and front brakes can be applied hydrostatically should the power system fail.
In summary there is a wide variety of systems on the market at present, chosen by the car manufacturer for a variety of reasons. We will have to wait and see if there will be even more variations produced and if these will be cost or performance driven.

Antriebsschlupfregelung - mögliche Lösungen und Entwicklungstendenzen

von A. Sigl, A. Czinczel

1. Zusammenfassung

Seit 1987 hat Bosch mit verschiedenen Autoherstellern Antriebsschlupfregelsysteme (ASR-Systeme) eingeführt. Andere Zulieferer für die Automobilindustrie folgten mit eigenen ASR-Systemen auf dem Markt. Die Vielzahl der möglichen Stelleingriffe zur Regelung des Schlupfes an den Antriebsrädern brachte es mit sich, daß heute viele ASR-Systeme auf dem Markt sind, die auf unterschiedlichen Funktionsprinzipien basieren.

Ziel des Aufsatzes ist es, die physikalischen Grundlagen der Antriebsschlupfregelung darzustellen, daraus Anforderungen an die ASR-Systeme abzuleiten und mögliche Systemanordnungen und Regelungskonzepte darzustellen. Die wichtigsten ASR-Systeme von Bosch werden in Aufbau und Funktion kurz dargestellt. Meßergebnisse mit einem der ASR-Systeme zeigen beispielhaft dessen Anpassungsfähigkeit an unterschiedliche Fahrbahncharakteristiken und Fahrbedingungen. In einem Ausblick werden zukünftige Entwicklungstendenzen aufgezeigt.

2. Einleitung

Seit 1987 hat Bosch verschiedene Antriebsschlupfregelsysteme auf dem Markt eingeführt. Während beim schon 1978 von Bosch eingeführten Antiblockiersystem (ABS) sich die von Bosch eingesetzte separate Lösung nach dem Rückförderprinzip zunehmend durchsetzt und man heute von einer ABS-Standardlösung sprechen kann, ist die ASR-Entwicklung noch im Fluß. Die bisher auf dem Markt erschienenen ASR-Systeme zeichnen sich durch eine große Vielfalt in den grundlegenden Merkmalen aus, was angesichts der vielen möglichen Stelleingriffe (Motormanagement, Drosselklappe, Bremse, Differentialsperre) nicht verwunderlich ist. Inzwischen sind die regelungstechnischen Grundlagen, das Potential der möglichen kombinierten Stelleingriffe sowie Konstruktions- und Kostengesichtspunkte soweit durchdacht, daß Prognosen über die zukunftsträchtigen Lösungen gewagt werden können. Dies soll im Ausblick dieses Vortrags geschehen.

Die physikalischen und regelungstechnischen Grundlagen des ABS und seine Lösungen wurden in zahlreichen Veröffentlichungen dargestellt und dürfen in der Fachwelt als bekannt vorausgesetzt werden. Über die physikalischen und regelungstechnischen Grundlagen und Lösungsprinzipien für ASR gibt es in der deutschsprachigen Literatur zwar einige spezielle Darstellungen ([1], ... [10]), jedoch fehlt unseres Wissens bisher eine umfassende Zusammenstellung. Es wird nun versucht, diese Lücke mit dem folgenden Aufsatz zu schließen.

3. Aufgaben der Antriebsschlupfregelung (ASR)

3.1 Regelkreis Fahrer-Fahrzeug-Fahrbahn

Die zunehmende Motorisierung und wachsende Verkehrsdichte stellen immer höhere Anforderungen an die Regelungsfähigkeiten des Fahrers. Darum unternimmt die Automobil- und ihre Zulieferindustrie seit langem Anstrengungen, um das Fahrverhalten mit Hilfe von automatischen Regeleinrichtungen zu verbessern.

Das Führen eines Fahrzeugs mit dem Beschleunigen, Bremsen und Lenken findet im geschlossenen Regelkreis statt, der aus Fahrer, Fahrzeug und Fahrbahn besteht, siehe Bild 1. Die Reibung zwischen Reifen und Fahrbahn stellt die entscheidende Kopplung zwischen Fahrzeug und Fahrbahn dar.

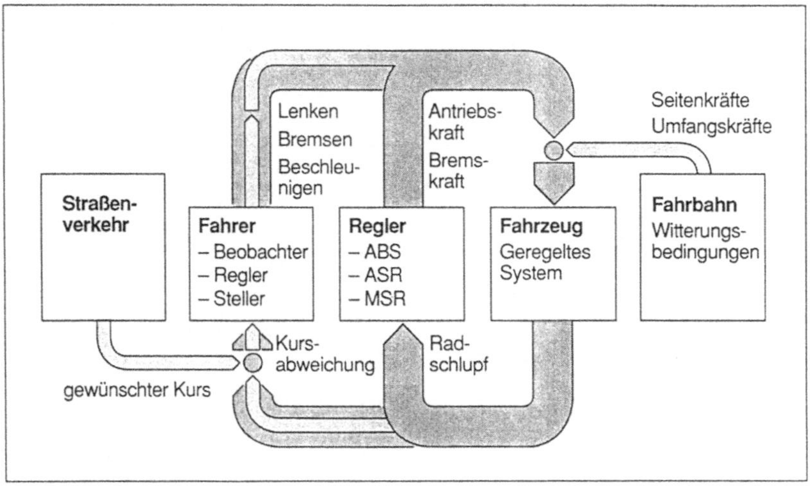

Bild 1: Geschlossener Regelkreis mit ABS/ASR

Der Fahrer kann seine Aufgabe als Regler nur so lange erfüllen, wie sich das System aus Fahrzeug und Fahrbahn in einem steuerbaren Zustand befindet. Wenn infolge zu starken Bremsens oder Beschleunigens ein oder mehrere Räder in zu großen Schlupf laufen, nehmen die verfügbaren Seitenkräfte so stark ab, daß diese Steuerbarkeit nicht mehr gegeben und die Stabilität bzw. Lenkbarkeit nicht mehr gewährleistet ist. Trotz vollem Lenkeinsatz des Fahrers kann dann der Fall eintreten, daß das Fahrzeug schleudert bzw. dem mit der Lenkung vorgegebenen Kurs nicht mehr folgt.

Die wichtigste Aufgabe der ASR-Systeme ist demzufolge, beim Antreiben den Schlupf der Antriebsräder in einem Bereich zu regeln, in dem ausreichende Seitenkräfte erhalten bleiben. So können Fahrstabilität (bei Hecktrieblern) bzw. Lenkbarkeit (bei Fronttrieblern) gesichert werden.

3.2 Dynamik der Reibpaarung aus Reifen und Fahrbahn beim Antreiben

Die Dynamik der Reifenkräfte ist für die Geradeaus- wie auch die Kurvenbremsung aus der einschlägigen Literatur bekannt. Beim Antreiben in der Geraden wie auch in der Kurve gelten qualitativ die gleichen Gesetzmäßigkeiten wie beim Bremsen.

Die für das Bremsen gültige Schlupfbeziehung $\lambda_B = \frac{V_F - \omega_R R}{V_F}$ wird durch die Beziehung $\lambda_A = \frac{\omega_R r - V_F}{V_F}$ mit $\omega_R r \geq V_F$ ersetzt. Der Antriebsschlupf kann zwischen 0 und sehr großen Werten schwanken, die z.B. bei heftigem Durchdrehen der Antriebsräder beim Anfahren auftreten.

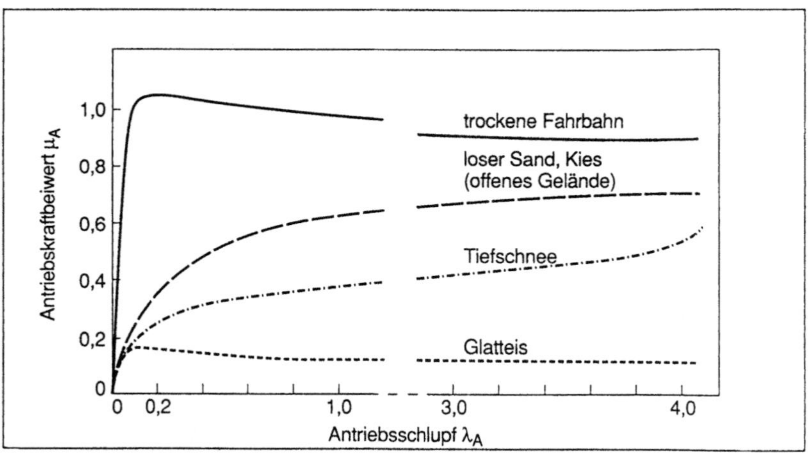

Bild 2: Kraftschlußbeiwert für das Antreiben μ_A als Funktion des Antriebsschlupfes λ_A

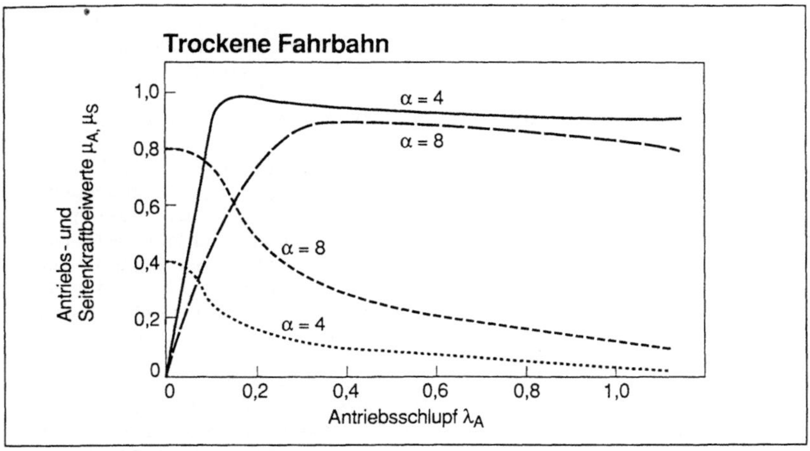

Bild 3: Antriebs- und Seitenkraftbeiwerte bei verschiedenen Schräglaufwinkeln α.
Trockene Fahrbahn

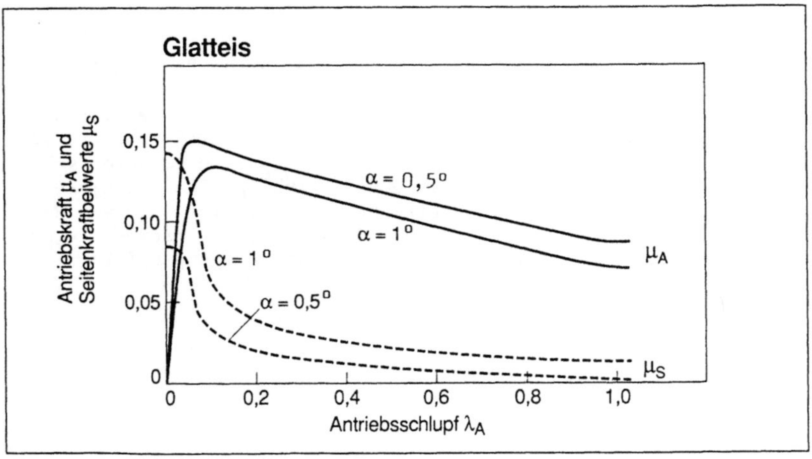

Bild 4: Antriebs- und Seitenkraftbeiwerte bei verschiedenen Schräglaufwinkeln α.
Glatteis

Die Bilder 2-4 zeigen Antriebs- und Seitenkraftbeiwerte als Funktion des Antriebsschlupfes. Bild 2 gilt für das Antreiben bei Geradeausfahrt. Da hier nur geringe Anforderungen an die Seitenkraftreserve bestehen (z.B. Kompensation von Seitenwindkräften), steht hier die Betrachtung der Traktion im Vordergrund.

Auf trockenen Fahrbahnen ist bei ca. 10 ÷ 30 % Antriebsschlupf die maximale Antriebskraft erzielbar, wobei gegenüber durchdrehenden Antriebsrädern ca. 5 ÷ 10 % Traktionserhöhung möglich sind.

Auf Glatteis wird die maximale Traktion schon bei sehr kleinen Antriebsschupfwerten (ca. 2 ÷ 5 %) erreicht.
Auf losem Sand, Kies und in tiefem Schnee und hier speziell in Kombination mit Schneeketten steigt der Antriebskraftbeiwert mit zunehmendem Antriebsschlupf kontinuierlich weiter an und erreicht erst jenseits von 60 % seine größten Werte. Beim typischen Schlupfarbeitsbereich der ASR von 2 ÷ 20 % läßt sich daher nicht in allen Fällen eine ausreichende Traktion erzielen. Es sind daher bei allen bekannten ASR-Systemen Schlupfschwellenumschalter oder ASR-Aus-Taster eingebaut, mit denen der Fahrer die ASR-Schlupfregelschwelle auf deutlich größere Werte umstellen oder ASR ganz ausschalten kann.

Die Bilder 3 und 4 gelten für das Antreiben bei Kurvenfahrt, bei der entsprechend der Querbeschleunigung des Fahrzeugs Seitenkräfte an den Antriebsrädern wirken. Mit zunehmendem Antriebsschlupf (und zunehmender Antriebskraft) nehmen die Seitenkräfte ab und brechen bei großen Schlupfwerten auf kleine Restbeträge zusammen.

Bild 3 für trockene Fahrbahnen zeigt, ausgehend vom Antriebsschlupf Null, zunächst eine langsame Abnahme der Seitenkraftbeiwerte. Erst wenn die Antriebskraftbeiwerte stärker anwachsen, nehmen die Seitenkraftbeiwerte deutlich ab. Das Bild zeigt, daß zur Erhaltung ausreichend großer Seitenkräfte nur ein Teil der möglichen Antriebskraft ausgenutzt werden darf.

Auf Glatteis (Bild 4) ist aufgrund des sehr geringen Reibungspotentials ein stabiler Fahrzustand beim Antreiben nur bei verhältnismäßig kleinen Schräglaufwinkeln (ca. $\leq$ 2°) möglich. Schon bei kleinen Schlupfwerten ($\leq$ 0,05) fallen die Seitenkraftbeiwerte steil ab. Dieser Tatbestand macht ersichtlich, daß auf Glatteis (und bei anderen sehr glatten Fahrbahnen) eine sehr exakte und feinfühlige Schlupfregelung zur Erhaltung ausreichender Seitenkräfte erforderlich ist, die von dem Antriebsschlupfregelsystem eine hohe Meßgenauigkeit sowie eine schnelle und exakte Signalverarbeitung und Stellbetätigung erfordert.

3.3 Problematik des Antreibens bei unterschiedlichem Antriebskraftpotential rechts/links

Der typische PKW ist an der Antriebsachse mit einem Ausgleichsdifferentialgetriebe ("Differential") ausgestattet, das nahezu verlustfrei unterschiedliche Raddrehzahlen (z.B. bei Kurvenfahrt) bei gleicher Antriebsmomentaufteilung auf die Antriebsräder ermöglicht. Dieses Verhalten ist im allgemeinen fahrdynamisch günstig, da durch die gleiche Aufteilung des Antriebsmomentes kein Giermoment am Fahrzeug eingeleitet wird.

Wenn jedoch unterschiedliche Antriebskraftpotentiale an den Antriebsrädern herrschen und maximale Traktion gefordert wird, zeigt dieses Konzept einen prinzipbedingten Mangel. Bild 5 zeigt die Dynamik des Systems aus Antriebswelle, Differential und Antriebsrädern auf unterschiedlich griffigen Fahrbahnen mit den Kraftschlußbeiwerten μ_H, μ_N (High-Rad, Low-Rad). Das über die Antriebswelle eingeleitete Drehmoment teilt sich gleichmäßig auf die Antriebsräder auf. Infolge des unzureichenden Kraftschlußpotentials dreht das Low-Rad während eines kurzen Radbeschleunigungsvorganges durch. Das High-Rad überträgt dann eine Antriebskraft, die der Summe aus der Antriebskraft am Low-Rad und dessen Trägheitskraft Θ_R ω/R entspricht. Sobald das Low-Rad seine Endgeschwindigkeit angenommen hat, herrscht an beiden Antriebsrädern lediglich die Antriebskraft des Low-Rades.

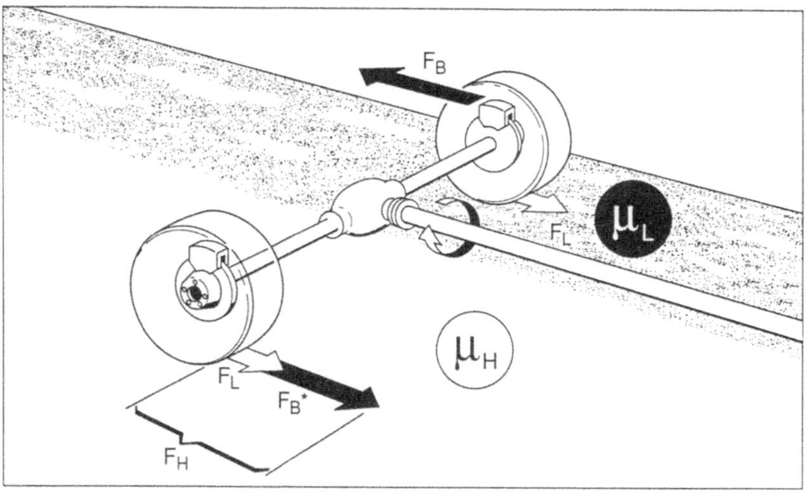

Bild 5: Differentialsperrwirkung durch Bremseneingriff

Eine Erhöhung der Antriebskraft des High-Rades ist nur möglich, wenn das Low-Rad am Durchdrehen gehindert wird. Bild 5 zeigt dazu als erste Möglichkeit den Bremseneingriff. Durch das Aufbringen der Bremskraft F_B am Low-Rad wird dieses am Durchdrehen gehindert. Am High-Rad wird dadurch die zusätzliche Antriebskraft F_B* verfügbar, die sich aus F_B durch Multiplikation mit dem Verhältnis vom effektiven Bremsenradius zum Radradius ergibt.

Eine zweite Möglichkeit zur optimalen Ausschöpfung des Kraftpotentials ist durch den Eingriff mit festen, variablen oder regelbaren Differentialsperren gegeben. Sie erzwingen durch die feste Kopplung den gleichen Schlupf an den Antriebsrädern, so daß diese ihre maximale Antriebskraft entwickeln können.

Bei Kurvenfahrten mit hohen Querbeschleunigungen sind die Antriebsräder unterschiedlich belastet, so daß an ihnen dann ebenfalls ein unterschiedliches Antriebskraftpotential herrscht. Auch hier können der Bremsen- bzw. Sperrdifferentialeingriff dazu helfen, um maximale Traktion zu gewährleisten.

3.4 Anforderungen an ASR-Systeme

Die wichtigste Forderung an die Funktion von ASR-Systemen ist die Erhaltung der Querstabilität, die für die Fahrsicherheit entscheidend ist. Dem nachgeordnet ist die Forderung nach optimaler Traktion.

Diese Forderungen sind bewußt so allgemein formuliert, um die generelle Zielrichtung vorzugeben. Detaillierte Forderungen, die geeignet sein können, um als konkrete Richtlinien für die Auslegung von ASR-Systemen zu dienen, müssen dagegen eine Vielzahl von technischen Gegebenheiten der Fahrzeuge, der ASR-Stellglieder und andere Randbedingungen berücksichtigen, von denen die wichtigsten im folgenden genannt seien.

Je nach Fahrzeugklasse und Motorleistung (gehobene-, Mittel-, Economy-Klasse) sind unterschiedliche Funktionsziele vordringlich und kostenmäßig vertretbar.

Bei Fahrzeugen der gehobenen Klasse mit großer Motorleistung (überwiegend Hecktriebler) können die Räder in einem großen Geschwindigkeitsbereich durchdrehen. Die Erhaltung der Fahrstabilität (bei Hecktrieblern) bzw. der Lenkbarkeit (bei Fronttrieblern) muß darum hier Vorrang haben. Maßnahmen zur Optimierung der Traktion mit hohem Komfortniveau sind empfehlenswert und kostenmäßig vertretbar.

Fahrzeuge der Mittel- und Economyklasse mit beschränkter Motorleistung sind vorwiegend mit Frontantrieb ausgestattet. Bei ihnen ist die Erhaltung der Lenkbarkeit wünschenswert, jedoch können die Anforderungen an die Güte der Schlupfregelung hier kleiner gehalten werden als bei leistungsstarken Hecktrieblern. Die Beeinträchtigung der Lenkbarkeit bei durchdrehenden Vorderrädern kündigt sich dem Fahrer deutlich an und ist fahrdynamisch weniger kritisch als die Beeinträchtigung der Fahrstabilität. Eine ergänzende Traktionshilfe, die auf den Anfahrbereich beschränkt sein kann, ist auch hier empfehlenswert. Da der Erhaltung der Lenkbarkeit nicht die dominierende Bedeutung zukommt wie der Erhaltung der Fahrstabilität, können bei diesen Fahrzeugen auch reine Traktionshilfen nützlich sein. Speziell bei Fronttrieblern muß aber auch die Rückwirkung auf die Lenkung betrachtet werden. Wegen des im Vergleich zum Bremseneingriff großen Lenkstörmomentes ist ein Sperreneingriff nicht empfehlenswert, siehe Bild 6.

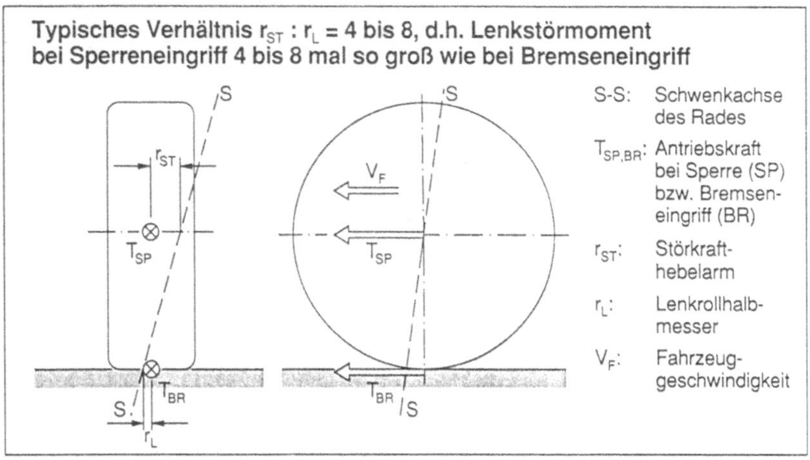

Bild 6: Lenkstörmomente auf Fahrbahnen mit unterschiedlicher Griffigkeit rechts/links

Maßgeblich für das Lenkstörmoment beim Bremseneingriff ist der Lenkrollhalbmesser r_L, beim Sperreneingriff der Störkrafthebelarm r_{ST}. Da r_{ST} typischerweise 4 bis 8 mal so groß ist wie r_l, ist das Lenkstörmoment beim Sperreneingriff 4 bis 8 mal so groß wie beim Bremseneingriff. Als Traktionshilfe für Fronttriebler ist der Bremseneingriff also die optimale Lösung.

Die möglichen Stelleingriffe zur Reduzierung der Antriebsmomente wirken unterschiedlich schnell. So wirkt der Drosselklappeneingriff langsam, während der kombinierte Eingriff mit Zündung und Einspritzung schnell wirkt. Ein Bremseneingriff kann kostengünstig entsprechend dem Förderstrom einer Hydropumpe aufgebracht werden, während ein Bremseneingriff, welcher über den gesamten Temperaturbereich eine besonders schnelle Reaktion bewirken soll, einen Hydro-Hochdruckspeicher und damit zusätzliche Kosten voraussetzt. Zur Erzielung einer hochwertigen Schlupfregelung mit nur kurzzeitig auftretendem unzulässig hohem Antriebsschlupf muß die Kombination der Stelleingriffe so gewählt werden, daß ein schneller Stelleingriff eingeschlossen ist. Dies ist bei leistungsstarken Hecktrieblern besonders wichtig.

4. Wesentliche Möglichkeiten zur Optimierung des Antriebsmoments

Bei gegebenem Antriebskonzept kann das auf die Fahrbahn übertragbare Antriebsmoment in Grenzen erhöht werden durch:

- Aktivieren von Differentialsperren
- Bremseneingriff am durchdrehenden Rad.

Diese Möglichkeiten zur Erhöhung der Traktion können jedoch nicht die Fahrstabilität beim Beschleunigen garantieren. Zu diesem Zweck sind zusätzliche Maßnahmen erforderlich, um das Antriebsmoment zu reduzieren.

Die wichtigste Maßnahme, um das Antriebsmoment zu verkleinern, ist die Reduzierung des Motordrehmoments. Diese Maßnahme ist zwingend notwendig, wenn das Antriebsschlupf-Regelsystem bei allen Antriebssituationen Fahrstabilität garantieren soll, ohne daß an anderen Komponenten des Antriebsstranges ein Eingriff stattfindet.

Diese Reduzierung des Motordrehmoments kann durch folgende Maßnahmen erreicht werden:

- Verkleinerung des Drosselklappenwinkels
- Unterbrechung von Zündung oder Einspritzung
- Spätverstellung des Zündzeitpunkts.

Die Spätverstellung des Zündzeitpunktes im zulässigen Bereich verkleinert das Motordrehmoment nur wenig und ist daher nur eine zusätzliche Maßnahme. Um den Katalysator zu schonen, ist die Zündunterbrechung nur bei gleichzeitiger Unterbrechung der Kraftstoffzufuhr empfehlenswert.

Der Bremseneingriff ist eine zusätzliche Maßnahme, um das Antriebsmoment an den Antriebsrädern zu verkleinern.

Dagegen gehört die theoretisch mögliche Öffnung der Kupplung bzw. Änderung der Gangstufe nicht zum Stand der Technik. Gezielte Änderungen der Gangstufe könnten zwar in einem Teilbereich unzulässig großen Schlupf vermeiden helfen, aber niemals allein die Stabilität bei annähernd optimalem Antriebsmoment sichern. Eine Regelung des von der Kupplung übertragenen Motormomentes wäre wegen der Abrieb- und Wärmeprobleme nur kurzzeitig möglich.

5. Mögliche Systemanordnungen

Die Anforderungen an die Reaktionszeit vom Eingriff bis zur Reaktion an den angetriebenen Rädern hängen vom Antriebskonzept ab. Jeder Fahrzeughersteller hat seine eigenen Vorstellungen über die Optimierung von Traktion, Fahrstabilität und Komfort, so daß verschiedene Systemanordnungen existieren.

Bei der Antriebsschlupfregelung mit Drosselklappenverstellung wird die Drosselklappe vom Fahrpedal mechanisch getrennt. Das elektronische Motorleistungssteuerungssystem (EMS) oder ein anderes, spezielles Stellglied, das den Drosselklappenwinkel ausschließlich verkleinern kann, steuern die Drosselklappe an. Der Fahrerwunsch, mehr Antriebskraft auf die Fahrbahn zu übertragen, wird nur in dem Maße erfüllt, wie dies physikalisch möglich ist.

Im folgenden werden verschiedene mögliche ASR-Stellgliedkombinationen dargestellt. Zur besseren Orientierung sind sie durch Pictogramme gekennzeichnet, deren Elemente das folgende Bild 7 zeigt.

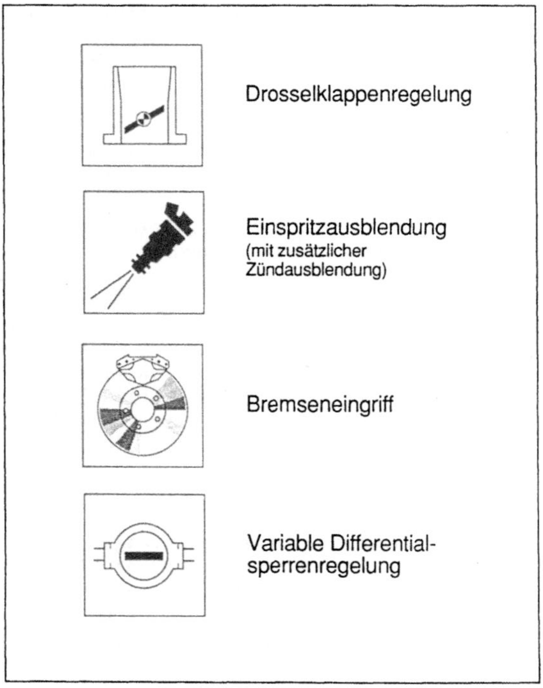

Bild 7: Zusammenstellung der ASR-Stelleingriffe

Wenn nur die Drosselklappenstellung geregelt wird, bewirken die Drosselklappenstellzeit, Totzeiten im Ansaugteil des Motors, die Motorträgheit und die Elastizität des Antriebsstranges, daß während einer verhältnismäßig langen Zeit spürbarer Schlupf am Rad entsteht. Die Fahrstabilität kann bei einem Hecktriebler allein durch die Drosselklappenregelung daher nicht in ausreichendem Maße sichergestellt werden. Dies gilt insbesondere bei Fahrzeugen mit einem großen Verhältnis von Motorleistung zu Fahrzeuggewicht.

Bei Fronttrieblern oder allradgetriebenen Fahrzeugen kann eine alleinige Drosselklappenregelung mit kurzer Stellzeit ausreichend sein.

Bei Systemen mit Drosselklappenregelung und Kraftstoffeinspritzunterbrechung werden Amplitude und Zeitdauer des auftretenden Schlupfes drastisch beschränkt. Daher kann mit dieser Kombination bei allen Antriebskonzepten eine gute Fahrstabilität garantiert werden.

Prinzipiell ist es ebenfalls möglich, ein ASR-System nur mit Hilfe von Zündungs- und Einspritzeingriff darzustellen. Bei diesem Konzept wird ein System mit sequentieller Benzineinspritzung der Zylinder ausgenutzt. Die Zylinder werden bei diesem Konzept einzeln abgeschaltet, und die Zündzeitverstellung wird während der Regelung angepaßt. Zwar ist es mit diesem Konzept möglich, bei allen Antriebsarten die Fahrstabilität zu garantieren, jedoch sind geringe Einbußen beim Komfort unvermeidbar, besonders beim Fahren auf Eis und während der Warmlaufphase.

Ein Antriebsschlupfregelsystem mit Motormomentreduzierung und zusätzlichem Bremseneingriff ist geeignet, die Fahrstabilität unter allen Bedingungen im Rahmen des physikalisch Möglichen zu garantieren. Die Anforderungen an den Bremseneingriff hängen von den Maßnahmen zur Motormomentreduzierung ab. Bei Hecktrieblern mit Regelung des Motormoments allein durch die Drosselklappenverstellung muß der Bremseneingriff besonders schnell sein. Um diese Anforderungen zu erfüllen, wurde eine ausgeklügelte Hydraulikeinheit entwickelt. Die Forderung nach einem schnellen Bremsdruckanstieg für einen schnellen Bremseneingriff kann aufgegeben werden, wenn schon mit der Motormomentreduzierung allein die Fahrstabilität gewährleistet wird. Bei diesen Systemen hat der Bremseneingriff nur die Aufgabe, auf Fahrbahnen mit stark unterschiedlicher Griffigkeit rechts/links die Traktion zu erhöhen.

Ein Antriebsschlupfregelsystem mit alleinigem Bremseneingriff erscheint als geeignet, um den Schlupf an den Antriebsrädern zu regeln. Während einer beschränkten Zeit bzw. in einem beschränkten Geschwindigkeitsbereich können die Bremsen extreme Belastungen ertragen, da sie in der Lage sind, eine große Energiemenge in Wärme umzuwandeln. Wird aber der Antriebsschlupf an beiden Antriebsrädern mittels des Bremseneingriffs begrenzt, so kann ein unvorsichtiger Fahrer bei zuviel Motorleistungsvorgabe auf niedrigsten Reibbeiwerten auch die Bremsanlage überlasten. Ein Antriebsschlupfregelsystem mit alleinigem Bremseneingriff darf daher nur jeweils an einem Antriebsrad eingreifen, um beide Antriebsraddrehzahlen zu synchronisieren. Damit wird jedoch ein Durchdrehen beider Antriebsräder nicht verhindert und die Querstabilität nicht sichergestellt. Der Traktionsgewinn auf Fahrbahnen mit unterschiedlichen Kraftschlußbeiwerten rechts/links durch den synchronisierenden Bremseneingriff ist aber wesentlich.

Bei frontgetriebenen Fahrzeugen ist solch eine Automatische-Brems-Differentialsperre (ABD) ein ideales System zur Traktionsverbesserung. Bei heckgetriebenen Fahrzeugen bietet das ABD einen Ersatz für herkömmliche Differentialsperren mit gutem Kosten-NutzenVerhältnis.

Ein Antriebsschlupfregelsystem mit Motor- und Differentialsperreneingriff ist teilweise ähnlich in der Funktion wie Systeme mit Motor- und Bremseneingriff. Die Traktion wird erhöht, und zwar besonders wirksam auf Fahrbahnen mit seitenweise unterschiedlicher Griffigkeit. Die Ansteuerung der Differentialsperre erbringt keine Verbesserung der Fahrstabilität beim Beschleunigen. Vielmehr muß die Motordrehmomentregelung so ausgelegt sein, daß sie allein zur Sicherung der Fahrstabilität ausreicht.

Verglichen mit herkömmlichen Differentialsperren bieten schaltbare oder variabel ansteuerbare Differentialsperren große Vorteile. Sie vermeiden die bei herkömmlichen Sperren auftretende Beeinflussung der ABS-Funktion und können so geschaltet werden, daß das Kurvenverhalten nicht beeinträchtigt wird. Bei Kurvenfahrten auf griffiger Fahrbahn verkleinert die Differentialsperre bei Hecktrieblern die Übersteuertendenz, wenn der Fahrer zu schnell das Fahrpedal löst. Die besonders bei stark motorisierten Fahrzeugen oft störende Lastwechselreaktion wird somit weitgehend neutralisiert. Wegen der hohen Kosten für regelbare Differentialsperren wird jedoch nicht erwartet, daß dieses Konzept eine breite Anwendung finden wird.

6. Regelkonzepte von Antriebsschlupfregelsystemen

Für die ASR werden aus den vier Radgeschwindigkeiten, welche auch bei ABS verwendet werden, mehrere Signale berechnet:

- die Beschleunigung der angetriebenen Räder
- die Fahrzeuggeschwindigkeit und Fahrzeugbeschleunigung aus den Geschwindigkeiten der nicht angetriebenen Räder
- die Kurvenerkennung durch den Vergleich der Geschwindigkeiten der nicht angetriebenen Räder
- der Antriebsschlupf aus der seitenweisen Differenz zwischen angetriebenen und nicht angetriebenen Radgeschwindigkeiten.

Zusätzlich wird für ASR ein Signal von dem Motormanagement-Steuergerät eingelesen, aus dem sich die Motordrehzahl berechnen läßt. Als Sollwert für den Antriebsschlupf wird die Geschwindigkeit der nicht angetriebenen Räder plus ein bestimmter Geschwindigkeitswert, eine sogenannte Sollschlupfschwelle, festgelegt.

Damit kann man die Optimierungsaufgabe für eine ASR in zwei Bereiche aufteilen:

1. Möglichst genaues Regeln des Antriebsschlupfes auf die vorgegebene Sollschlupfschwelle und
2. Vorgabe optimaler Sollschlupfschwellen für die unterschiedlichen Fahrbedingungen.

Für die erste Aufgabe gibt es, abhängig von den vorhandenen Stellgliedern wie Drosselklappen-, Bremsen- oder Einspritzeingriff, verschiedene Regelkonzepte. Dabei wird für den Regelbeginn immer ein besonderer Algorithmus definiert.

Bei der Drosselklappenregelung wird nach Regelbeginn sofort die Drosselklappe auf einen aus verschiedenen Signalen berechneten Wert eingestellt. Der anschließende Regelvorgang entspricht im Prinzip dem eines PI-Reglers.

Die Bremsdruckmodulation muß die nichtlineare Druck-Volumen-Kennlinie der Bremszangen mit berücksichtigen und beginnt daher bei jedem Regelzyklus mit einem sogenannten Füllpuls. Anschließend wird der Druck bei positiver Regelabweichung laufend vergrößert, wobei die Druckanstiegsgeschwindigkeit von der Größe der Regelabweichung und deren Dynamik abhängt. Abhängig wiederum von der Raddynamik wird spätestens beim Unterschreiten der Sollschlupfschwelle eine Druckabbaupulsreihe gestartet. Nach Ablauf dieser mit anwachsenden Druckabbauzeiten ausgelegten Pulsreihe wird der Bremseneingriff beendet.

Wird zum Stabilisieren des Fahrzeuges zusätzlich noch ein weiterer Eingriff notwendig, so kann die Zündung oder Einspritzung kurzzeitig ausgeblendet werden. Das Regelkonzept für diese Ausblendung entspricht im wesentlichen dem eines D-Reglers.

Wie schon erwähnt, hängt die Regelgüte einer ASR nicht nur von dem Einregeln eines bestimmten Radschlupfes ab, sondern die Vorgabe des optimalen Sollwertes ist genauso wichtig. Die μ-Schlupf-Kurven für Längs- und Querkräfte zwischen Reifen und Fahrbahn zeigen, daß es kein gemeinsames Optimum für die Kraftübertragung in Längs- und Seitenrichtung bei einem bestimmten Schlupfwert gibt. Der Regelalgorithmus für die Antriebsschlupfregelung muß daher mit übergeordneten Regelstrategien durch adaptives Verhalten die unterschiedlichen Anforderungen des Fahrers an Traktion und Seitenführung erfüllen.

Die Anforderung des Fahrers an das Traktionsvermögen nimmt, speziell auch bei niedrigen Reibwerten, bei hoher Geschwindigkeit ab. Andererseits wird ein leicht instabiles Fahrverhalten bei zunehmender Geschwindigkeit immer weniger akzeptiert. Die Regelstrategie ist daher so ausgelegt,daß die Sollschlupfschwelle mit wachsender Fahrzeuggeschwindigkeit abnimmt, so daß die Gewichtung von der Traktion auf die Seitenführung verlegt wird.

Die Fahrzeugbeschleunigung und das eingestellte Antriebsmoment lassen zuverlässige Schlüsse auf den Reibbeiwert zu. Eine weitere wesentliche Regelstrategie berücksichtigt daher den Reibbeiwert der Fahrbahn. Bei großen Reibbeiwerten wird die Sollschlupfschwelle vergrößert. Damit wird erreicht, daß die für niedrige Reibbeiwerte mehr auf Stabilität optimierte ASR bei hohen Reibbeiwerten nicht vorzeitig eingreift.

Die dritte wesentliche Regelstrategie basiert auf der schon erwähnten Kurvenerkennung. Dabei wird die Differenz der Radgeschwindigkeiten der nicht angetriebenen Räder benutzt, um die Sollschlupfvorgabe in der Kurve zur Verbesserung der Stabilität zu verkleinern. Aus dieser Geschwindigkeitsdifferenz kann man auch auf die Querbeschleunigung des Fahrzeuges schließen. Bei großer Geschwindigkeitsdifferenz kann von einer hohen Querbeschleunigung und damit von einem hohen Reibbeiwert ausgegangen werden. In diesem Fall darf der Sollschlupf nicht verkleinert, sondern muß eher vergrößert werden.

Der Einsatz eines Lenkwinkelsensors zur Optimierung der ASR-Strategie kann zusätzliche Vorteile bringen. Die vorhandenen ASR-Seriensysteme zeigen aber, daß nur die Einbeziehung des Lenkwinkels in die ASR-Strategie nicht zwangsläufig zu einer Leistungsverbesserung führt. Da jeder zusätzliche Sensor die Kosten und die Ausfallwahrscheinlichkeit erhöht, wird der Schwerpunkt der Entwicklung auf die Leistungsoptimierung ohne Lenkwinkelsignal gelegt. Erprobungsergebnisse aus der Entwicklung zeigen, daß noch Optimierungspotential vorhanden ist.

Ein System, das durch die Einbeziehung des Lenkwinkelsignals das Fahrzeug im Kurvengrenzbereich mit Hilfe der Reduzierung der Motorleistung stabil hält, bevor überhaupt ein auswertbarer Antriebsschlupf vorhanden ist, befindet sich in der Entwicklung und wird als Ergänzung zu einer ASR für heckgetriebene Fahrzeuge zukünftig eingesetzt werden.

7. ABS/ASR-Systeme von Bosch

Fahrstabilität, optimale Traktion und Lenkbarkeit können auf verschiedene Weise erreicht werden, und die ASR-Systeme können entsprechend unterschiedlichen Anforderungen ausgelegt werden. Um diese Anforderungen zu erfüllen, ist die geeignete Auslegung der Regelstrategie ebenso wichtig wie die Wahl des Modulationsprinzips der Antriebsrad-Drehmomente. Die ASR-Systeme von Bosch optimieren das Fahrverhalten entsprechend unterschiedlichen Fahrbedingungen und bewirken eine deutliche Verbesserung der Fahrzeugbeherrschbarkeit beim Antreiben im Grenzbereich. Da alle ASR-Systeme von Bosch nur in Kombination mit einem ABS dargestellt werden, wird in der Systembezeichnung auch immer darauf verwiesen.

7.1 ABS/ASR-Systeme zur Sicherung der Fahrstabilität

Es werden drei ASR-Systeme beschrieben, welche allein zur Sicherung der Fahrstabilität dienen. Eine Traktionsverbesserung erfolgt nur in dem Maße, in dem der Kraftschlußbeiwert bei geregelten Antriebsrädern jenen bei durchdrehenden Rädern übersteigt.

7.1.1 ABS/ASR-System mit elektronischer Motorleistungssteuerung (EMS)

Bei diesem ASR-System wird eine verhältnismäßig langsame Reduzierung des Antriebsmoments mit Hilfe der elektronischen Motorleistungssteuerung (EMS) über die Verstellung der Drosselklappe erreicht, während mit Hilfe von Unterbrechungen der Kraftstoffzufuhr und der Zündung eine sehr schnelle Reduzierung des Antriebsmoments erreicht wird.

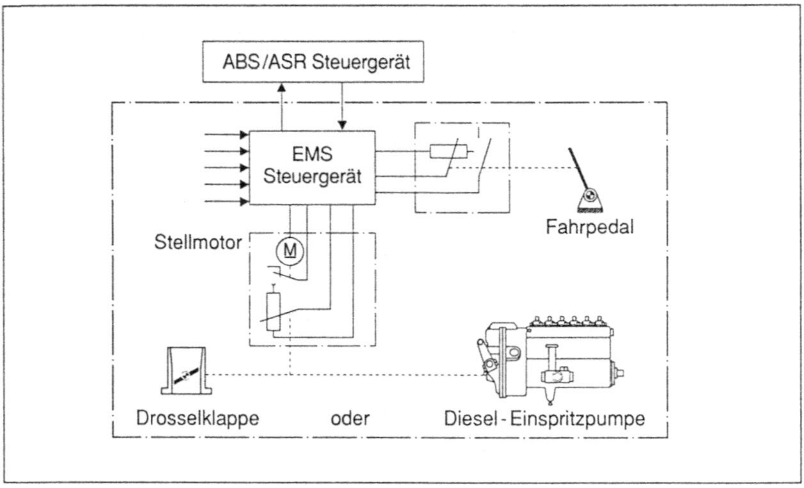

Bild 8: Prinzip der elektrischen Motorleistungssteuerung (EMS).

Bild 8 zeigt das Prinzip der EMS, die bei diesem ASR-System zur Regelung der Drosselklappenstellung verwendet wird. Damit die ASR unabhängig davon, wieviel Gas der Fahrer gibt, eingreifen kann, tritt anstelle der mechanischen Verbindung zwischen Fahrpedal und Drosselklappe die elektronische Motorleistungssteuerung (EMS). Sie behandelt Stellbefehle der ASR mit Vorrang gegenüber der Vorgabe durch den Fahrer.
Die Stellung des Fahrpedals wird über einen Pedalweggeber in ein elektrisches Signal umgewandelt, das im EMS-Steuergerät unter Berücksichtigung vorprogrammierter Größen in eine Steuerspannung für den elektrischen Stellmotor umgesetzt wird.

Dieser Stellmotor betätigt die Drosselklappe. Eine Ansteuerung einer Dieseleinspritzung mit diesem System wäre ebenfalls möglich.

Ein zusätzlicher Regelkreis für das Motorschleppmoment, die sogenannte Motorschleppmomentregelung (MSR) verhindert möglichen Bremsschlupf, wenn der Fahrer abrupt die Motordrehzahl vermindert oder gar auf glatter Fahrbahn in eine kleinere Gangstufe schaltet.

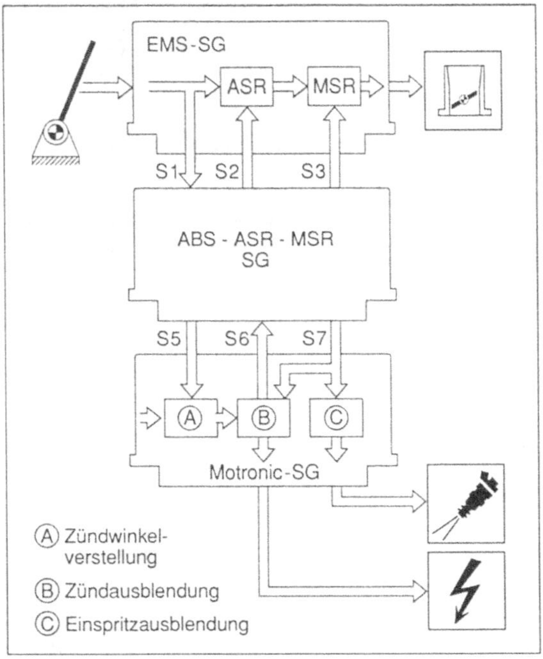

Bild 9: Schnittstellen des ABS/ASR-Steuergerätes nach 7.1.1.

In der Schnittstelle zwischen ABS/ASR-Steuergerät und dem Drosselklappenregler- und Motormanagement-Steuergerät werden sechs Signale übertragen (s. Bild 9).

Die Signale 1, 2 und 3 übertragen pulsbreitenmodulierte analoge Daten. Das Signal 1 dient zur Überwachung des EMS-Mikro-Controllers und der Fahrpedalstellung. Wenn ein Antriebsrad durchzudrehen beginnt, wird das Signal 2 aktiviert, um den Drosselklappenwinkel zu verkleinern. Dadurch wird die Möglichkeit des Fahrers, den Drosselklappenwinkel zu vergrößern, verhindert. Wenn die MSR Bremsschlupf an einem Antriebsrad erkennt, kann mit Hilfe des Signals 3 die Drosselklappe um einen bestimmten Winkel geöffnet werden.

In dem einen Fall bestimmt die ASR das maximal übertragbare Antriebsmoment, in dem anderen Fall die MSR das maximal übertragbare Bremsmoment. Ein eventueller Fahrerwunsch nach mehr Antriebs-, oder Bremskraft wird nur dann realisiert, wenn dadurch kein instabiler Fahrzustand eintreten kann.

Bei Situationen, in denen das Antriebsmoment plötzlich stark zunimmt, z.B. bei unabsichtlichem Gasgeben auf Glatteis, wird die Zündung mit Hilfe des Signals 4 ausgeblendet. Die Zündausblendung ist der schnellste Eingriff zur Reduzierung des Antriebsmoments. Um den Katalysator zu schonen, wird die Kraftstoffzufuhr gleichzeitig unterbrochen. Zur Optimierung des Komforts und Minimierung der Zündausblendungszeit wird über das Signal 5 der Zündwinkel nach spät verstellt. Das Signal 6 wird dazu benutzt, um die Zündausblendung zu überwachen.

Da mehr und mehr Fahrzeuge mit Motormanagement-Systemen und ABS ausgerüstet werden, sind nur das EMS und ein spezielles ABS/ASR-Steuergerät erforderlich, um die Aufrechterhaltung der Fahrstabilität zu gewährleisten.

7.1.2 ABS/ASR-System mit ASR-Drosselklappensteller (ADS)

Wenn auf die mit der EMS gegebenen Zusatzfunktionen für das Motormanagement verzichtet werden kann und auf eine kostengünstige Fahrstabilitätsregelung Wert gelegt wird, kann der Drosselklappensteller ADS eingesetzt werden. Bild 10 zeigt sein Funktionsprinzip.

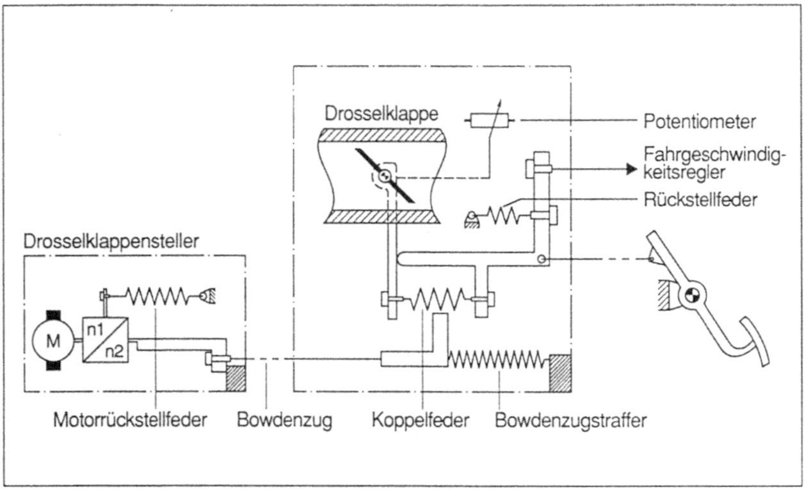

Bild 10: Funktionsprinzip des ASR-Drosselklappenstellers ADS.

Der ASR-Drosselklappensteller wird zwischen Fahrpedal und Drosselklappe eingebaut. Beim normalen Gasgeben führt das Betätigen des Fahrpedals zu einer Zugbewegung an einem Bowdenzug, und über die Koppelfeder wird die Drosselklappe geöffnet. Wenn das ABS/ASR-Steuergerät einen Befehl zur Verkleinerung der Drosselklappenöffnung gibt, läuft der Stellmotor an. Über ein Zahnradgetriebe und einen Bowdenzug zieht er den Mitnehmer nach links, der nach dem Durchlaufen eines Leerweges über ein Gestänge die Drosselklappe in Richtung Schließen verstellt. Sobald ASR keinen Drosselklappeneingriff mehr fordert, wird der Stellmotor entregt. Über die Motorrückstellfeder wird der Motor wieder in seine Ruhestellung gefahren, so daß der Bowdenzugstraffer den Mitnehmer wieder nach rechts in seine Ruhestellung ziehen kann.

Durch eine spezielle Anordnung der Drosselklappenrückstellfeder wird deren Kraftwirkung beim Eingriff des Drosselklappenstellers entkoppelt. Dadurch wird eine nur kleine Rückwirkung am Fahrpedal beim Eingriff der ASR erreicht. Die Entkoppelung bringt es zusätzlich mit sich, daß wenig Stellenergie benötigt wird und somit der Stellmotor klein dimensioniert werden kann. Wie beim ASR-System mit EMS verlangt auch dieses System bei heckgetriebenen Fahrzeugen einen zusätzlichen Eingriff in das Motormanagement.

7.1.3 ABS/ASR-System mit SEFI-Motronic (SEFI= Sequential Electronic Fuel Injection)

Während die unter 7.1.1 und 7.1.2 dargestellten Systeme auf der Drosselklappenverstellung basieren, kommt dieses ASR-System zur Erhaltung der Fahrstabilität ohne Drosselklappenverstellung aus. Vielmehr wird hier die Einspritzausblendung zur Motormomentreduzierung angewendet.

Eine generelle Einspritzausblendung würde ein völliges Ausbleiben des Motormoments bedeuten, d.h. gar keine Möglichkeit der Abstufung mit sich bringen. Wenn die Einspritzausblendung dagegen selektiv an einzelnen Zylindern vorgenommen wird, ist ein guter Kompromiß aus Schnelligkeit und Abstufung der Motormomentreduzierung erzielbar. Dieser Weg wird mit diesem neuen Konzept beschritten.

Wenn man die Einspritzung Zylinder für Zylinder ausblendet, ergibt sich eine Anzahl von Reduzierstufen, die der Anzahl der Zylinder entspricht. Da diese Abstufbarkeit z.B. beim Vierzylinder zu grob ist, setzen wir zusätzlich eine Methode ein, die wir "alternierende Einspritzausblendung" nennen. Hierzu wird jeweils nach zwei Kurbelwellenumdrehungen die Anzahl der aktiven Zylinder um eins variiert. Dadurch stellt sich ein mittleres Drehmoment ein, das zwischen den Drehmomenten zweier Zylinderstufen liegt. Somit wird die Zahl der Reduzierstufen verdoppelt. Mit dieser Maßnahme gelingt es, einen befriedigenden Fahrkomfort zu erzielen.

Bei großem Motormomentüberschuß kann die Einspritzausblendung durch eine gleichzeitige kurze Zündausblendung unterstützt werden, um eine sehr schnelle Leistungsreduzierung zu bewirken. Bild 11 zeigt den Aufbau des Systems.

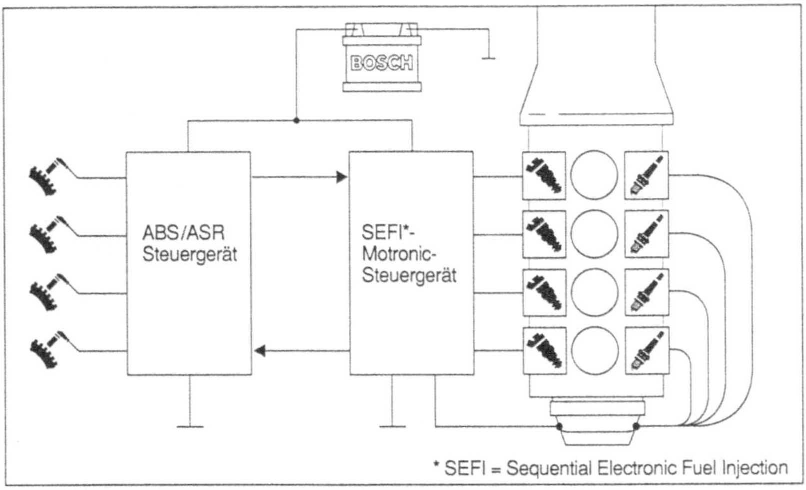

Bild 11: Motormomentregelung mit Hilfe von SEFI-Motronic.

Neben den geringen Kosten für die Komponenten bietet dieses System für den Fahrzeughersteller den Vorteil, daß kein zusätzlicher Bauraum und nur wenig zusätzliche Verkabelung benötigt werden.

7.2 ABS/ASR-Systeme von Bosch zur Sicherung der Fahrstabilität und Traktion mit Bremseneingriff

Ein Antriebsschlupfregelsystem mit Motormomentreduzierung und zusätzlichem Bremseneingriff ist geeignet, die Fahrstabilität unter allen Bedingungen im Rahmen des physikalisch Möglichen zu garantieren. Die Anforderungen an den Bremseneingriff hängen von den Maßnahmen zur Motormomentreduzierung ab. Bei Hecktrieblern mit Regelung des Motormoments allein durch die Drosselklappenverstellung muß der Bremseneingriff besonders schnell sein.

Die Forderung nach einem schnellen Bremsdruckanstieg für einen schnellen Bremseneingriff kann aufgegeben werden, wenn schon mit der Motormomentreduzierung allein die Fahrstabilität gewährleistet wird. Bei diesen Systemen hat der Bremseneingriff nur die Aufgabe, auf Fahrbahnen mit stark unterschiedlicher Griffigkeit rechts/links die Traktion zu erhöhen.

7.2.1 ABS/ASR-System mit Bremseneingriff aus gespeicherter Energie (integrierte Lösung)

Bei diesem für Hecktriebler der gehobenen Klasse konzipierten ASR-System geschieht die Motormomentregelung allein mit Hilfe der elektronischen Motorleistungssteuerung (EMS). Zur Ergänzung der Fahrstabilitätsregelung ist ein schneller Bremseneingriff erforderlich, der zusätzlich insbesondere bei ungleichem Kraftschlußpotential an beiden Antriebsrädern optimale Traktion gewärleistet. Dieses System bietet optimale Fahrstabilität und Traktion bei hohem Fahrkomfort. Bild 12 zeigt den Aufbau des integrierten ABS/ASR-Hydroaggregates.

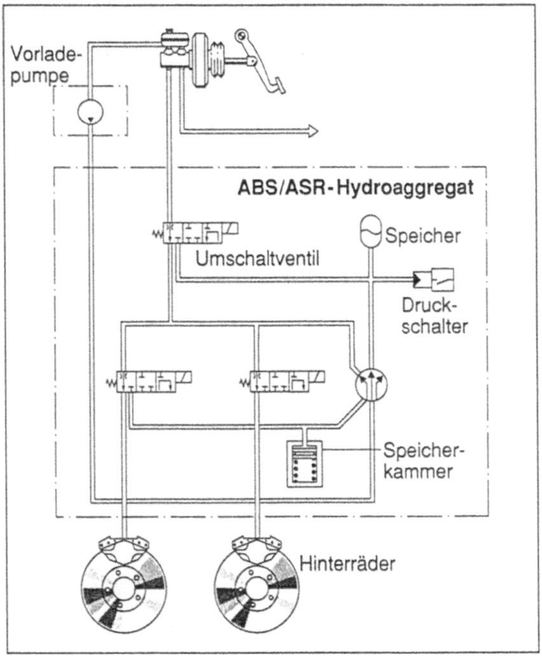

Bild 12: Schemabild des Hydroaggregats des ABS/ASR-Systems mit Bremseneingriff aus gespeicherter Energie (integriert).

Aus dem Hauptzylinder-Vorratsbehälter saugt die Vorladepumpe Bremsflüssigkeit an, die mit geringem Vordruck zur ABS-Rückförderpumpe geleitet wird. Die zweikreisige ABS-Rückförderpumpe ist für die ASR-Erfordernisse mit einem dritten Kolben erweitert, der die ASR-Speicherladung übernimmt. Der "schnelle" Bremseneingriff erfordert einen Druckaufbau in den Radbremszylindern von 0 auf 50 bar in weniger als 200 ms. Mit dem beschränkten Förderstrom einer Hydropumpe läßt sich diese Druckaufbaugeschwindigkeit nicht in allen Fällen erreichen, so daß ein Hochdruckspeicher erforderlich ist, aus dem die benötigte Bremsflüssigkeit hinreichend schnell entnommen werden kann.

Mit dem Einsetzen der Antriebsschlupfregelung wird das Umschaltventil in die dritte Stellung geschaltet, so daß Bremsflüssigkeit aus dem Speicher den beiden ABS/ASR-Regelventilen zugeführt wird. Während das ABS-Hydroaggregat mit einem ABS-Magnetventil für die Hinterradbremsen auskommt, benötigt das ABS/ASR-Hydroaggregat zwei dieser Magnetventile, damit die Bremsen der Antriebsräder einzeln angesteuert werden können. Entsprechend den ASR-Stellbefehlen wird mit Hilfe dieser beiden Magnetventile der Druck in den Radbremsen der Antriebsräder geregelt.

Die Speicherladung wird durch den Druckschalter gesteuert und findet auch bei normalem Fahrbetrieb statt. Durch eine geräuschoptimierte Pumpenkonstruktion gelingt es, die strengen Spezifikationen unserer Kunden an die Geräuschentwicklung zu erfüllen.

7.2.2 ABS/ASR-System mit Bremseneingriff aus gespeicherter Energie (separate Lösung)

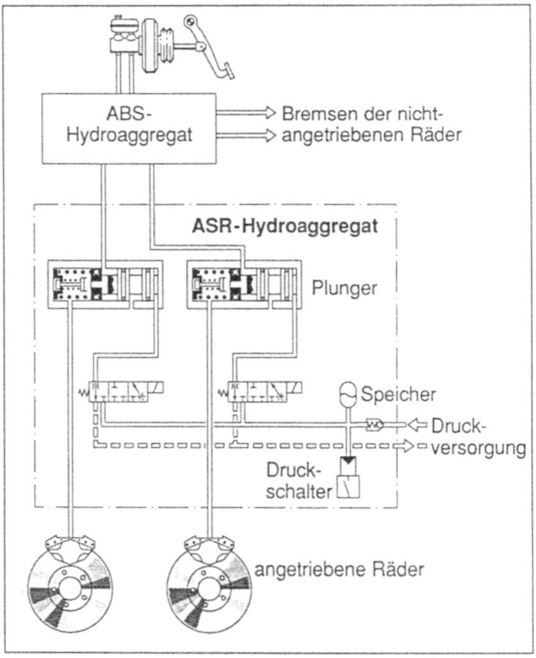

Bild 13: Schemabild des Hydroaggregates für ASR-System mit Bremseneingriff aus gespeicherter Energie über Plunger

Ebenso wie das unter 7.2.1 beschriebene ASR-System umfaßt das ASR-System mit diesem schnellen Bremseneingriff über Plunger eine Motormomentregelung mit Hilfe der elektronischen Motorleistungssteuerung. Bild 13 zeigt das hydraulische Prinzip.

Die hydraulische Energieversorgung für den ASR-Bremseneingriff erfolgt hier über einen Hochdruckspeicher, der von einer vom Verbrennungsmotor angetriebenen Pumpe (Niveauregulierung) mit Mineralöl geladen wird. Für jede Antriebsradbremse ist ein Plunger vorhanden, der über ein zusätzlich installiertes 3/3-ABS-Ventil auf der Primärseite mit dem Mineralöl aus dem Speicher beaufschlagt wird und eine Medientrennung zur sekundärseitig vorhandenen Bremsflüssigkeit vornimmt. Entsprechend den Stellbefehlen des ABS/ASR-Steuergerätes steuern die Magnetventile über die Druckaufbau-, Druckhalte- und Druckabbaustellung das erforderliche Druckniveau auf der Primärseite der Plunger ein, die sich nach links bewegen. Dabei wird zunächst ein Zentralventil verschlossen, das die Verbindung zum Hauptzylinder abtrennt. Die auf der Sekundärseite des Plungers vorhandene Bremsflüssigkeit wird durch die Verschiebung des Plungers gespannt, so daß sich im Radbremszylinder das gewünschte Druckniveau einstellt.

Das Plungerprinzip für den ASR-Bremseneingriff bietet sich immer dann an, wenn im Fahrzeug schon eine hydraulische Energieversorgung für andere Aufgaben (z.B. Lenkhilfe, Niveauregulierung) vorhanden ist.

7.2.3 ABS/ASR-System mit Bremseneingriff ohne gespeicherte Energie (integrierte Lösung)

Die in 7.2.1 und 7.2.2 beschriebenen ASR-Hydroaggregate für den schnellen Bremseneingriff benötigen jeweils einen Hochdruckspeicher, damit die Energie zum Bremsen hinreichend schnell aufgebracht werden kann. Dies bedeutet zusätzlichen baulichen Aufwand mit entsprechenden Kosten.

Dagegen wird bei diesem System ein Bremseneingriff an den Antriebsrädern nur über den Förderstrom der ABS-Rückförderpumpe verwirklicht. Durch konstruktive Änderungen wird einer der beiden Rückförderpumpenkreise selbstsaugend ausgeführt, so daß die Energieversorgung für den Bremseneingriff kostengünstig mit Hilfe der schon beim ABS vorhandenen Rückförderpumpe gelöst ist. Der zusätzliche hydraulische bauliche Aufwand für den ASR-Bremseneingriff ist sehr gering.

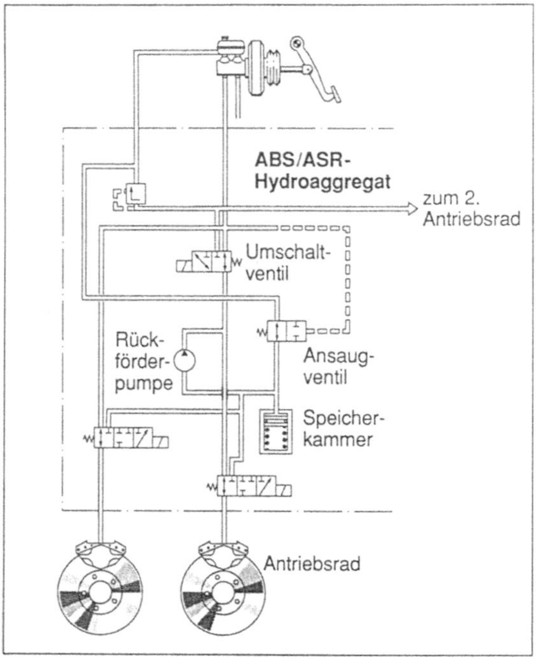

Bild 14: Schemabild des ABS/ASR-Hydroaggregates für Bremseneingriff ohne gespeicherte Energie

Bild 14 zeigt das Hydraulikschema für einen PKW mit K-Bremskreisaufteilung und Frontantrieb. Bremsflüssigkeit wird vom selbstsaugenden Pumpenkreis über das offene Ansaugventil aus dem Vorratsbehälter angesaugt und direkt zum ABS/ASR-Regelventil des linken Vorderrades geleitet. Mit den Funktionen Druckaufbau, Druckhalten und Druckabbau dosiert dieses Regelventil den Radbremsdruck entsprechend den Stellbefehlen des Steuergerätes. Vom Regelventil in der Stellung Druckabbau abgelassene Bremsflüssigkeit wird wieder dem Pumpeneingang zugeführt. Zwei Umschaltventile verbinden die Hochdruckseite der selbstsaugenden Rückförderpumpe mit dem zweiten Bremskreis, dem die andere Vorderradbremse angehört, und dem Druckbegrenzungsventil, das den ASR-Systemdruck bestimmt. Gleichzeitig werden die Verbindungen zum Hauptzylinder abgetrennt.

Es ist offenkundig, daß dieses ASR-System für Hecktriebler mit TT-Bremskreisaufteilung noch kostengünstiger darstellbar ist: Da dann beide Antriebsradbremsen einem gemeinsamen Bremskreis angehören, ist nur ein Umschaltventil erforderlich.

Kombiniert man diesen Bremseneingriff mit einem der in 7.1 beschriebenen ASR-Systeme zur Aufrechterhaltung der Querstabilität, so erhält man vollwertige ASR-Systeme, die optimale Querstabilität und Traktion gewährleisten.

7.3 ABS/ASR-Systeme zur Optimierung der Traktion

Diese Systeme beinhalten keine Motormomentregelung und dienen vornehmlich zur Verbesserung der Traktion auf Fahrbahnen mit unterschiedlicher Griffigkeit rechts/links. Zusätzlich wird auch die Fahrstabilität in dem Maße erhöht, in dem einzelne Räder am Durchdrehen gehindert werden und das überschüssige Motormoment nicht zum Durchdrehen des zweiten Rades führt, so daß an beiden Rädern die Seitenführungskraft erhalten bleibt.

7.3.1 ABS mit Automatischer Brems-Differentialsperre ABD

Mit Hilfe des unter 7.2.3 beschriebenen Bremseneingriffs kann durch das Abbremsen eines durchdrehenden Antriebsrades die Traktion wesentlich verbessert werden. Das Regelkonzept sieht nur die Synchronisierung der Antriebsraddrehzahlen vor und wirkt daher wie die bekannten regelbaren Differentialsperren. Da Festwertsperren ABS-Regelvorgänge negativ beeinflussen können, hat das ABD-Konzept hier wesentliche Vorteile. Der Aufwand für eine ABD besteht nur in einer Erweiterung des ABS-Hydroaggregates und des ABS-Steuergerätes. Sie kann für alle Antriebskonzepte eingesetzt werden.

7.3.2 ABS/ASR-System zur Regelung der Hinterachs-Differentialsperre bei Hecktrieblern

Dieses System regelt die Hinterachsquersperre, um beim Anfahren auf Fahrbahnen mit unterschiedlicher Griffigkeit rechts/links und Beschleunigen in der Kurve die Traktion zu verbessern und bei Lastwechsel die Querstabilität zu verbessern. Die Sperrwirkung bleibt bis zum Erreichen einer vorgegebenen Fahrzeuggeschwindigkeit wirksam und wird bei höheren Geschwindigkeiten ganz abgebaut.

Beim Anfahren werden die Drehzahlen der kurvenäußeren Räder miteinander verglichen. Wenn eine bestimmte Drehzahldifferenz überschritten wird, erfolgt die Aktivierung der Sperre. Anschließend erfolgt ein Vergleich der Drehzahlen der angetriebenen Räder. Wenn eine bestimmte Drehzahldifferenz unterschritten wird, erfolgt das Lösen der Sperre.

7.3.3 ABS/ASR-System zur Regelung der Hinterachs- und Längs-Differentialsperre bei allradgetriebenen PKW

Diese Variante verfügt zusätzlich über eine Regelung der Längssperre.

Die betreffenden PKW haben eine bestimmte feste Verteilung des Motormomentes auf die Vorder- und Hinterachse, die auf optimales Fahrverhalten im stabilen Bereich (d. h. bei kleinem Antriebsschlupf) ausgelegt ist. Bei ungünstigen Reibungsverhältnissen und kräftigem Gasgeben können ein oder beide Räder einer Achse in großen Schlupf laufen. Die Längssperre wird dann aktiviert, womit die Verteilung des Motormoments den Reibungsverhältnissen an den Achsen angepaßt wird. Dadurch werden sowohl die Traktion wie auch die Fahrstabilität bzw. Lenkbarkeit verbessert.

Bild 15 zeigt den Aufbau des Hydroaggregats zur Ansteuerung der Quer- und Längssperre. Eine elektromotorisch angetriebene Pumpe füllt einen Hochdruck-Hydrospeicher, aus dem die Quer- und Längssperre über die 3/3-Magnetventile angesteuert werden. Beim Druckabbau anfallendes Volumen wird in einen eigenen Vorratsbehälter zurückgeleitet.

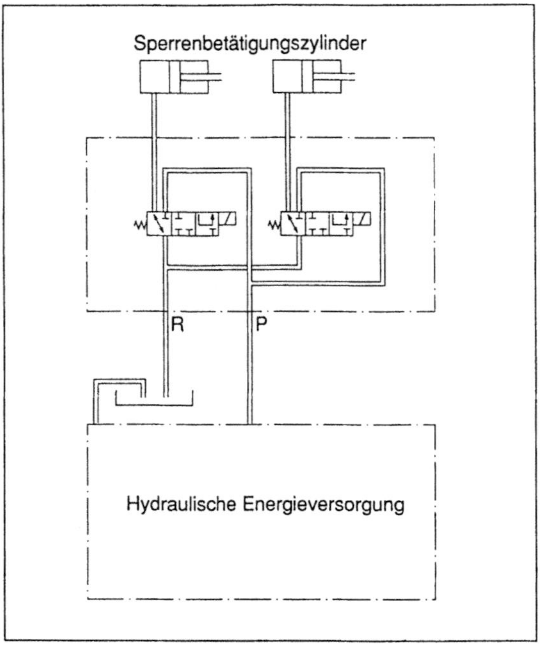

Bild 15: Hydroaggregat zur Ansteuerung von Hinterachs- und Längs-Differentialsperren

8. Meßergebnisse aus Fahrversuchen

8.1 Messungen zur Auswahl von Stelleingriffen

In einem stark motorisierten heckgetriebenen Fahrzeug mit automatischem Getriebe wurden verschiedene Eingriffsmöglichkeiten in das Motormanagement installiert. Außer dem Eingriff in die Drosselklappensteuerung einer EMS wurde auch die Zündung ausgeblendet und der Zündwinkel nach spät verstellt. Für die Darstellung in diesem Vortrag wurden 3 Varianten ausgewählt:

- Reduzierung der Drosselklappenstellung
- Reduzierung der Drosselklappenstellung plus Spätverstellung des Zündwinkels
- Reduzierung der Drosselklappenstellung plus Zündausblendung.

Auf Fahrbahnen mit niedrigem Reibbeiwert wurde bei verschiedenen Fahrzeuggeschwindigkeiten die Motorleistung schlagartig erhöht (Vollgas). Der daraus entstehende Antriebsschlupf der Hinterräder wurde gemessen, und oberhalb einer definierten absoluten Schlupfschwelle wurden die verschiedenen Maßnahmen zur Motormomentreduzierung eingeleitet. Der Vorgang entspricht einem möglichen ASR-Regelbeginn, dem sogenannten ersten Regelzyklus. Ausgewertet und dargestellt ist die Zeitspanne, in welcher der Antriebsschlupf in bestimmten Schlupfbereichen liegt, wobei schon das Überschreiten der niedrigsten Schlupfschwelle (4 km/h) negative Auswirkungen auf die Seitenführung an der Antriebsachse haben kann. Die Trägheit des Fahrzeuges bezüglich der Drehung um seine Hochachse führt jedoch dazu, daß dieser Schlupf längere Zeit anstehen muß, bevor das Fahrzeug unbeherrschbar wird. Wie in vorhergehenden Kapiteln schon erwähnt, kann für frontgetriebene Fahrzeuge die Anforderung an die Regelung reduziert bzw. eine längere Schlupfphase akzeptiert werden.

In den Bildern 16 und 17 ist die Zeitdauer des zu großen Antriebsschlupfes in drei verschiedene Bereiche eingeteilt und über der Fahrzeuggeschwindigkeit aufgetragen. Die Resultate bei der Verwendung von unterschiedlichen Stelleingriffen zeigen deutliche Unterschiede.

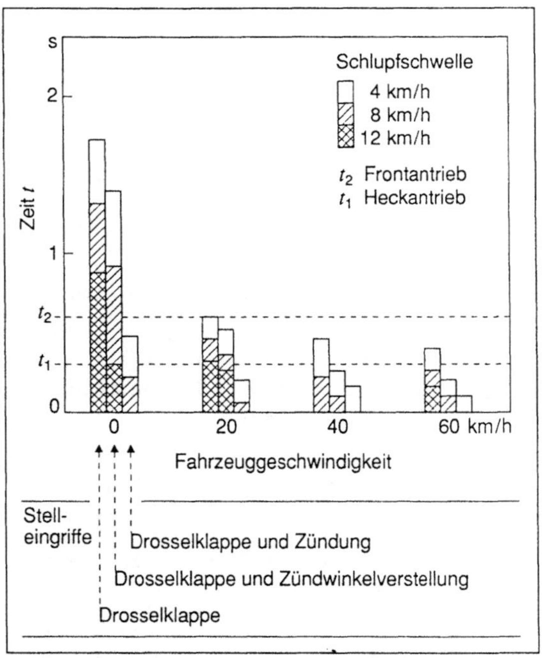

Bild 16: Regelabweichungen beim 1. Regelzyklus auf Schnee

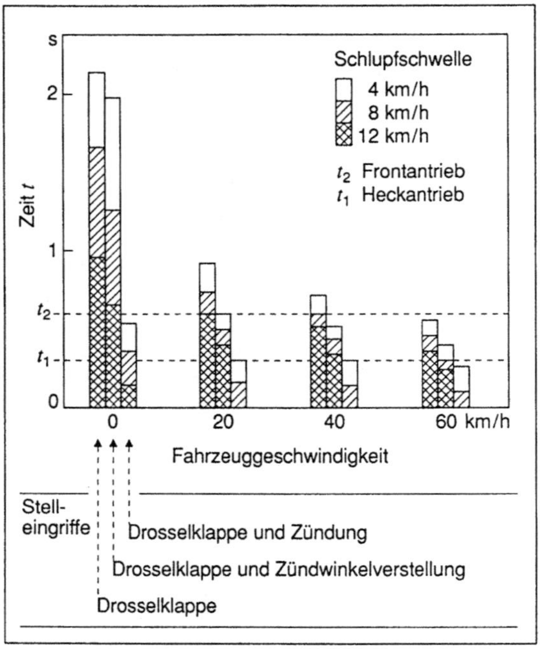

Bild 17: Regelabweichungen beim 1. Regelzyklus auf Eis

Zusätzlich wurden Zeitgrenzlinien eingetragen. Nur wenn der Balken unterhalb dieser Linie liegt, kann die optimale Seitenführung eingeregelt werden. Diese Zeitgrenzlinie entspricht einem mittleren Erfahrungswert, welcher bei verschiedenen Fahrzeugen auch unterschiedlich sein kann und daher nur als Näherungswert betrachtet werden darf. Die Zeitgrenzlinie t1 gilt für Fahrzeuge mit Heckantrieb, die Zeitgrenzlinie t2 für Fahrzeuge mit Frontantrieb.

Bei Fahrbahnen mit Schnee- oder Eisauflage kann für Hecktriebler mit alleiniger Drosselklappenregelung keine ausreichende Antriebsschupfregelung dargestellt werden. Bei Fronttrieblern ist die Lenkbarkeit bei einer reinen Drosselklappenregelung im Anfahrbereich eingeschränkt. Da bei Fronttrieblern die Traktion in bestimmten Grenzen wichtiger ist als die Lenkbarkeit, kann diese Einschränkung akzeptiert werden. Die Kombination aus Drosselklappenregelung und Zündungsausblendung bietet für Heck- und Fonttriebler optimale Regelungsmöglichkeiten, wobei die geringfügige Überschreitung der Zeitgrenzlinie t1 im Anfahrbereich die Leistungsfähigkeit der Antriebsschlupfregelung beim Hecktriebler nur geringfügig beeinträchtigt.

8.2 Messungen zum Nachweis der Reglerleistung

Auf verschiedenen glatten Fahrbahnen wurden die µ-Schlupfkurven für einen bestimmten Reifen ermittelt, siehe Bild 18. Anschließend wurden auf denselben Fahrbahnen Beschleunigungsvorgänge mit ASR ausgeführt, wobei die Fahrzeuge mit denselben Reifen ausgerüstet waren. Der Antriebsschlupf an beiden Antriebsrädern wurde aufgezeichnet und anschließend im Rechner ausgewertet. Dabei wurden die Häufigkeitsverteilungen der Schlupfwerte in verschiedenen Geschwindigkeitsbereichen ermittelt, siehe Bilder 18 und 19.

Vergleicht man diese Häufigkeitsverteilungen mit den zugehörigen µ-Schlupfkurven, so kann man folgende Aussagen zur Reglerleistung treffen:

- Der Regler erkennt die charakteristischen Unterschiede der µ-Schlupfkurven für Eis und Schnee und macht dementsprechend unterschiedliche Sollschlupfvorgaben zur Erzielung optimaler Traktion (siehe Bild 18).

- Im Bereich kleiner Geschwindigkeiten werden solche Schlupfwerte eingeregelt, daß annähernd maximale Traktion erreicht wird.

- Im Bereich großer Geschwindigkeiten werden kleinere Schlupfwerte eingeregelt, so daß große Seitenkraftreserven Vorrang vor maximaler Traktion haben (siehe Bild 19).

9. Schlußfolgerungen und Ausblick

9.1 ABS/ASR-Systeme für allradgetriebene Fahrzeuge

Um die Fahrstabilität zu optimieren ist es erforderlich, den Schlupf jedes Rades zu analysieren. Da auf glatten Fahrbahnen alle Räder beim Beschleunigen durchdrehen können, ist die rechnerische Abschätzung der Fahrzeuggeschwindigkeit schwierig. Diese Schwierigkeit kann durch die Anwendung eines Fahrzeugbeschleunigungssensors oder durch eine Fahrzeuggeschwindigkeitsmessung über Grund gelöst werden.

Es gibt eine Vielzahl von Konzepten für Allradantriebe. Die Applikation von Antriebsschlupfregelsystemen bei diesen unterschiedlichen Konzepten muß in engem Kontakt mit den Fahrzeugherstellern erfolgen, so daß deren Vorstellungen zur Fahrdynamik im Zusammenspiel mit ASR optimal realisiert werden können.

Der Bremseneingriff zur Traktionsoptimierung, die Automatische Brems-Differentialsperre ABD, wird zunehmend Differentialsperren ersetzen. Zusätzliche Eingriffe mit Motormomentreduzierung zur Optimierung der Querstabilität sind durch die kleinere auf ein Antriebsrad bezogene Motorleistung nicht so wichtig und werden voraussichtlich auch wegen der oben aufgeführten Probleme in den nächsten Jahren keine bedeutende Rolle spielen.

9.2 ABS/ASR-Systeme für Hecktriebler

Bei diesem Antriebskonzept besteht die wichtigste Forderung an das ASR-System in der Erhaltung der Fahrstabilität. Besonders auf glatten Fahrbahnen müssen Fahrstabilität und Kurshaltung gesichert werden.

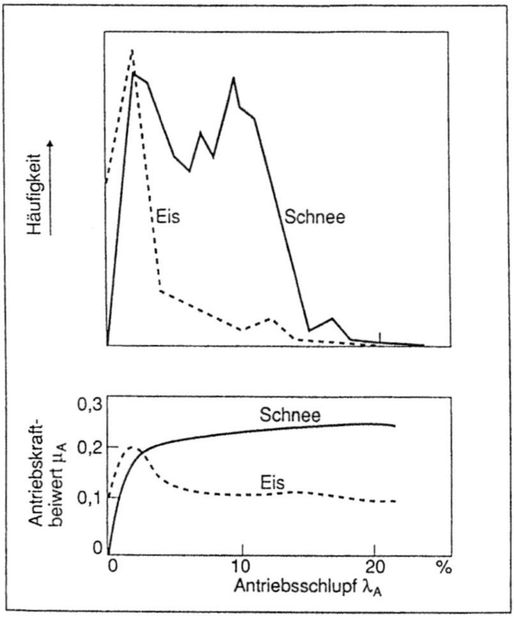

Bild 18: Anpassung der ASR-Sollschlupfvorgabe an die Charakteristik der μ-Schlupfkurven (v_F = 20 - 40 km/h)

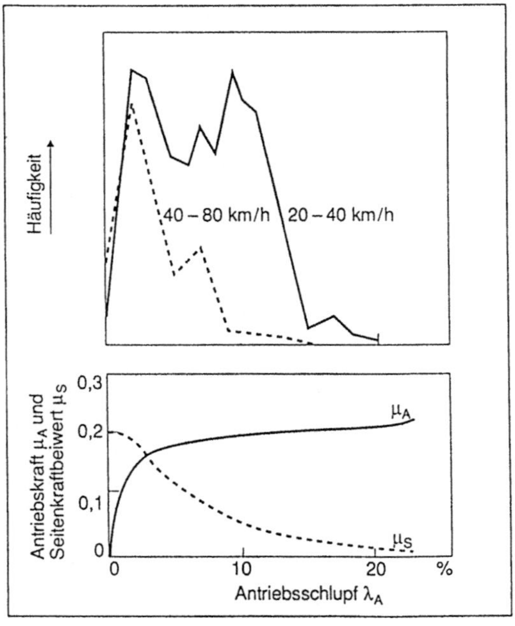

Bild 19: Anpassung der ASR-Sollschlupfvorgabe an die Fahrzeuggeschwindigkeit auf Schnee

Diese Forderung kann durch eine schnelle Motordrehmomentregelung oder die Kombination aus Drosselklappenregelung und schnellem Bremseneingriff erfüllt werden. Die Kombination aus Bremsen- oder Sperrenregelung mit der Drosselklappenregelung, die noch durch eine Zündausblendung ergänzt werden kann, führt zu einem leistungsfähigen ASR-System, das optimale Fahrstabilität und Traktion bietet.

Eine Motorschleppmomentregelung wird vorzugsweise bei Fahrzeugen mit Handschaltgetriebe hinzugefügt.

Um die Traktion auf Fahrbahnen mit seitenweise unterschiedlicher Griffigkeit zu erhöhen, bieten sich verschiedene schon lange bekannte Differentialsperrenkonzepte an. Der Bremseneingriff zur Traktionsoptimierung, die Automatische Brems-Differentialsperre ABD, wird aber zunehmend herkömmliche Differentialsperren ersetzen.

Wir erwarten, daß das ASR-System mit einer schnellen Motordrehmomentregelung und einem Bremseneingriff ohne gespeicherte Energie zukünftig die größte Nachfrage auslösen wird. Obwohl auch bei der Anwendung von regelbaren Differentialsperren gute Reglerleistungen erzielbar sind, werden die deutlichen Kostenvorteile für das Konzept mit diesem Bremseneingriff verhindern, daß das Konzept mit regelbaren Differentialsperren eine breite Anwendung findet.

9.3 ABS/ASR-Systeme für Fronttriebler

Da die Anforderung an die Güte der Schlupfregelung bei Fronttrieblern nicht so groß ist wie bei Hecktrieblern, erscheint eine schnelle Drosselklappenregelung als ausreichend, um die Lenkbarkeit zu sichern.

Die überwiegend gestellte Anforderung an ASR-Systeme für Fronttriebler ist die nach Traktionsoptimierung. ASR-Systeme mit alleiniger Motordrehmomentregelung sichern lediglich die Lenkbarkeit ohne eine nennenswerte Verbesserung der Traktion und werden daher nur bei Fahrzeugen mit großer Motorleistung eingesetzt werden.

Wenn die Traktionsfähigkeit erhöht werden soll, muß ein ASR-System mit Bremseneingriff gewählt werden. Die Kombination aus Bremseneingriff und Motordrehmomentregelung führt zu einem komplexen, leistungsfähigen System.

Wir erwarten, daß zukünftig nur ASR-Systeme mit Bremseneingriff eine breite Anwendung finden werden. Speziell die Automatische Brems-Differentialsperre ABD und eine ASR mit der Kombination von Bremseneingriff und Motoreingriff mittels SEFI-Motronic werden wegen des günstigen Kosten-/Nutzen-Verhältnisses die größte Verbreitung finden.

10. Schrifttum

(1) Dr. Wolfgang Maisch, Wolf-Dieter Jonner, Alfred Sigl
Traction Control - A Logical Addition to ABS
SAE International Congress and Exposition
February 23 - 27, 1987
Detroit, Michigan

(2) Gerhard Kolberg
Elektronische Motorsteuerung für Kraftfahrzeuge
Motortechnische Zeitschrift 1985

(3) Herbert Demel, Herbert Hemming
ABS and ASR for Passenger Cars - Goals and Limits
SAE International Congress and Exposition
February 27 March, 1989
Detroit, Michigan

(4) Herbert Demel, Alfred Sigl
Possible approaches to a traction control system
EAEC Conference
June 14 - 16, 1989
Palais des Congres, Strasbourg

(5) H. Demel and A. Czinczel: ASR-task, design and function, I Mech E Conference 1988-6, London p. 89-94

(6) H. Wallentowitz, G. Egger, E. Herb and H. Krusche
Stability and traction control for four-wheel-drive passenger vehicles, I Mech E Conference, 1988-6, p. 49-60

(7) G. Buschmann, N. Ocvirk and P. Volz
Integrated traction control function - the consequent extension of highly sophisticated anti-lock systems, I Mech E conference 1988-6, p. 103-112

(8) Hans-Christof Klein
PKW-ABV-Bremssysteme mit weiteren integrierten Funktionen
Automobilindustrie 5/1989, S. 659-673

(9) R. Küpper and N. Höver
Anti-slip-control system with high safety and comfort, I Mech E 1989, C382/113, p. 523-531

(10) A. Sigl, H. Demel
ASR-Traction Control, State of the Art and some Prospects, SAE 900.204

Allradantrieb – ein Beitrag zur aktiven Sicherheit

von H. Leinfellner

1. Allgemeines

Jeder Hersteller war in den letzten Jahren gezwungen, mindestens ein Fahrzeug mit Allradantrieb in sein Programm aufzunehmen. Dies bewirkte, daß die Allradtechnik plötzlich im Mittelpunkt des technischen Interesses stand und vor allem die Spitzenfahrzeuge damit ausgerüstet wurden! Dem entsprechend war auch die Werbung teilweise übertrieben und Millionen von DM, $, FFr. wurden ausgegeben, um allen klar zu machen, daß vier angetriebene Räder mehr bewirken als nur zwei.

Die Euphorie diesbezüglich ist weitgehend zurückgegangen und aus nun langjähriger Erfahrung und etwas emotionsfreierer Diskussion zeigt sich doch wieder, daß die Technik aus vielen Kompromissen besteht. Ein System, daß nur Vorteile bringt, kostet auch entsprechend!

Es soll nun versucht werden , auf die wichtigsten Kriterien zum Allradantrieb einzugehen und diese besonders in Richtung aktiver Sicherheit zu bewerten. Es gibt sicherlich keinen Zweifel daran, daß Allrad-Fahrzeuge speziell auf diesem Gebiet dem Kunden ein Maximum bieten.

Eine Trendaussage bezüglich der 4x4-Anteile zeigt Bild 1, wobei hier in zwei Klassen bewertet wurde:

Utility - alle typischen Off-road-Fahrzeuge und
PKW mit Allradantrieb weitgehend als Ableitungen
der Großserie.

Die Graphik zeigt das doch stärkere Wachsen der Utility-Gruppe und die Stagnation der 4x4-PKW. Utilities sind untrennbar mit

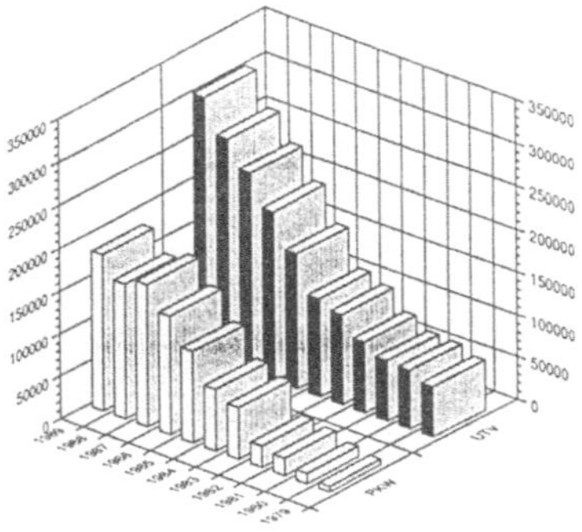

Bild 1: Anstieg der 4x4 Verkaufsziffern getrennt nach UTV und PKW in Westeuropa

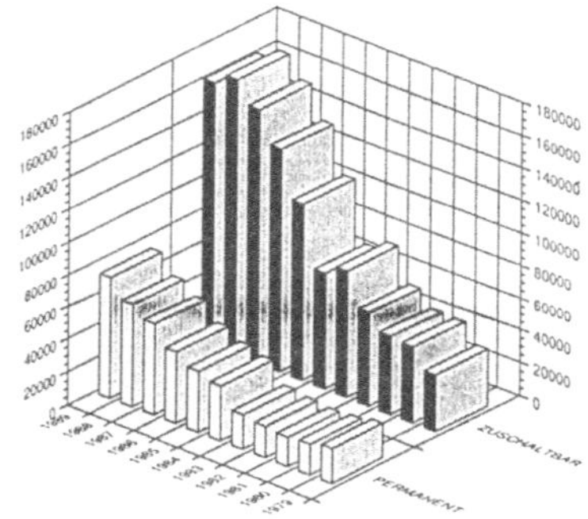

Bild 2 : Anstieg der 4x4 Verkaufsziffern von Geländefahrzeugen getrennt nach der Technik in Westeuropa

4x4-Antrieb verbunden und daher ist ein Wachsen dieser Gruppe auch mit einem Steigen des 4x4-Marktanteiles gekoppelt. Der PKW hat anscheinend etwas früher eine Sättigung erreicht als vor Jahren noch prognostiziert. Entweder haben die 4x4-Systeme nicht das gehalten, was sie versprochen haben oder wurde durch geänderte Umweltbedingungen mit mildem Winter und guter Schneeräumung bzw. weiterem Straßenausbau der Bedarf gesenkt. Der Kunde ist nun nüchterner und möchte für sein Cost-plus nicht nur Technik plus sondern auch die Möglichkeit, diese einsetzen zu können, nur findet er zur Zeit nicht die richtige Arena dafür.

Eine weitere Trendaussage ist bei Allradfahrzeugen sehr entscheidend: Welche Technik setzt sich durch. Bild 2 zeigt die starke Zunahme des permanenten Antriebes, der sehr deutlich die sicherheitsrelevante Seite des Allradantriebes betont.

Immer höhere Motorleistungen fordern aus Sicherheitsgründen auch bei Utilities den Übergang zum Permanent-System. Bild 3 zeigt die steigende Antriebsleistung in dieser Klasse, die auf den Reibwertbedarf im zweiten Gang umgerechnet wurde. Der Hersteller geht also von der reinen Traktionshilfe der starren Zuschaltung auf das sicherheitstechnisch höherwertige permanente System über.

Vor einer entsprechenden Systembewertung sollen die Grundelemente und ihre Charakteristiken noch kurz beschrieben werden.

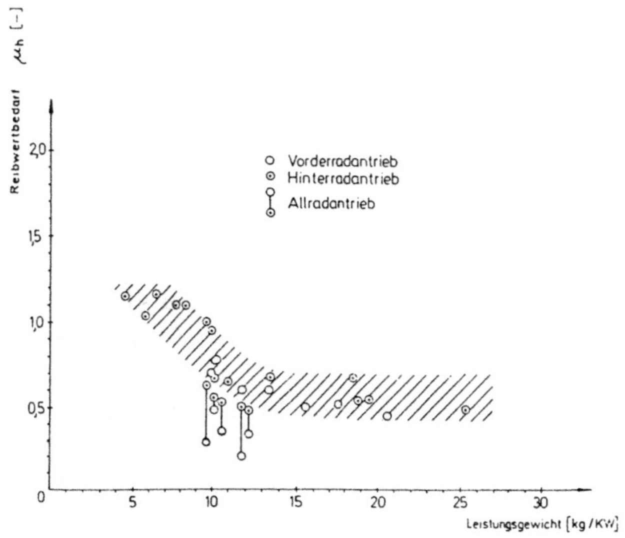

Bild 3 : Reibwertbedarf in Abhängigkeit von Leistungsgewicht

2. Bauelemente

2.1. Zentraldifferentiale Bild 4

sind seit Jahrzehnten bekannt und verteilen das eingeleitete Moment nach dem Waagebalkenprinzip im Verhältnis der Zähnezahlen, wenn man von einer geringen Reibwertstreuung in der Größenordnung von +/- 3 % absieht.

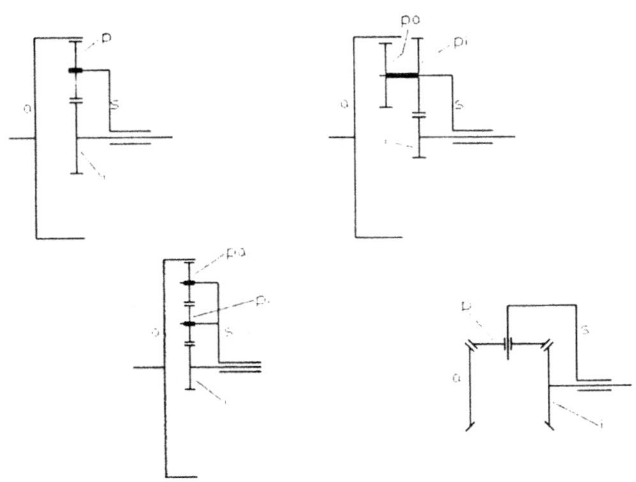

Bild 4 : Bauarten von Zentraldifferentialen

Konstruktiv ist die Unterbringung bei den Quermotoren nicht immer möglich, so daß sie aus diesen Gründen sehr oft aus der Systembewertung fallen.

2.2. Viscokupplung Bild 5

Das Grundsystem wurde 1917 vom Amerikaner Severy entwickelt. Das Grundprinzip ist in Bild 5 dargestellt und die mystische Funktion der Schlitze und Löcher inzwischen weitgehend erforscht.

Durch die spezielle Ausbildung der Schlitzkanten kommt es zum "Hump", einem Selbstschutz der Kupplung, die in diesem Zustand durch mechanische Reibung und hohen Druck schlupffrei hohe Momente übertragen kann.

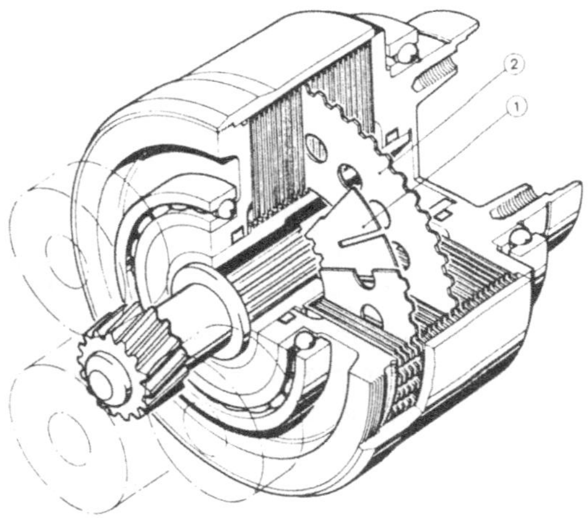

Bild 5 : Viscokupplung

Bild 6 zeigt die wichtigsten Kennlinien. Daraus ist die Abhängigkeit des übertragenen Momentes vom Schlupf zwischen den beiden Lamellenpaaren ersichtlich. Die Momentenverteilung erfolgt daher bei diesem System nach den sich zwischen den Rädern bzw. Achsen aufbauenden Differenzdrehzahlen.

Bild 7 stellt die Viscosperre mit der selben Grundfunktion in verschiedenen Einbauvarianten dar.

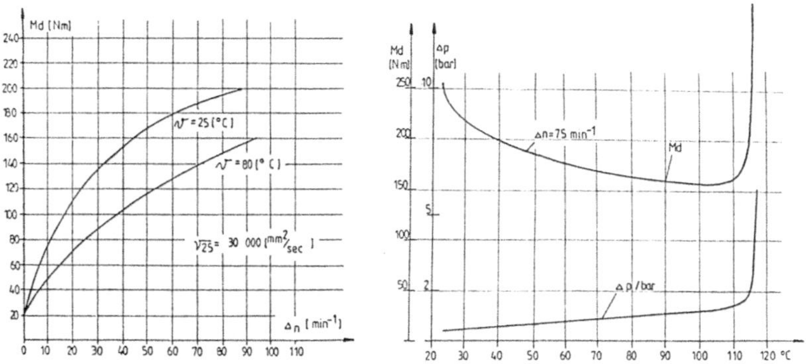

Bild 6 : Kennlinien von Viscokupplungen

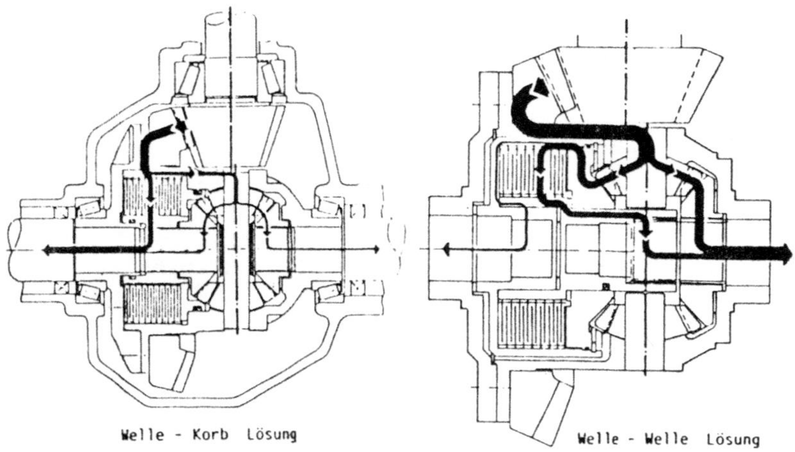

Bild 7 : Viscosperren

2.3. Das Torsen-Differential

In Bild 8 ist der Grundaufbau ersichtlich. Es wird das Antriebsmoment über Schraubräder auf die beiden Stränge verteilt. Im Gegensatz zum Kegeldifferential mit Wirkungsgraden von 97 bis 98 Prozent werden beim Torsendifferential Anlauf-(Brems)scheiben zur Erreichung wesentlich höhere Sperrwerte benutzt. Bild 9 stellt die Wirkung dar.

Folgende Effekte sind bei dieser Konstruktion gegeben: einerseits die Richtungsabhängigkeit der Sperrwirkung - das Element funktioniert bei Momentenumkehr durch das Fehlen des Gegen-

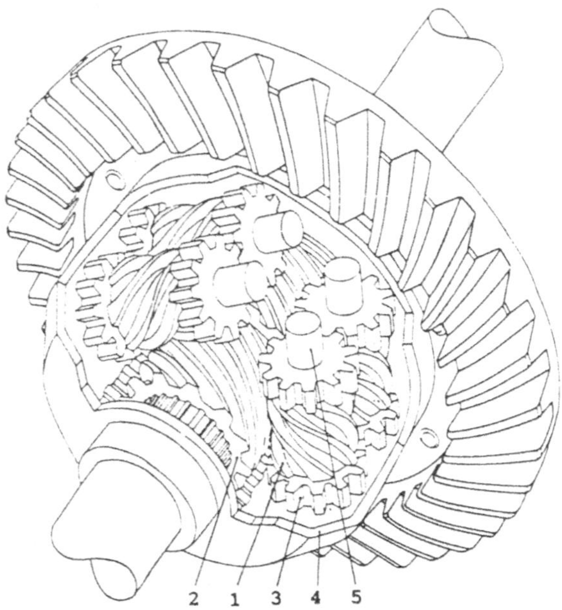

Bild 8 : Aufbau eines Torsen - Differentiales

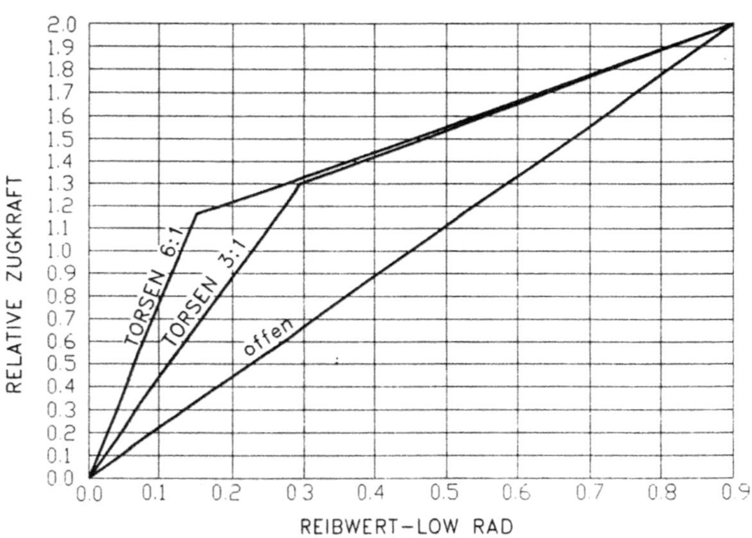

Bild 9 : Sperrwerte von Torsen - Differentialen

momentes bei offener Kupplung fast wie ein einfaches Differential und bringt damit für die ABS-Tauglichkeit große Vorteile mit - und andererseits die Unmöglichkeit einer Sperrwirkung, wenn ein Rad entlastet wird.

2.4. Lamellensperre bzw. Lamellenkupplung

Die Kennlinie (Bild 10) zeigt die fast völlige Unabhängigkeit des Reibwertes von der Geschwindigkeit (Relativdrehzahl). Daher ist dieses Element nur als Verbindungselement anzusehen. Die "Intelligenz" muß anderwärtig aufgebracht werden. Zum Beispiel durch Ausnutzung der Reaktionskraft an den Kegelrädern wie beim ZF-Selbstsperrdifferential (Bild 11) oder durch Elektronik wie bei diversen Anwendungen in der Allradtechnik (Bild 11). Der Aufwand an Elektronik und Hydraulik wird durch die nicht gegebene Selbstregelung sehr hoch, da ja speziell für die Fahrdynamik neben der Momentenverteilung der Schlupf eine sehr große Rolle spielt.

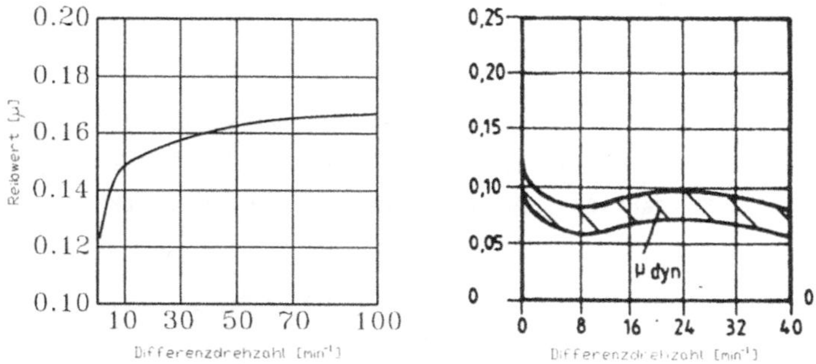

Bild 10 : Reibwertcharakteristiken von Lamellen

Eine Lamellenkupplung ist ein hervorragendes Schaltelement, doch schlechtes Steuerelement.

Wie zeigen sich nun diese Elemente im praktischen Einsatz. Dazu soll auf die wichtigsten Kriterien für den Einsatz eines Allradantriebes eingegangen werden:

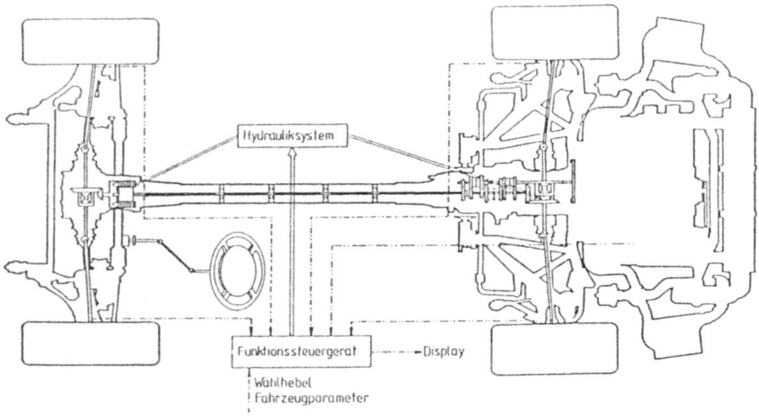

Bild 11 : Allradantrieb im Porsche 959

Handling/Bremsen/Traktion

Konstruktive Gesichtspunkte sollen außer acht gelassen werden.

3. Traktion

Das Thema kann schnell geklärt werden, denn den besten Vortrieb erhält man bei maximaler Ausnutzung des Reibwertes an allen vier Rädern. Im Traktionsschaubild (Bild 12) ist dies für den starren

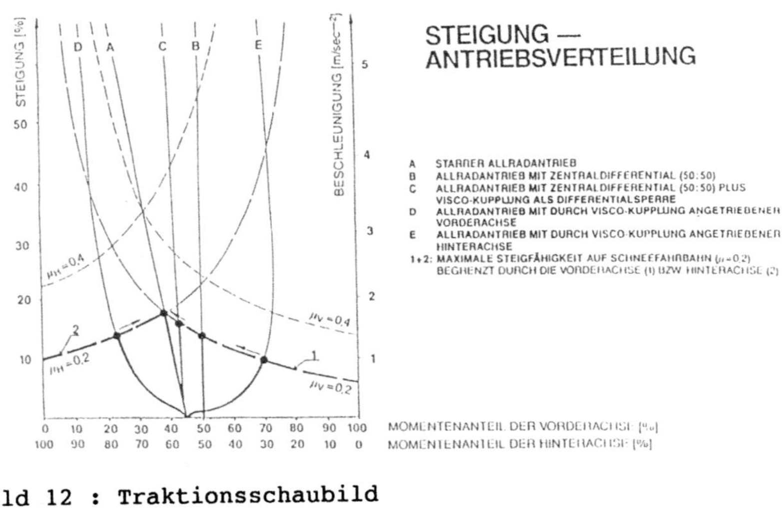

Bild 12 : Traktionsschaubild

4x4 Antrieb gegeben, alle anderen Systeme erreichen den optimalen Zustand nur in einem Punkt (Zentraldifferential) oder erst nach dem Aufbau eines Schlupfes (Viscosysteme).

4. Handling

bzw. dynamischer Einfluß der 4x4-Systeme

Der Vollständigkeit halber sei noch die Mechanik der Kraftübertragung vom Rad auf den Boden angeführt. Bild 13 stellt die Verhältnisse mit der Grundaussage dar, daß eine Momentenübertragung nur über den Schlupf gegeben ist.

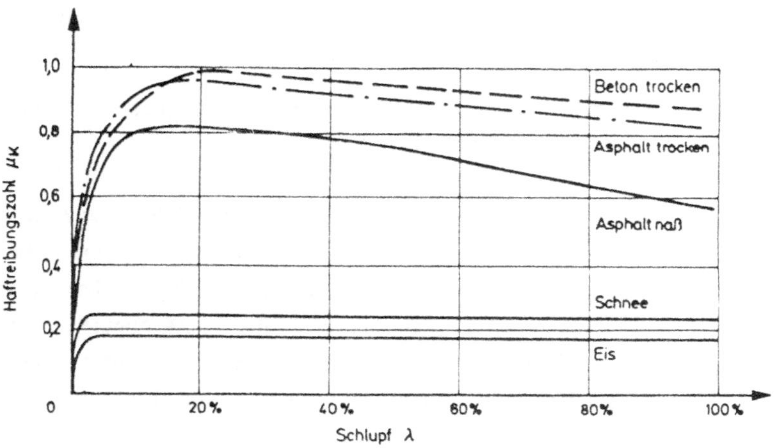

Bild 13 : Haftreibungszahlen bei verschiedenen Fahrbahnzuständen

Das nächste Bild (Nr. 14) zeigt die Abhängigkeit der Seitenführung von der Längskraft. Eine von Kamm entwickelte Darstellung. Mit modernen Meßgeräten wird von jedem Reifen heute ein derartiges Kennfeld aufgenommen, um das Lenkverhalten vorher sagen zu können. Computerprogramme - die Steyr-Daimler-Puch Fahrzeugtechnik verwendet dazu das Fahrdynamikprogramm DADS - ermöglichen es, schon am Schirm Grundaussagen zu einer Fahrwerks- und Antriebsstrangauslegung zu tätigen.

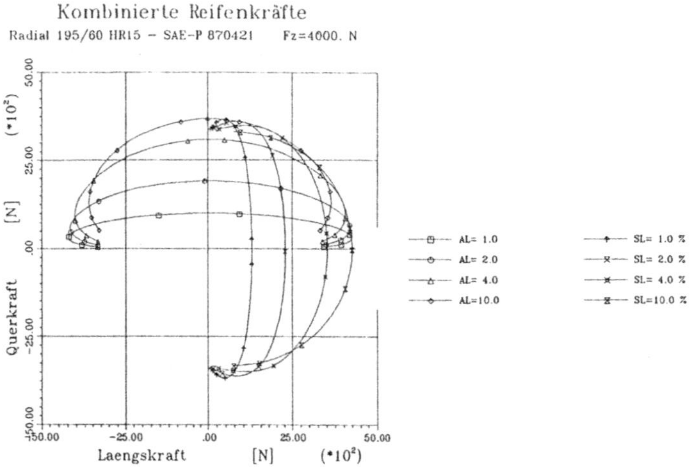

Bild 14 : Abhängigkeit der Seitenkraft von der Längskraft

Wichtig dazu ist das Verständnis des Fahrzeuges als Regelkreis, wie im Bild 15 dargestellt.

Das Ziel jeder Fahrwerks- und Antriebsauslegung muß sein, dem Fahrer ein Fahrzeug in die Hand zu geben, das sich in jeder Situation, so zum Beispiel bei unterschiedlicher Beladung, Beschleunigung oder Verzögerung oder auch unterschiedlichen Straßenverhältnissen, ähnlich verhält und dem Fahrer rechtzeitig vor Erreichung der Grenzsituation diese signalisiert.

Dies ist das Entwicklungsziel des Fahrwerkstechnikers, aber auch der Antriebstechniker bei Allradfahrzeugen. Durch gezielte Momentenverteilung ist es auch ihm möglich, das Fahrzeug stabil auszulegen.

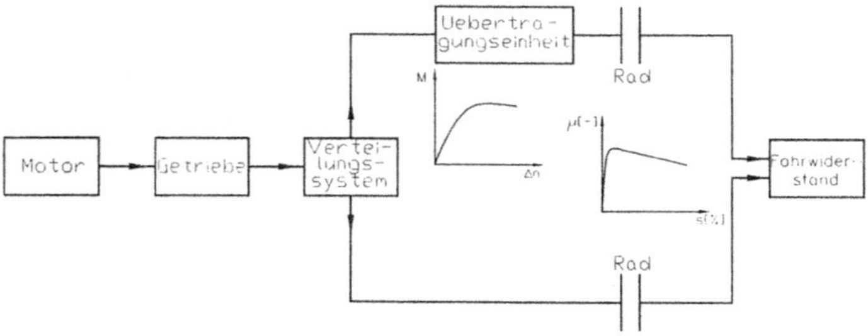

Bild 15 : Allrad - Regelkreis

Zum besseren Verständnis sei das Traktionsschaubild für Geradeausfahrt nochmals herangezogen (Bild 16). Jedes Verteilungselement, das die Momentenverteilung im Feld A ansiedelt, betont die Hinterachse - vereinfacht übersteuernd - und alle Momentenverteilungen im Feld B betonen die Vorderachse - wieder vereinfacht als untersteuernd bezeichnet.

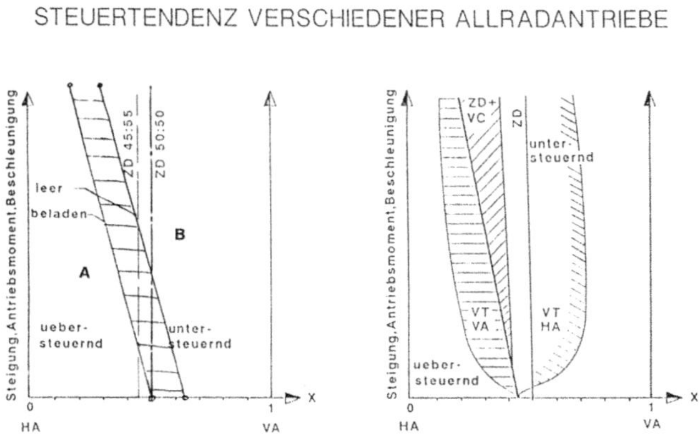

Bild 16 : Traktionsschaubild bei Geradeausfahrt

Es ist zu erkennen, daß jenes System den größten Sicherheitsaspekt ergibt, welches sich am besten allen Gegebenheiten anpaßt. Diese Betrachtungsweise führt zu den möglichen vier Generationen der 4x4-Systeme - Bild 17:

4.1. Die Momentenverteilung ist fest durch mechanische Bedingungen vorgegeben (starrer Antrieb, Zentraldifferential).

4.2. Die Momentenübertragung auf eine Achse stellt sich selbsttätig innerhalb gewisser Grenzen ein (Visco-Systeme, Torsen, selbsttätige Lamellensperren).

4.3. Die Momentenübertragung über eine Achse kann durch Regelung von außen in einem weiten Bereich geändert werden (geregelte Lamellensperre, bzw. geregelte Viscokupplung - Viscomatic).

4.4. Sowohl zur Vorder- als auch zur Hinterachse kann die Momentenübertragung nach vorgegebenen Kriterien frei geregelt werden.

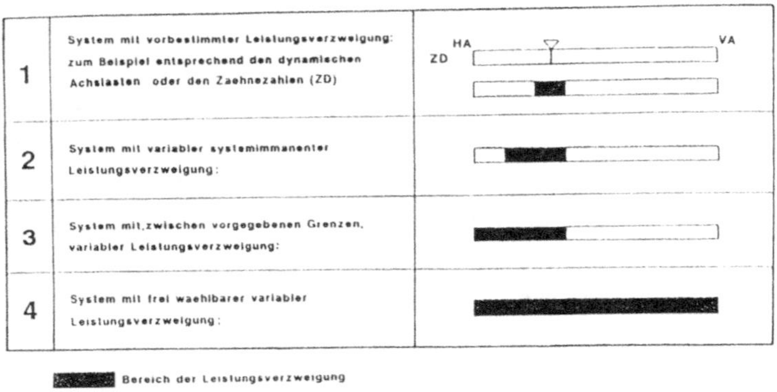

Bild 17 : Klassifikation von Allrad - Systemen entsprechend der Leistungsverzweigung

Wird nun diese Bewertung in einer Matrix der üblichen Systemeinteilung nach mechanisch konstruktiven Kriterien überlagert, so ergibt sich Bild 18, und damit folgende dynamische Bewertung der Systeme:

<u>Starre Antriebe</u> verteilen das Moment, wie bereits angeführt, entsprechend den momentanen Achslasten und ergeben daher in erster Näherung bei anliegender Seitenkraft auch eine gleiche

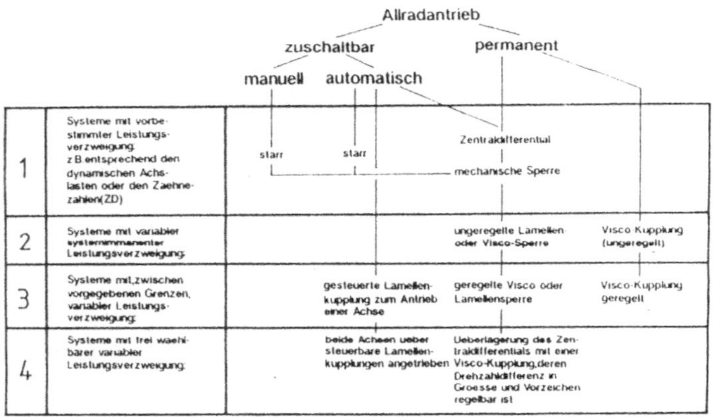

Bild 18 : Systematik der Allradantriebe

-Wertausnutzung an Hinter- und Vorderachse und damit ein neutrales Antriebsverhalten. Steuertendenzen sind dabei durch das Antriebssystem kaum einzubringen bzw. über weite Fahrbereiche nicht konstant einzuhalten.

Dieses, beste Traktion ergebende System verliert durch diese unbestimmte dynamische Eigenschaft stark an Boden. Auch echte Geländefahrzeuge können es sich nicht mehr erlauben, die immer höheren Motorleistungen mit diesem Einfachsystem dem Kunden anzubieten, abgesehen von der Verspannung bei Kurvenfahrt.

Das <u>offene Zentraldifferential</u> ist in seiner Wirkung auf das Fahrverhalten stark abhängig von der Gewichtsverteilung (Bild 19), kann aber durchaus in Sonderfällen eine optimale Lösung darstellen. Eine Momentenverteilung, die stets etwas mehr Anteile zur Vorderachse bringt als es der Gewichtsverteilung entspricht, zeigte sich bei unseren Versuchen als fahrsicherste Lösung.

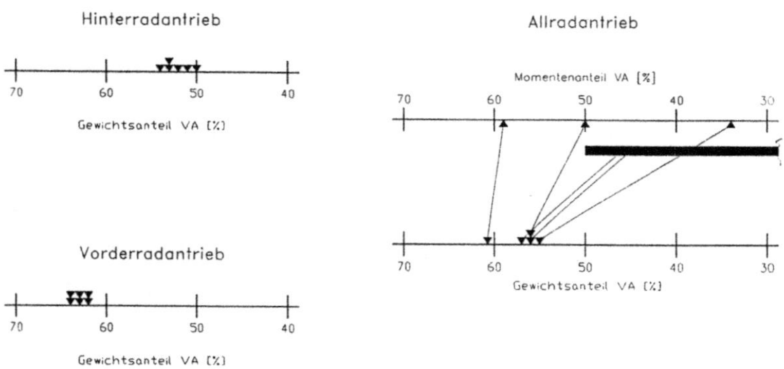

Bild 19 : Vergleich Gewichtsverteilung / Momentenverteilung

Die Momentenverteilung bleibt jedoch stets zwischen Vorder- und Hinterachse konstant und nimmt keine Rücksicht auf den Fahrbahnzustand. Damit kann sich bei unterschiedlichen Verhältnissen unter den Vorder- und Hinterrädern das Fahrzeug ungewohnt, unter Umständen kritisch, verhalten. In Bild 20 ist dargestellt, wie sich der Schlupf zur Fahrbahn und damit das Schräglaufverhalten beim Übergang von zum Beispiel trockener auf nasse Fahrbahn ändert.

Extreme Schlupfunterschiede können durch eine Viscosperre unterdrückt werden, die jedoch auch nicht verhindern kann, daß der Schlupf entweder an der Vorder- oder an der Hinterachse größere Werte erreichen kann.

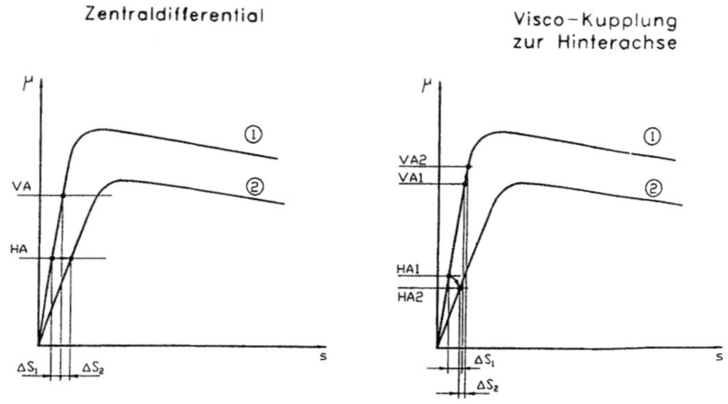

Bild 20 : μ - Sprung an der Hinterachse

Torsen-Sperren reagieren auf eine mögliche Momentenübertragung auf die Straße. Die Antriebsverteilung bewegt sich zwischen der Differentialauslegung (bis vor kurzem nur 50:50 möglich) und den durch den jeweiligen Sperrwert gegebenen Anteilen.

Diese selbstimmanente Regelung durch Visco- und Torsensperren gehört zu den Systemen der zweiten Generation. Der häufigste Vertreter dieser Generation ist durch die Visco-Transmission gegeben.

Visco-Transmissionen bzw. Visco-Kupplungen sind Hang-on-Einheiten. Das heißt, über sie wird von einer Achse auf die zweite das Moment übertragen und es ergeben sich dadurch nicht nur konstruktive Vorteile, sondern auch eindeutige Steuertendenzen, da die Drehzahl an der direkt getriebenen Achse höher sein muß, um auf die viscogetriebenen Achsen ein Moment übertragen zu können. Bild 20 stellt eine charakteristische Auslegung dar und zeigt auch, daß bei unterschiedlichen Fahrbahnverhältnissen vorne/hinten durch Aufrechterhaltung der Schlupfordnung die Antriebssteuertendenz immer gleichbleibt. Von dieser Warte aus betrachtet stellt die Visco-Einheit das ideale System für den Fahrdynamiker dar. Leider wird die Freude darüber durch Nachteile, auf die beim Kapitel Bremse eingegangen wird, getrübt. Außerdem ist die Abstimmungsfrage stets ein Kompromiß zwischen optimaler Traktion (wenig Schlupf) und optimalem Handling sowie möglichst geringer Antriebsstrangverspannung bei starkem Lenkeinschlag.

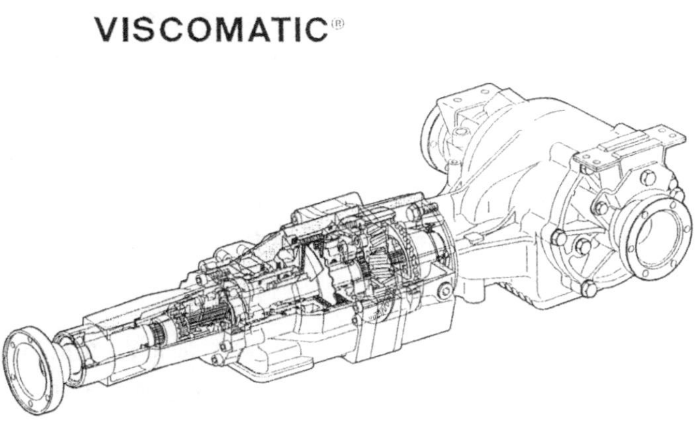

Bild 21 : Steyr-Daimler-Puch Viscomatic

Eine Weiterentwicklung der Viscoeinheit stellt die Steyr-Daimler-Puch V i s c o m a t i c [R] dar, die durch externe Steuerung die Vorteile des Systems beibehält /1/ (Bild 21). Durch diese Einheit der dritten Generation wird die Drehzahldifferenz zwischen Vorder- und Hinterachse stets in gewissen vorgegebenen Grenzen gehalten. Die kinematische Drehzahldifferenz bei Kurvenfahrt wird mitberücksichtigt und zusätzlich kann die Charakteristik auf beinahe momentenfreie Übertragung (Bremsfall) abgesenkt werden.

Um nicht durch den Einfluß der Fliehkraft die Regelwirkung der Einheit zu schmälern, wurde die Viscoeinheit als Bremse an die Sonne eines Planetengetriebes gelegt und kann so als stehendes Element auch einfacher angesteuert werden. Der Selbstregeleffekt der VC-Einheit erleichtert die elektronisch-hydraulische Regelung und ergibt auch sehr rasche Regelvorgänge, die im Bremsfalle erforderlich sind.

Zur dritten Generation gehören noch die druckmodulierten Lamellenkupplungen, die entweder wie beim Subaru XT eher einfache Regelfunktionen erfüllen oder im Falle Porsche 959 und 964 (Carrera 4) sehr aufwendig einen höheren Regelgrad durch entsprechenden elektronischen Aufwand erreichen.

Einen Grenzfall stellt die 4-matic von Mercedes Benz dar, die durch Lamellenkupplungen bzw. -sperren die Momentenaufteilung stufenweie ändert und dadurch die Vorderachse von null bis zur Achslastanteiligkeit bringt.

Wie schon erläutert, fehlt der Lamellensperre der Selbstregeleffekt, so daß der Zustand der Fahrbahn bei geschlossener Kupplung nicht erfaßt werden kann und daher über ein "Pulsen" erkannt werden muß.

Die vierte Generation existiert zur Zeit noch am Papier - wird jedoch von einigen Firmen ernstlich in Erwägung gezogen: Neben dem von SDP entworfenen Prinzip mit Variotrieb (Bild 22) experimentieren einige Hersteller mit Lamellenkupplungen zur Vorder- und Hinterachse.

Sind nun die wichtigsten Kriterien für "Freude am Fahren" durch gesteigerte Mobilität und erhöhte Fahrsicherheit behandelt, so fehlt in dieser Allradbetrachtung noch die Sicherheit beim Bremsvorgang, die keineswegs vernachlässigt werden darf.

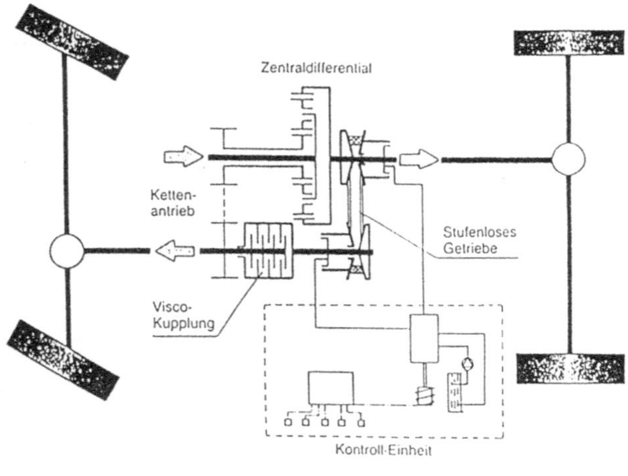

Bild 22 : 4WD-System mit variabler Leistungsverzweigung

5. Bremsen

Die ersten 4x4-Geländefahrzeuge kamen mit <u>zuschaltbaren Antrieben</u> auf den Markt, die durch ihre geringe - im Prozente-Bereich liegende - Einschaltdauer auf ebener Fahrbahn kaum zu Bremsdiskussionen Anlaß gaben. Die Vor- und Nachteile stellen sich auch sehr einfach dar (Bild 23): Der Kraftschluß-Grenzwert an der Vorder- und Hinterachse wird gegenüber dem 4x2 bei höherer Verzögerung erreicht, dafür an beiden Achsen gleichzeitig. Die Folgen sind klar und hängen nur von der Situation ab.

Bild 24 zeigt das Meßergebnis auf -split für die starre Koppelung mit eindeutiger Drehung des Fahrzeuges ab 0,2 g Verzögerung (ca. 34 bar Bremsdruck).

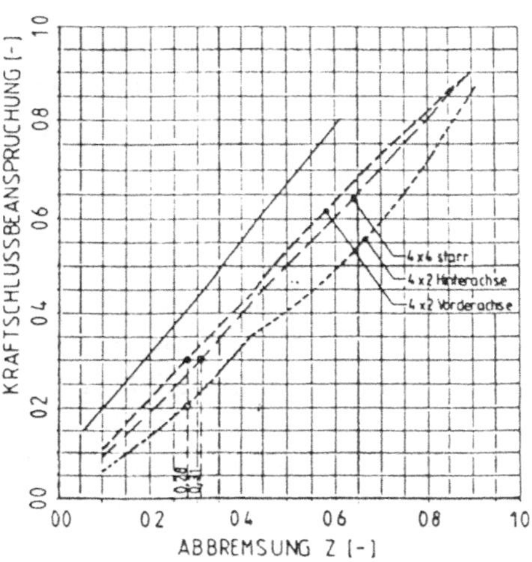

Bild 23 : Kraftschlußbeanspruchung als Funktion der Abbremsung

Nicht übersehen werden darf jedoch der große Vorteil von gekoppelten Achsen bei Verzögerungen über das <u>Motorbremsmoment</u>. Wird bei einem 4x2-Fahrzeug die Vorderachse beim Bremsen auf glatten, abschüssigen Fahrbahnen blockiert, stirbt auch der

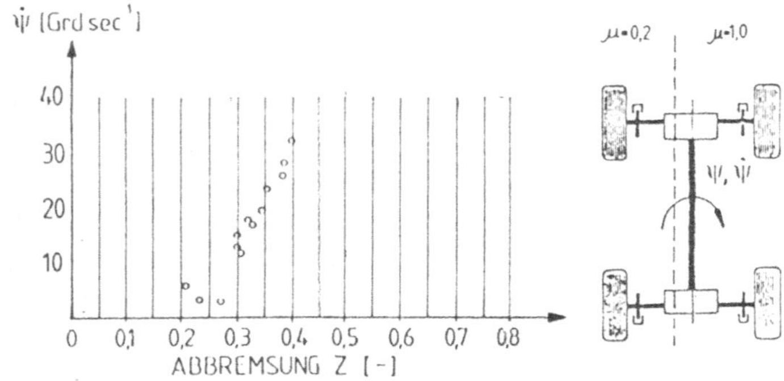

Bild 24 : Giergeschwindigkeit 0,75 sec nach Bremsbeginn 4x4 starr

Motor ab, wenn nicht gleichzeitig die Kupplung betätigt wird. Nach dem Lösen der Bremse kann das Antriebsmoment der Achse für das Wiederanwerfen des Motors zu niedrig sein, so daß der Blockierzustand aufrecht und somit das Fahrzeug weiter unsteuerbar bleibt. Mit gekoppelten Achsen ist das Anwerfmoment etwa doppelt so hoch, damit tritt diese kritische Situation kaum auf.

Eine Momentenübertragung durch den Reifen auf die Fahrbahn ist nur mit Schlupf möglich, dies gilt für Antrieb und Bremsung gleichermaßen. Durch die Forderung einer höheren Reibwertausnutzung an der Vorderachse ist auch die Momentenübertragung an dieser größer und damit der Schlupf. Dies bedeutet eine niedrigere Drehzahl der Vorder- als der Hinterachse. Kann sich die Differenzdrehzahl, trotz Abkoppelung vom Motor, nicht frei einstellen, <u>muß</u> daher die Hinterachse über die Kardanwelle ein Moment an die Vorderachse übertragen und es ergibt sich somit eine Verfälschung der Bremskraftaufteilung. Die theoretischen Werte zeigt Bild 25. Dieser Momentenfluß von der Hinter- zur Vorderachse muß für höchste Bremsstabilität entweder unterbunden oder in der Bremskraftaufteilung berücksichtigt werden.

Fahrzeuge mit <u>offenem Zentraldifferential</u> (abgekuppelter Motor) verhalten sich, wenn der Reibungseinfluß vernachlässigt wird, etwa wie 4x2-Fahrzeuge. Wird jedoch nur mit dem Motor gebremst, zeigen sich auch hier Vorteile gegenüber 4x2 durch bessere Aufteilung der Reibwertausnutzung auf beide Achsen (Bild 26).

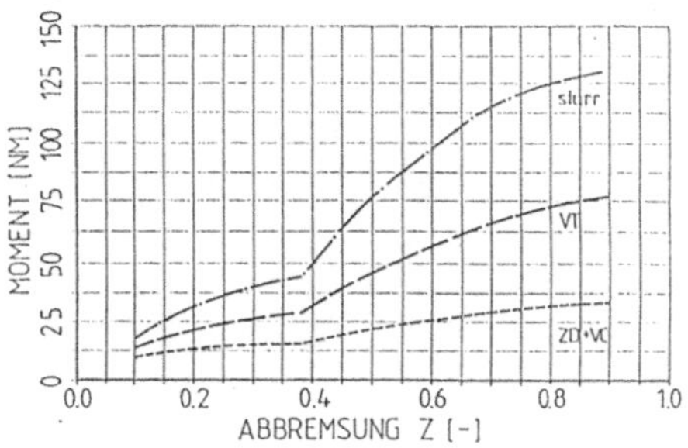

Bild 25 : Kardanwellenmoment beim Bremsen (Rechnung)

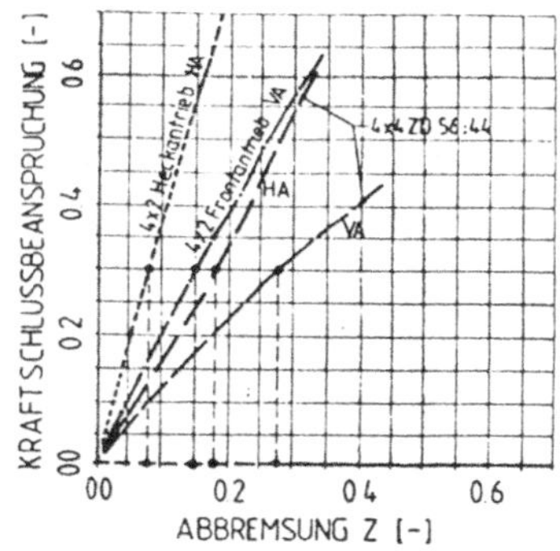

Bild 26 : Kraftschlußausnutzung durch Motorbremse

Nicht übersehen werden darf dabei, daß zwischen Verzögerung mit dem Motor bzw. der Fußbremse ein gänzlich unterschiedliches Verhalten vorliegt, da die Bremskraftaufteilung in Bereichen um 70:30 und die Zentraldifferentialverteilung meist um 50:50 liegt. Im einen Fall wird die Vorderachse, im anderen die Hinterachse überbremst.

Zentraldifferential mit Visco-Sperren (Bild 27): Am Rechenergebnis ist deutlich zu erkennen, daß eine Verbesserung an Verzögerung eine Verringerung an Reibwertreserve der Hinterachse gegenübersteht.

Visco-Transmissionen verlangen zur Momentenübertragung eine steifere Charakteristik zwischen den Achsen als Visco-Sperren für ein Zentraldifferential. Die Grundtendenz bei der Bremsung ist jedoch gleich (Bild 27). Sehr vorteilhaft ist dieses System in der Situation "Motorbremsung bei niederem ". Dabei ist bei Ankoppelung der Hinterachse über die Visco-Kupplung wieder eine Bremskraftverteilung mit Schwergewicht auf der Vorderachse gegeben. Ein Ausbrechen des Fahrzeuges bei niederem und Lastwechsel wird dadurch verhindert (Bild 28).

Sehr wohl muß darauf hingewiesen werden, daß das Bremsverhalten von Fahrzeugen mit Visco-Einheiten zwischen Vorder- und Hinterachse in der -split-Situation kritisch sein kann. Abhängig von verschiedenen Fahrzeugparametern (Bremsabstimmung, Trägheits-

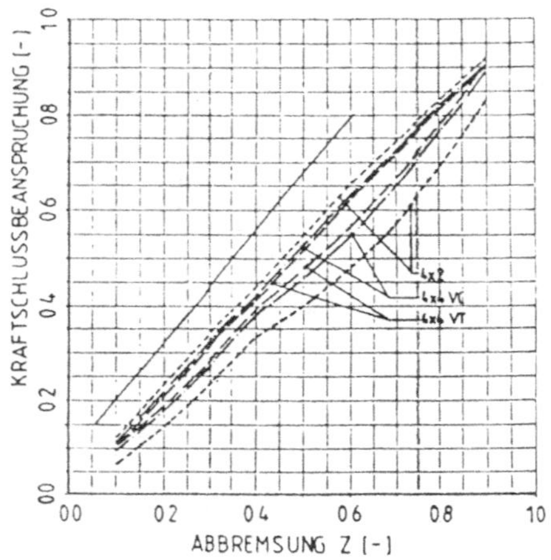

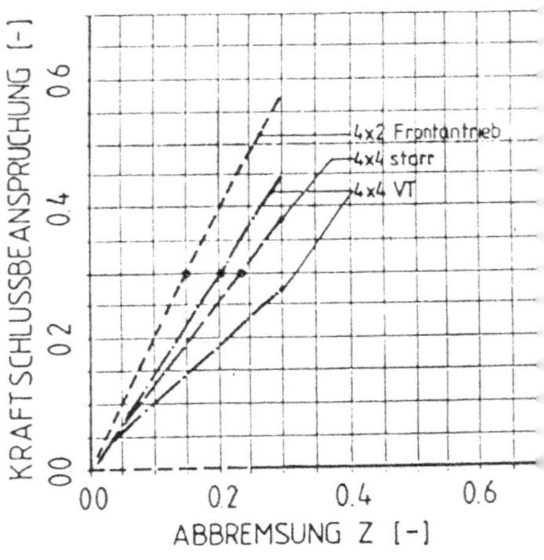

Bild 27 : Kraftschlußbeanspruchung mit Visco-Einheit (ohne Motorbremse)

Bild 28 : Kraftschlußbeanspruchung für VT-Systeme bei Motorbremsung

moment um die Hochachse und andere) wird das auftretende Giermoment durch die Drehmomentverbindung der Achsen und damit verringerte Blockierreserve der Hinterachse, verstärkt.

Eine ausgeführte Problemlösung gegen die verringerte Bremsstabilität stellt die Verwendung eines Freilaufes dar, durch den ein Drehmomentfluß von der Hinter- zur Vorderachse beim Bremsen unterbunden ist, womit ein 4x2-identisches Bremsverhalten erreicht wird. Da aber die Trennung nur durch die Relativdrehzahl der Achsen gesteuert wird, muß auf den oben erwähnten Vorteil des Vierradantriebes im Schubbetrieb verzichtet werden. Eine nur bei Betätigung der Fußbremse aktivierte Trenneinrichtung, wie beim Opel Vectra verwirklicht, vermeidet diesen Kompromiß und erübrigt gleichzeitig die für den Freilauf notwendige Überbrückung bei Rückwärtsfahrt.

Das <u>Torsen-Differential</u> kann durch das Freigeben der Sperrwirkung bei niedrigem anliegenden Moment in seiner Wirkung mit einem 50:50-Differential verglichen werden.

ABS und Allradantrieb als sich ergänzende Sicherheitseinrichtungen müssen in der Zukunft noch besser kompatibel sein.

Die ABS-Funktion beruht jedoch auf dem eindeutigen Zusammenhang von Raddrehzahl und zugehörigem Bremsenmoment. Jeder überlagerte Momentenfluß zwischen den Rädern bzw. Achsen stört daher die Regelgüte des ABS.

Für eine einwandfreie Funktion sind wiederum Zusatzmaßnahmen notwendig:

1. Motordrehzahlanhebung, Schleppmomentenregelung oder automatisches Auskuppeln, jeweils bei Verwendung von (ungesperrten) Zentraldifferentialen.

2. Beim Bremsvorgang entkoppelte Achsen (zum Beispiel Audi über Torsen, Golf syncro mit Freilauf, Daimler-Benz 4-matic durch Öffnen der Lamellenkupplung, Opel Vectra über Lamellenkupplung).

3. Berücksichtigung des über die Kardanwelle laufenden Momentes: Dies wird im Bosch-ABS für die VW syncro-Modelle und den BMW 325iX in die Praxis umgesetzt. Da das Moment nur geringfügig von der Verzögerung abhängig ist, kann ein Momentensensor durch einen Verzögerungsschalter ersetzt werden, der als Schwellenwertschalter arbeitet.

Eine genaue Messung des Momentes ist im Großserieneinsatz kaum erschwinglich, außer man tastet Planetenstützmomente ab.

Jede andere Variante, zum Beispiel allein mit modifizierter Software der Steuerungslogik, verlängert meist den Bremsweg (select low statt select high) und ist daher nur bedingt akzeptabel.

6. Fahrwerk

Der Einfluß des Allradantriebes auf diesen Bereich ist in vielfältiger Weise gegeben und kann nicht durch generelle Richtlinien abgedeckt werden. Vor allem müssen die 4x4-PKW und Geländefahrzeuge getrennt betrachtet werden, da doch die Anforderungen kaum vergleichbar sind.

Zwei Problemkreise bestimmen die optimale Lösung: einmal die N&V-Problematik, auf die später noch kurz eingegangen wird, und vor allem das Fahrverhalten! Das Zusammenwirken von Antriebs- und kinematischer Dynamik stellt den Fahrwerker vor große Aufgaben.

Der Opel Vectra 4x4 als Beispiel erhielt eine spezifische Schräglenker-Hinterradaufhängung (Bild 29), die auf dem optima-

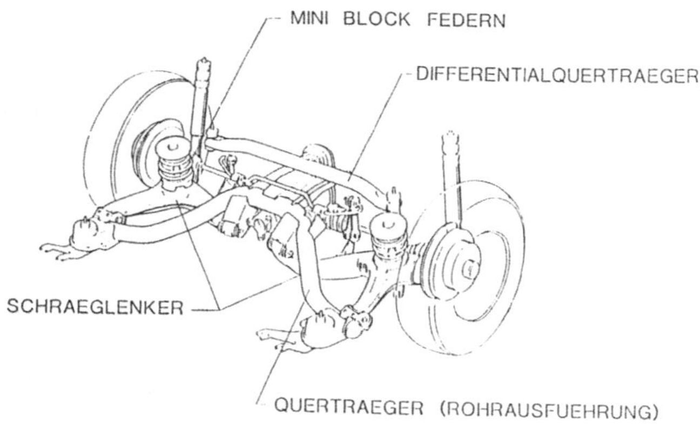

Bild 29 : Vectra 4x4 Hinterachse

len kinematischen Konzept des hinterachsgetriebenen Omega aufbaut und die auch auf eindeutiges Steuerverhalten des 4x4-Fahrzeuges optimiert wurde.

In einem Rechenprogramm wurde die räumliche Drehachse erarbeitet, die bei einer geringen Sturzänderung beim Einfedern eine vorteilhafte Vorspurzunahme bringt.

Bis auf wenige Ausnahmen, wie dem Mercedes G, wurde bei Geländefahrzeugen das Straßen-Fahrverhalten gegenüber den Geländeeigenschaften vernachlässigt. Der sich geänderte Einsatz brachte auch hier ein Umdenken. Die Erfüllung der Anforderungen für die Straßenfahrt, wie Spurtreue, geringe Wankneigung, sicherer Fahrspurwechsel und anderes, und die Forderung aus dem Gelände, wie gleichmäßige Radlastverteilung (Achsverschränkung), große Federwege, weiche Federung, wird über Kompromisse bzw. Zusatzeinrichtungen angestrebt.

Zum Vergleich seien einige charakteristische Daten der wichtigsten Geländewagenvertreter - Range Rover, Mitsubishi Pajero, Mercedes/Puch G - gegenübergestellt.

Federwege an der Vorderachse: (Bild 30)

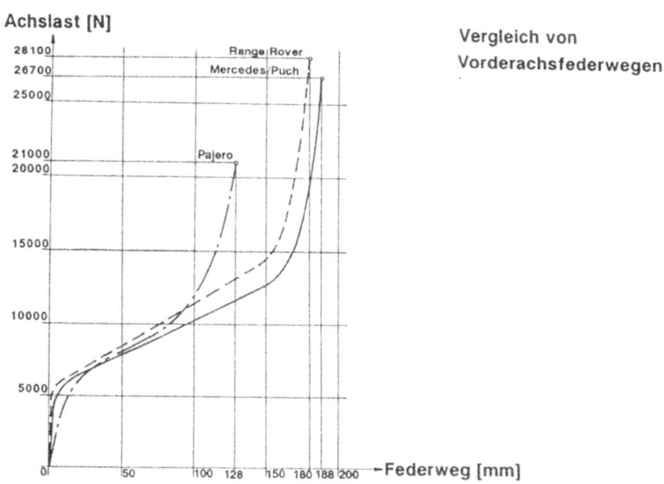

Bild 30 : Vergleich von Vorderachsfederwegen

Die Federwege an der querlenker-geführten Vorderachse liegen beim Marktleader Pajero bei 128 mm, dagegen bei Rover und Mercedes mit ihren Starrachsen im für diese Klasse üblichen Bereich von 180 - 200 mm.

Wird die Wankneigung verglichen (Bild 31), zeigt sich sehr deutlich die große Verschränkbarkeit der Rover-Hinterachse und damit die gute Anpassung an das Gelände! Daß dies die Rollneigung auf der Straße ebenso stark prägt, ist verständlich. Durch die hohe Lage des Rollzentrums wurde gegenüber G und Mitsubishi etwas gut gemacht (Bild 32), doch bleibt die Wankneigung von allen Vergleichsfahrzeugen beim Range Rover noch

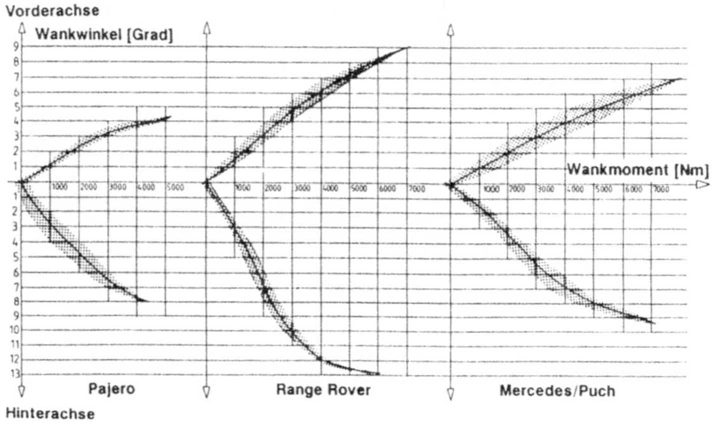

Bild 31 : Achsverschränkungen im Vergleich

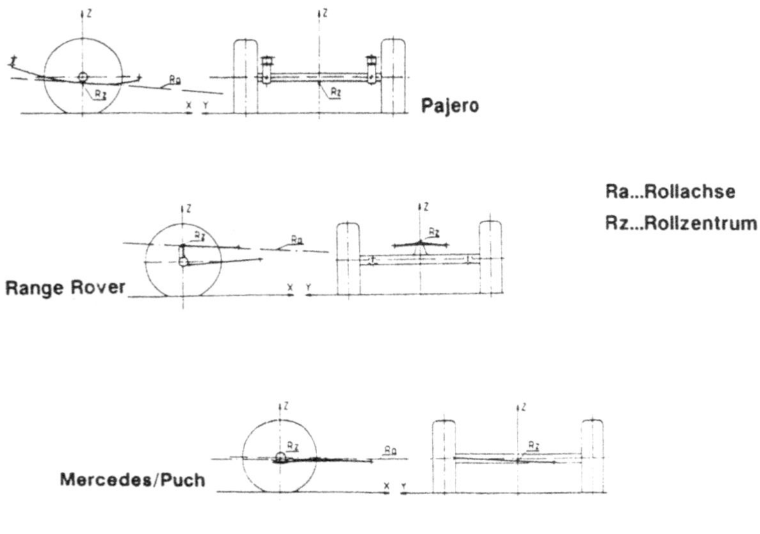

Bild 32 : Vergleich von Hinterachskonstruktionen

immer die stärkste. Dieses Fahrzeug kommt mit dieser Auslegung daher weitgehend ohne Sperren aus. Verstellbare bzw. abschaltbare Stabilisatoren könnten dabei Abhilfe schaffen, aber bisher hat nur Nissan für den Patrol (Safari) dazu eine Serienlösung entwickelt (Bild 33).

Wird heute die Auslegung des Fahrzeuges schwerpunktsmäßig entweder mehr auf Straße oder Gelände ausgerichtet, wird es in Zukunft notwendig und möglich sein, beides durch die Entwicklung von elektronisch gesteuerten Feder-/Dämpferstabilisatorelementen zu erreichen, die entweder manuell umgeschaltet werden oder sich automatisch mit dem Geländegang anpassen.

Zumindest an der Vorderachse zeigt der Trend bei Achsaufhängungen selbst "PKW-Tendenzen". Die Blattfeder ist - fast - verschwunden und moderne Fahrzeuge führen die Vorderräder an sauberen Dreiecklenkern bzw. auch schon an McPherson-Beinen, die bei vorwiegendem Straßeneinsatz sicherlich dafür voll geeignet sind.

Die Hinterachse gibt als Starrachse noch immer die besten Geländeeigenschaften, doch muß sie 1989 nicht auch noch an Blattfedern hängen.

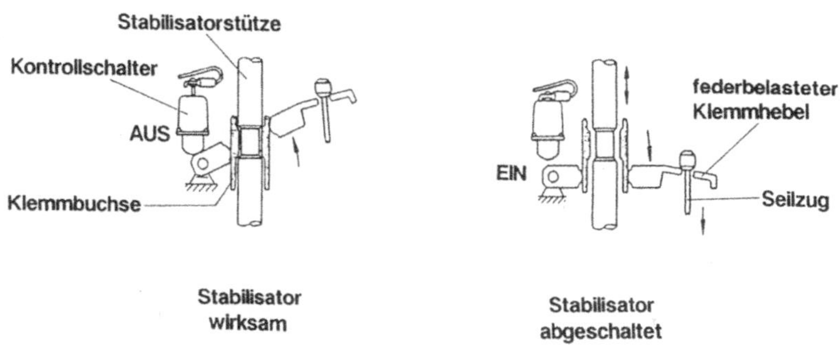

Bild 33 : Abschaltbarar Stabilisator (Vorschlag Nissan)

7. Zusammenfassung

Durch die unterschiedlichen Anforderungen an den 4x4-Antrieb je nach Kunden und Einsatzzweck gibt es nicht ein Idealsystem. Es ist daher stets der beste Kompromiß zu suchen.

Sicherheitstechnisch bietet der Allradantrieb einen größeren Abstand zur kritischen Geschwindigkeit und damit auch ein höheres Sicherheitsgefühl für den Fahrer. Stärker motorisierte Fahrzeuge sollen daher unbedingt mit 4x4-Antrieb ausgestattet sein.

Die zu lösenden technischen Probleme sind naturgemäß größer als bei 4x2-Antrieben. Besonders trifft dies die Fahrzeugabstimmung und N&V-Thematik.

Literatur

/1/ Lanzer Viscomatic ATZ

Leinfellner H., Lanzer H., Sommer H.D.
Allradsysteme im Vergleich
1. Aachener Kolloquium, Oktober 1987

Sommer H.D.
Bremsproblematik bei Personenwagen
mit Allradantrieb
Tagung Allradantrieb, Essen 1988

Leinfellner H.
Kritische Betrachtungen zum Thema
Geländewagen
Symposium Geländefahrzeuge, Laxenburg 1989

Sommer H.D.
Traktionsvergleich unterschiedlicher Achsanlenkungen
unter besonderem Einfluß der Verschränkung
Symposium Geländefahrzeuge, Laxenburg 1989

Resele P. Dr.
Konstruktive Überlegungen zur Antriebsverteilung
bei Geländewagen
Symposium Geländefahrzeuge, Laxenburg 1989

Leiter K.
Allradantrieb als Schwingungssystem
Tagung Allradantrieb, Essen 1988

Fuzzy Logic für geregelte Fahrzeugfederungssysteme

von H. Beduhn

Zur Untersuchung neuartiger Fahrzeugfederungssysteme ist es erforderlich, die Kräfte zwischen Aufbau und Rädern eines Fahrzeugs in weiten Grenzen variabel zu gestalten. Mit dem Einsatz von Hydraulikzylindern können diese Kräfte unabhängig von bauartbedingten Einschränkungen konventioneller Feder-Dämpfer-Systeme realisiert werden. Ein leistungsfähiges Mikroprozessorsystem, das Zustandsgrößen des Fahrzeugs verarbeitet, regelt Servoventile, die ihrerseits die Hydraulikzylinder mit entsprechenden Ölströmen beaufschlagen.

Es besteht jedoch ein Zielkonflikt in der Auslegung eines komfortablen und zugleich sicher lenkbaren Fahrzeugs; zum einen ist eine möglichst weiche Federung mit geringer Dämpfung gefordert, während die notwendige Fahrsicherheit eine ausreichende Raddämpfung bedingt.

Eine Lösung dieser Problematik liegt in einer möglichst geschickten mathematischen Verknüpfung der Systemgrößen, wie sie z.B. von Karnopp mit der Skyhook-Dämpfung vorgenommen wird. Nur stellt man nach wenigen Optimierungsversuchen dieses Prinzips fest, daß der erwartete Erfolg, nämlich spürbar besserer Komfort bei deutlich geringeren Radlastschwankungen, ausbleibt.

Umfangreiche Simulationen und Versuche geben Anlaß zu der Vermutung, daß die relevanten Federungsparameter nicht für alle Fahrbahnoberflächen und Geschwindigkeiten als konstant anzusehen sind, sondern einer Anpassung an die Einsatzbedingungen bedürfen.

Genauer gesagt, es ist ein Regelungskonzept gefragt, daß die Federung zu jedem Zeitpunkt optimal auf die Fahrsituation ausrichtet - ein im hohem Maße nichtlinearer Vorgang.

Hierzu existieren seit längerem Veröffentlichungen, die die prinzipielle Vorgehensweise bei der Auslegung solcher Regler beschreiben. In der Praxis mündet dies meist in eine Ansammlung von Sonderfällen, die programmiertechnisch ausgedrückt, mit IF-THEN - Abfragen einzeln behandelt werden müssen.
Ein Beispiel für solche kaum mehr überschaubaren Regelungskonzepte sind die derzeit gebräuchlichen Anti-Blockier-Systeme.
Ein Ansatz, der möglicherweise Licht in dieses Dunkel bringt, findet gerade in letzter Zeit besondere Beachtung - die Fuzzy Logic.

Fuzzy Logic als Entscheidungshilfe

Das tägliche Leben des Menschen ist bestimmt von unentwegtem Treffen von Entscheidungen:

- duschen - baden - oder nicht
- was ziehe ich an
- was esse ich zum Frühstück

Solche zunächst banal klingenden Dinge unterliegen dem gleichen Grundprinzip wie deutlich schwerwiegendere Entscheidungsprozesse, z.B. beim Autofahren:

- habe ich den richtigen Sicherheitsabstand
- soll ich zum schnelleren Überholen herunterschalten
- was ist zu tun, wenn das Fahrzeug ins Schleudern gerät

Für diese, die persönliche Sicherheit betreffenden Fragestellungen (sie müssen in sehr kurzer Zeit eindeutig beantwortet werden), wäre eine Entscheidungshilfe wünschenswert.
Hier liegen die Stärken der Fuzzy Logic (unscharfe Logik). Mit Hilfe dieser Logik können "menschenähnliche" Entscheidungsprozesse in Computern nachvollzogen werden. So ist es möglich, die umfangreichen Erfahrungen eines Testfahrers im Umgang mit Fahrzeugen einem Computer mitzuteilen, und durch Einbau entsprechender Elektronik, das Wissen für die Allgemeinheit verfügbar zu machen.
Der Begriff "unscharfe Logik" bezieht sich auf die menschliche Eigenart, Vorgänge und Erlebnisse mit relativen Aussagen zu beschreiben:

- das Auto fährt ziemlich schnell
- der Hintermann fährt viel zu dicht auf
- ich sollte jetzt nicht zu stark bremsen

Unter Verwendung dieser Situationsbeurteilung ist ein geübter Mensch in der Lage, sein Fahrzeug sicher zu führen. Die bisherige Vorgehensweise bei der Automatisierung solcher Vorgänge orientierte sich nicht oder nur wenig am menschlichen Verhalten, sondern geht von mathematischen Modellen und möglichst präzisen Sensordaten aus.

Ein Beispiel aus einer anderen Domäne macht den Unterschied noch deutlicher: der Vorgang, daß eine Fliege an der Decke eines Zimmers landet, ist mathematisch gesehen unheimlich kompliziert. Wollte man einen Regler bauen, der diesen Vorgang beherrscht, wäre der Aufwand immens. Eine Fliege löst dieses Problem - aber ganz offensichtlich nicht auf mathematischem Wege.

Der Ansatz der Fuzzy Logic ist nicht neu, jedoch sind die Leistungsanforderungen an die verfügbaren Computer sehr hoch, so daß erst seit relativ kurzer Zeit ein industrieller Einsatz sinnvoll erscheint.

Über die beschriebenen Beispiele hinaus sind Fuzzy Logic Systeme in fast allen Bereichen des täglichen Lebens einsetzbar(teilweise sind schon Geräte auf dem Markt). Dies geht vom Staubsauger, der seine Saugleistung an die Einsatzbedingungen(Berber oder Gardine) anpaßt bis zur Entscheidungshilfe für den An- und Verkauf von Aktien.

Grundlagen der Fuzzy Logic

Unscharfe Mengen

Die Fuzzy Logic erweitert die konventionelle Aussagenlogik auf Gebiete, wo die Aussagen nicht zweiwertig, d.h. entweder wahr oder falsch sind, sondern sie läßt auch beliebige Zwischenwerte zu. Die Fuzzy Logic geht von der anschaulichen Mengenlogik aus, welche die behandelten Objekte in *Klassen* einteilt, also in *Mengen*, für die jeweils eine bestimmte Aussage zutrifft. Diese Klasseneinteilung soll anhand des Begriffs "volljährig" veranschaulicht werden.

Es wird für ein Objekt (in diesem Fall vielleicht besser Subjekt) ein Grad der Klassenzugehörigkeit (degree of membership, DOM) definiert. In der Modallogik sind nur die Wahrheitswerte 0 (falsch) und 1 (wahr) zugelassen, während sich mit Hilfe der Fuzzy Logic auch beliebige Zwischenwerte beschreiben lassen.

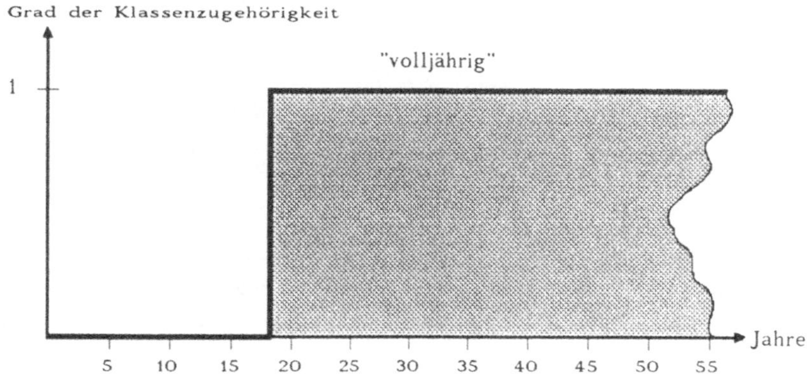

Abb.1 "Volljährigkeit" als scharfes Kriterium

Abb.1 zeigt den Grad der Klassenzugehörigkeit aufgetragen über dem Alter, wobei die Klasse durch den Begriff "volljährig" gebildet wird.

Da in der Bundesrepublik ein junger Mensch ab dem 18. Lebensjahr volljährig ist, handelt es sich hierbei um ein scharfes Kriterium, d.h. der Grad der Klassenzugehörigkeit ist entweder 1 oder 0.

Für den Fall jedoch, daß als Klasse das Alter betrachtet wird, in dem ein Mensch biologisch voll ausgewachsen ist, wird diese Klassenzugehörigkeit durch Abb.1 nur unzureichend beschrieben, da es sich hierbei nicht um ein scharfes Kriterium, sondern vielmehr um einen unscharfen Übergang vom Jugendlichen zum Erwachsenen handelt. Eine mögliche Darstellung dieser Klassenzugehörigkeit im Rahmen der Fuzzy Logic zeigt Abb.2
Der Verlauf dieser Kurve wird als Membership-Function (Klassenzugehörigkeitsfunktion), kurz MBF bezeichnet. Es wird ein weicher Übergang zwischen dem Grad der Klassenzugehörigkeit (degree of membership), kurz DOM von 0 bei Menschen unter 13 Jahren bis hin zum Grad der Klassenzugehörigkeit von 1 bei Menschen über 25 erreicht. So ist z.B. einem Sechzehnjährigen ein DOM von 0.1 zugeordnet, während eine 20-Jähriger ein DOM von 0.65 besitzt. Ein ähnlicher Verlauf der MBF würde sich auch ergeben, wenn man als Klasse z.B. die Temperaturwerte eines "ausreichend beheizten" Zimmers wählt.

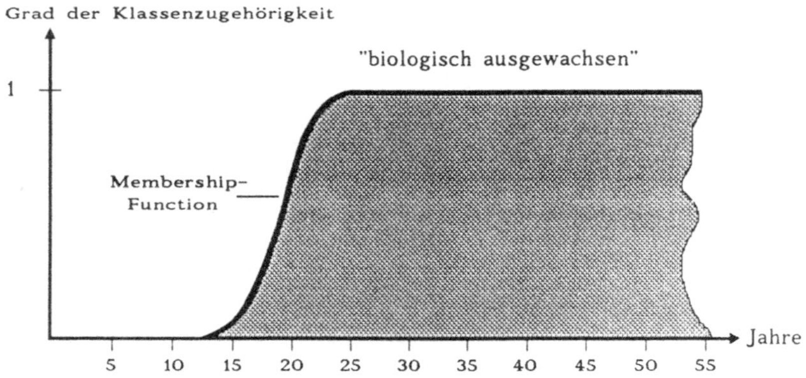

Abb.2 "Biologisch ausgewachsen" als unscharfes Kriterium

Die Fuzzyfication

Als Fuzzification wird das Einteilen der Ein- und Ausgangsgrößen in unscharfe Klassen bezeichnet. Diese Einteilung kann vom Anwender entsprechend dem jeweiligen Anwendungsfall individuell vorgenommen werden.

Abb.3 zeigt eine mögliche Klasseneinteilung für die Eingangsgröße Error, bei der aus Gründen der Überschaubarkeit nur <u>drei</u> Klassen N (negativ), Z (zero), und P (positiv) gewählt wurden. Die Einteilung der Klassen ist hier streng symmetrisch, was nicht zwangsläufig der Fall sein muß. Der

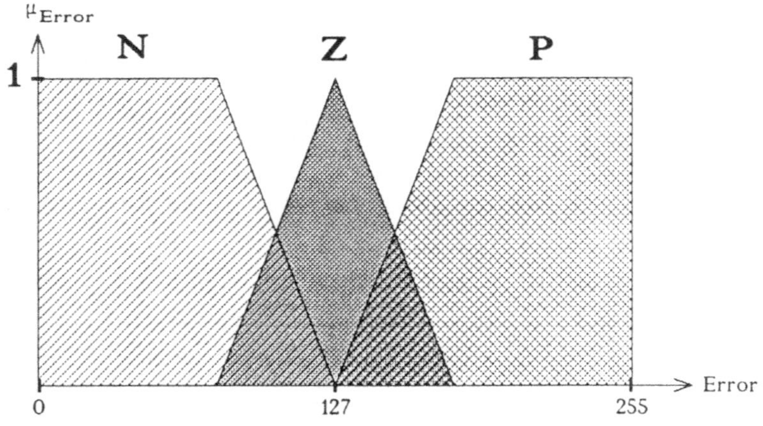

Abb.3 Klasseneinteilung für die Eingangsgröße Error

Wertebereich beider Eingangsgrößen sowie der Ausgangsgröße wird in diesem Beispiel durch geeignete Skalierungsfaktoren so umgerechnet, daß er in einem Bereich von 0 bis 255 abgebildet wird (Anmerkung: Die Skalierung in einen Bereich von 0 bis 255 ermöglicht in der Programmiersprache C ein Rechnen mit Variablen des Typs "unsigned byte", was gegenüber der Verwendung von Variablen des Typs "float" oder "double" einen Rechenzeitvorteil ergibt).

Die Fuzzy Control Rules

Die Fuzzy Control Rules bilden zusammen mit der *decision making logic* den Kern des Fuzzy Logic Controllers. Durch diese Regeln wird festgelegt, in welcher Weise die Eingangsgrößen mit der Ausgangsgröße verknüpft werden. Die Fuzzy Control Rules sind formal immer gleich aufgebaut. Sie bestehen aus einer Voraussetzung (rule premise) und einer Schlußfolgerung (conclusion) in der folgenden Form :

IF *premise* THEN *conclusion* (1)

Bei einem FLC mit zwei Eingangsgrößen (Error und dError) und einer Ausgangsgröße (Output) und einer für alle Größen gleichen Fuzzification gemäß Abb. 3 könnten die Fuzzy Control Rules z.B. folgendes Aussehen haben:

IF (Error is P AND dError is Z) THEN Output is P (2)

IF (Error is Z AND dError is Z) THEN Output is Z (3)

usw.

dError \ Error	N	Z	P
N	N	N	P
Z	N	Z	P ← Output
P	N	P	P

Abb.4 Mögliche Belegung der Rulebase bei zwei Eingangs- und einer Ausgangsgröße

Die Fuzzy Control Rules eines FLC mit zwei Eingangs- und einer Ausgangsgröße können in Form einer Matrix aufgetragen werden. Dazu wird durch die beiden Eingangsgrößen (z.B. Error und dError) eine Ebene aufgespannt, an deren Schnittpunkten jeweils die unscharfe Untermenge für die Ausgangsgröße steht. Diese Matrix wird als *Rulebase* oder *Knowledgebase* bezeichnet

Der Vorgang, aufgrund der Eingangswerte auf die MBF des Ausgangswertes zu schließen, wird als *Inference* bezeichnet, weshalb in der Literatur häufig der Begriff *"Inference-Machine"* im Zusammenhang mit Fuzzy-Control-Rules erwähnt wird.

Die Decision Making Logic

Nachdem die Rulebase zur Verknüpfung der beiden Eingangs- mit der Ausgangsgröße unter Verwendung der notwendigen Regeln gefüllt wurde, geht es in diesem Abschnitt darum, zu jedem Zeitpunkt den Wert der Ausgangsgröße zu bestimmen. Diese Aufgabe erfüllt die *decision making logic*, die den menschlichen Entscheidungsfindungsprozeß simuliert. Es gibt mehrere Möglichkeiten, auf der Grundlage der Fuzzy Rules die unscharfen Menge zur Bestimmung der Ausgangsgröße zu berechnen.
Dies sind die max-min method und die max-dot method, die auch als max-product method bezeichnet wird. Beiden Methoden ist gemeinsam, daß die zur Ausgangsgröße gehörende MBF durch den Grad der Klassenzugehörigkeit der verschiedenen Voraussetzungen gewichtet werden, und daß alle Regeln, die zutreffend sind, zur Bildung der Ausgangsgröße herangezogen werden. In der Praxis liefern beide Methoden sehr ähnliche Ergebnisse.
An dieser Stelle soll nur die min-max method vorgestellt werden.

Die max-min Methode

Bei der max-min Methode wird die resultierende MBF jeder Ausgangsgröße für jede Ausgangsgröße durch die Vereinigung der entsprechenden Klassen, die sich aus der Schlußfolgerung nach Gl.(1) ergeben, bestimmt. Dazu wird der Grad der Klassenzugehörigkeit der Ausgangsgröße entsprechend dem DOM der dazugehörenden Eingangsgrößen "abgeschnitten". Abb.5

veranschaulicht die Vorgehensweise bei der max-min Methode anhand der beiden Fuzzy-Control-Rules nach Gl. (2) und Gl. (3) Die diskreten Eingangswerte der beiden Größen Error und dError bestimmen den Grad der Klassenzugehörigkeit zu den jeweiligen Klassen. Für den eingezeichneten Fall liegt der Wert für Error sowohl in der Klasse Z, als auch in der Klasse P. Gleiches gilt für die Eingangsgröße dError, so daß insgesamt vier Kombinationsmöglichkeiten vorhanden sind, d. h. es sind gleichzeitig vier Regeln bei der Bestimmung der MBF der Ausgangsgröße beteiligt. Der Grad der Klassenzugehörigkeit der Eingangsgrößen zu den entsprechenden Klassen (hier: P und Z) ergibt sich jeweils aus dem Wert der MBF an der betreffenden Stelle. Das AND in Gl. (2) wird durch das Minimum der DOM für beide Eingangsgrößen gebildet. Auf der Höhe des kleinsten DOM wird die MBF der betreffenden Klasse der Ausgangsgröße abgeschnitten. Die endgültige MBF der Ausgangsgröße ergibt sich aus der Überlagerung der einzelnen MBF für die Ausgangsgröße

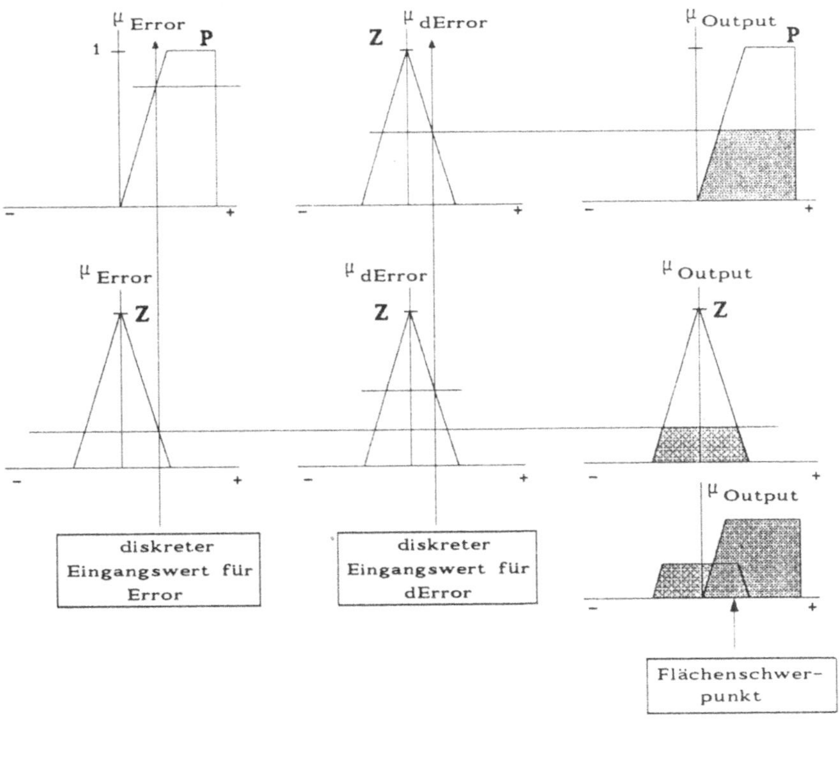

Abb. 5 Decision making logic nach der max-min Methode

Die für den eingezeichneten Fall gültigen Kontrollregeln lauten:

IF (Error is P AND dError is Z) THEN Output is P

IF (Error is Z AND dError is Z) THEN Output is Z

IF (Error is P AND dError is P) THEN Output is P

IF (Error is Z AND dError is P) THEN Output is N

Aus Gründen der Überschaubarkeit sind jedoch nur die ersten beiden Regeln eingezeichnet.

Der Fuzzy Logic Controller

Aufbau und Wirkungsweise

In diesem Kapitel soll der Aufbau und die Wirkungsweise eines Reglers auf Fuzzy Logic Basis, der als *Fuzzy Logic Controller (FLC)* bezeichnet wird, beschrieben werden. Abb.6 zeigt das Blockschaltbild eines Fuzzy Logic Controllers mit zwei Eingangs- und einer **Ausgangsgröße.**

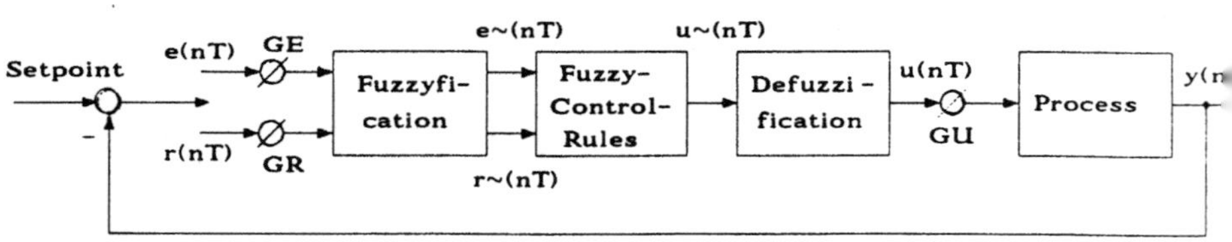

Abb.6 Blockschaltbild eines Fuzzy Logic Controllers mit zwei Eingangs- und einer Ausgangsgröße

Der FLC besteht im wesentlichen aus drei Elementen:

1.) der *Fuzzification*, d.h. der Einteilung der Ein- und Ausgangsgrößen in unscharfe Mengen,

2.) den *Fuzzy Control Rules*, die neben den Verknüpfungsregeln zwischen Ein- und Ausgangsgrößen auch die *decision making logic* zur Bestimmung des unscharfen Ausgangswertes beinhalten,

3.) der Defuzzification, also der Umwandlung der unscharfen Mengen für die Ausgangsgröße in einen diese unscharfen Mengen repräsentierenden diskreten Ausgangswert.

Aus dem obigen Blockschaltbild lassen sich folgende Beziehungen ablesen:

$$e(nT) = y(nT) - \text{Setpoint}$$

$$e\sim(nT) = F\left[GE * e(nT)\right]$$

$$r(nT) = \left[e(nT) - e(nT-T)\right] / T$$

$$r\sim(nT) = F\left[GR * r(nT)\right]$$

$$u(nT) = GU * DF\left[u\sim(nT)\right]$$

Dabei ist n eine positive natürliche Zahl und T kennzeichnet die Abtastschrittweite . Die Werte $e(nT)$, $r(nT)$, $y(nT)$ und $u(nT)$ beschreiben den Fehler (error), die Änderung des Fehlers (rate), den Prozeßausgang sowie den Fuzzy-Regler-Ausgang, der gleichzeitig den Prozeßeingang darstellt. Der Fehler zum Zeitpunkt $(nT-T)$ ist gegeben durch den Term $e(nT-T)$. GE (gain for error) und GR (gain for rate) bezeichnen die Skalierungsfaktoren für den Fehler bzw. die Änderung des Fehlers und GU (gain for controller output) den Skalierungsfaktor für die Ausgangsgröße des Fuzzy-Reglers.

Mit Hilfe dieser Skalierungsfaktoren werden die physikalischen Größen in das Intervall von 0 bis 255 abgebildet, was einer 8-bit Zahl entspricht. $F[\ ]$ beschreibt die sog. *Fuzzification*, d. h. die Einteilung der Eingangsgrößen und der Ausgangsgröße in unscharfe Klassen. Der diskrete Wert des Reglerausgangs $u(nT)$ zum Zeitpunkt nT, wird durch die *Defuzzification* $DF[\ ]$ der unscharfen Mengen der Ausgangsgröße berechnet.

Die Wahl der Ein- und Ausgangsgrößen spielt für die Gestalt der Rulebase, d.h. die Formulierung der Fuzzy Control Rules eine entscheidende Rolle, so daß die Eingangsgrößen dem jeweiligen Anwendungsfall angepaßt werden müssen. Neben der Differenz zwischen Soll- und Istwert (Error) kann z.B. auch anstelle der Ableitung dieses Fehlers die Ableitung des Istwertes als zweite Eingangsgröße benutzt werden.

Die Komponenten eines Fuzzy-Reglers mit zwei Eingangs- und einer Ausgangsgröße können somit wie folgt zusammengefaßt werden:

(1) die Skalierungsfaktoren GE, GR und GU für die Ein- bzw. Ausgangsgrößen,

(2) ein Fuzzification-Algorithmus für die skalierten Ein- und Ausgangsgrößen,

(3) die Fuzzy-Control-Rules,

(4) die Fuzzy-Logic, um die Fuzzy-Control-Rules zu berechnen,

(5) eine Defuzzyfication-Methode, um aus der unscharfen Menge der Ausgangsgröße einen diskreten Ausgangswert zu berechnen.

Einer der Vorzüge des FLC liegt in der Tatsache, daß innerhalb dieses Reglers auch Nichtlinearitäten berücksichtigt werden können, was mit herkömmlichen Reglern nur mit großem Aufwand möglich ist.

Die Quellen für Nichtlinearitäten liegen beim Fuzzy-Regler an folgenden Stellen:

(1) dem verwendeten Fuzzification-Algorithmus,

(2) den Fuzzy-Control-Rules,

(3) die Art der Fuzzy-Logic, die für die Berechnung der Fuzzy-Control-Rules benutzt wird (decision making logic),

(4) der Defuzzification-Methode, die zur Bestimmung der diskreten Ausgangsgröße herangezogen wird.

An dieser Aufzählung wird deutlich, daß bei einem Fuzzy-Regler im Vergleich zu einem herkömmlichen PID-Regler weitaus mehr Parameter für die Variation zur Verfügung stehen, was zum einen den Vorteil einer guten Anpassungsmöglichkeit des Reglers an spezielle Anforderungen in sich birgt, zum anderen jedoch die Gefahr mit sich bringt, daß bei der Reglerauslegung nur eine suboptimale Einstellung erreicht wird. Hieraus wird deutlich, daß auf dem Gebiet der Fuzzy-Logic dringender Bedarf an Kriterien zur Reglerauslegung sowie für Stabilitätsbetrachtungen vorhanden ist.

Fuzzy Logic für Regelungsaufgaben

Die Fuzzy Logic als Werkzeug zur Lösung regelungstechnischer Probleme(Fuzzy Control) birgt ein Potential, das insbesondere im Bereich der Interaktion Mensch-Maschine deutlich wird. Es reicht von gesteigertem Komfort bei der Bedienung von Geräten bis zum Ausgleichen menschlichen Fehlverhaltens.
Die Basis zu diesem Erfolg liegt in dem Bestreben, den Menschen mit seinen oft diffusen aber erfolgreichen Entscheidungsprozessen abzubilden und ihn so einer mathematischen Betrachtung zugänglich zu machen.

Denkbare Einsatzmöglichkeiten in der Kraftfahrzeugtechnik sind - wie z.T. schon realisiert:

- Automatikgetriebe
- Anti-Blockier-System
- Vierradlenkung
- Aktives Fahrwerk
- Klimaanlage
- Spracheingabe

Im folgenden werden die besonderen Vorteile bei der Verwendung von Fuzzy Logic in der Regelungstechnik aufgezeigt; Begriffe wie <u>Membership Function</u> und <u>Rule Base</u> werden dabei als bekannt vorausgesetzt.

1. Arbeiten mit unscharfen bzw. ungenauen Größen
   Je nach Anwendungsfall kann einfache, kostengünstige Sensorik verwendet werden, wie dies in japanischen Großserienprodukten(Waschmaschinen, Staubsaugern, Camcordern, etc.) geschieht.

2. Streng systematischer Aufbau
   Insbesondere bei sehr komplexen Regelungsvorgängen (z.B. Anti-Blockier-System) bietet die Rule Base Unterstützung bei der Behandlung unterschiedlicher Eingangsgrößenkombinationen

3. Mathematische Prozeßmodellierung nicht zwingend notwendig
   Bei einer Vielzahl von Regelungsaufgaben entzieht sich der Prozeß aufgrund hoher Komplexität einer math. Beschreibung; ohne Modell ist die Auslegung eines "konventionellen" Reglers jedoch mehr oder weniger Gefühlssache.

4. Einbringen von Systemkenntnissen(Expertenwissen) kann die Regelung verbessern
   Die Reglerauslegung basiert allein auf den Kenntnissen des Experten und den gewünschten Regelergebnissen. Je umfassender das Expertenwissen über einen Prozeß, desto besser die Regelung.

5. Kurze Entwicklungszeiten bei der Reglerauslegung
   Der systematische Aufbau der Fuzzy Logic und meist sehr umfangreiches Expertenwissen über einen Prozeß, können gerade bei komplexen Aufgaben die Reglerentwicklungszeit erheblich verkürzen.

6. Besondere Eignung bei Wechselwirkung Mensch-Maschine
   Direktes Einbringen von Empfindungen und relativen Begriffen sowie "menschenähnlicher" Schlußfolgerungen ermöglichen ein Reglerdesign aufgrund von Probandenaussagen nach Versuchsreihen.

7. Bei zeitvarianten Systemen kann eine robuste Regelung erzielt werden
   Selbst bei Prozessen, die zeitlichen Veränderungen unterworfen sind(in gewissen Grenzen), ist eine aus-

reichende Regelung gesichert, da beim Aufstellen der Rule Base i.a. solche Eingangsgrößenpaarungen besondere Berücksichtigung finden, die Instabilitäten zur Folge hätten.

8. Rule Base - Generierung mit Neuronalen Netzen
   Um einem Regler ein "menschenähnliches" Verhalten anzutrainieren, werden Neuronale Netze eingesetzt. Hierzu ein Beispiel:
   Ein Fachmann regelt in, nach menschlichem Ermessen, idealer Weise einen Prozeß; dabei gemessene Eingangs- und Ausgangsgrößen werden einem Fuzzy-Entwicklungssystem zugeführt; Neuronale Netze ändern die Rule Base bis das Verhalten des Fuzzy Controllers dem des Fachmannes entspricht.

Fuzzy Logic Hard- und Software

Da es sich bei Fuzzy Logic-Operationen definitionsgemäß um unscharfe Formulierungen handelt, ist bei der Verwendung von Digitalrechnern eine Darstellung der Größen im 8 Bit Integer-Format ausreichend. Auf der anderen Seite ist die Anzahl der pro Zeittakt auszuführenden Rechenoperationen(es handelt sich bei Fuzzy Control um Echtzeitanwendungen) weitaus größer, als bei "konventionellen" Regelalgorithmen. Hier wird deutlich, daß der gegenwertige Trend, Mikroprozessoren mit großer Wortbreite zu entwickeln, nicht günstig im Sinne der Fuzzy Logic ist.
Um den dargestellten Anforderungen gerecht zu werden, ist spezielle Fuzzy Logic-Hardware u.a. von Togai InfraLogic (USA) entwickelt worden.
Speziell zu ihren Produkten liefert diese Firma auch eine graphische Entwicklungsoberfläche unter MS Windows. Dabei wird das Generieren von Membership Functions und Rule Bases sowie ganzer Regelungssysteme mit grahischen Mitteln unterstützt. Der erzeugte

Code, wahlweise Fuzzy C oder Mikrosoft C, ist auf Spezialhardware bzw. auf üblichen PC's(Intel Prozessor) lauffähig.
Eine reine Softwarelösung ohne spezielle Fuzzy-Hardware wäre unter Verwendung von Transputernetzen denkbar. Die Vorteile dieser Lösung bestehen in der ohnehin guten Parallelisierbarkeit von Fuzzy-Algorithmen und der nahezu unbegrenzten Rechenleistung durch Netzwerkserweiterungen. Für den Transputereinsatz fehlt jedoch z.Zt. noch eine entsprechende Entwicklungsumgebung.

Menschenähnliches Regelverhalten für aktive Fahrwerke

Dem bestehenden Zielkonflikt, bestmöglicher Komfort bei geringsten Radlastschwankungen, zu begegnen, bietet die Fuzzy Logic völlig neue Möglichkeiten; z.B. ein aktives Fahrwerk so zu regeln, wie es ein Mensch tun würde. Zum einen existieren bei Experten sehr genaue Vorstellungen, wie sich ein Fahrzeug bei ganz bestimmten Einsatzbedingungen(Kurvenfahrt, unebene Fahrbahn, hohe Fahrgeschwindigkeit) verhalten sollte, zum anderen sind deutliche Parallelen zu Anforderungen an den Menschen als Regler zu erkennen. Letzteres wird besonders deutlich am Beispiel eines Skiläufers. Die Beinmuskulatur hat die Aufgabe, den Körper vor übermäßigen Stößen zu bewahren, gleichzeitig jedoch einen ausreichenden Bodenkontakt für die Spurführung zu gewährleisten.
Die Fuzzy Logic bietet Möglichkeiten, diese Wissensbasen zur Beherrschung komplexer Regelungsaufgaben ohne Verluste direkt einem Mikroprozessorsystem mitzuteilen, und damit für technische Anwendungen verfügbar zu machen.
Das Ergebnis ist ein hochgradig nichtlinearer Regler, der je nach Einsatzbedingungen unterschiedlichste Charakteristika aufweist.

ECAS - Elektronisch geregelte Luftfederung für Nutzfahrzeuge

von K. Schönfeld, H. Geiger, D. Gradert

Zusammenfassung
Über den Stand der Entwicklung bei elektronische geregelten Luftfederungen für Nutzfahrzeuge wird berichtet, im einzelnen schwere Lkw, Omnibusse, leichte Lkw und Transporter. Zur Übertragung dieser Technik auf Pkw-Anwendungen wurden spezielle Komponenten entwickelt.

1. Konventionell gesteuerte Luftfederungen für Nfz

Bereits vor gut dreißig Jahren wurde das erste Mal Luftfederung (statt Stahlfederung) im Nutzfahrzeug (Bus) eingesetzt. Seitdem steigt der Anteil der Luftfederung im Nfz stetig. Dieser Trend hat im wesentlichen folgende Gründe:

- konstante Fahrzeughöhe (unabhängig von der Beladung)
- einfache Niveauverstellung (Container- und Laderampenbetrieb)
- Erhöhung des Fahrkomforts, Schonung des Ladegutes durch
  - -- kleinere Federrate
  - -- weitgehend konstante, niedrige Eigenfrequenz
- einfachere Steuerung der Zusatzachse(n).

Die ersten Luftfederanlagen wiesen hauptsächlich rein mechanisch-pneumatische Steuerungen auf. Diese Systeme sind auch heute noch oft im Anhänger zu finden. Im LKW dagegen wurden sie mehr und mehr durch Systeme mit elektro-pneumatischer Steuerung abgelöst. Die auslösenden Anforderungen dafür waren :

- manuelle Höhenverstellung vom Fahrerhaus aus bei gleichzeitiger
- Verkürzung der Hebe-/Senkzeiten
- Verringerung des pneumatischen Installationsaufwandes insbesondere im kippbaren Fahrerhaus

Zum besseren Verständnis der verbesserungswürdigen Punkte konventioneller Luftfedersteuerungen zeigt Bild 1 eine elektro-pneumatische Luftfedersteuerung für einen volluftgefederten 6x2-LKW mit Liftachse. Die Funktionen dieses Systemes sind - da bisheriger Stand der Technik - als bekannt vorauszusetzen und bedürfen keiner Erläuterung.

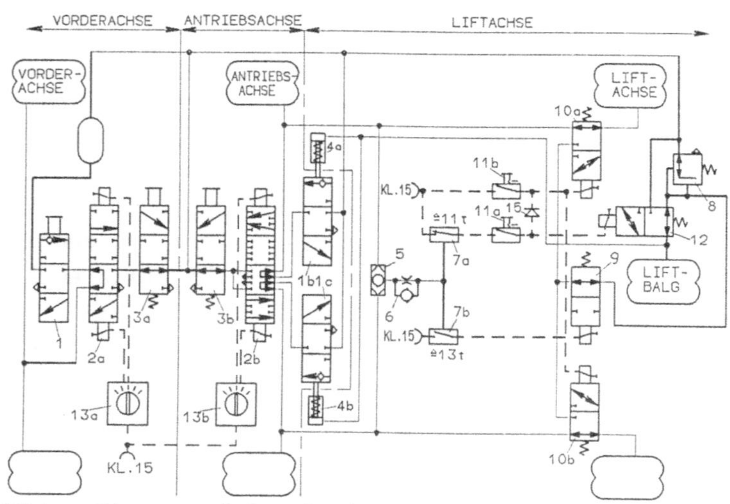

1 Luftfederventil
2 Hoehenverstellventil
3 Hoehenbegrenzungsventil
4 Zweistellungszylinder
5 Wechselventil
6 Drosselrueckschlagventil
7 Druckschalter
8 Druckbegrenzungsventil
9 Absperrventil (Anfahrhilfe)
10 Liftachsumschaltventil
11a Liftschalter
11b Anfahrhilfeschalter
12 Liftbalgventil
13 Hoehenverstellschalter (Heben/Senken/Stop/Normal)

Bild.1 Elektro-pneumatisch gesteuerte Luftfederung (6×2-LKW)

Die verbesserungswürdigen Punkte sind im einzelnen:

- unnötig hoher Luftverbrauch während der Fahrt durch dauerndes Ansprechen der Luftfederventile
- ungewollte Niveauänderung während der Fahrt durch Nichtlinearitäten (Feder- und Dämpferkennlinien, ungleiche Differenzdrücke Balg/Atmosphäre Balg/Vorrat)
- automatische Niveauregelung normalerweise nur im Normalniveau möglich
- zu lange Hebe-/Senkzeiten
- hoher Installationsaufwand und hohes Bauvolumen
- ungewolltes Liftachssenken bzw. -heben durch dynamische Druckspitzen und beim Aus- und Einschalten der Zündung
- geringe Einstell- und Servicefreundlichkeit
- geringe Flexibilität des Systems
- Zusatzfunktionen, wie Anfahrhilfe nach deutschem Gesetz, untere Tiefenbegrenzung etc. nicht oder nur mit deutlichem Zusatzaufwand realisierbar
- hohe Systemkosten bei Systemen mit Zusatzfunktionen

2. Elektronisch gesteuerte Luftfederung für Nfz

Mit der seit 1986 in Serie befindlichen elektronisch gesteuerten Luftfederung - kurz ECAS (Electronically Controlled Air Suspension) genannt - lassen sich die oben erwähnten Nachteile der konventionellen Luftfedersysteme abstellen.

Das positive Marktecho und die überzeugenden Felderfahrungen seit 1986 führten dazu, daß sich für Ende dieses Jahres eine erhebliche Ausweitung der Anwendungs-Palette abzeichnet. Absehbar ist der Zeitpunkt, von dem an alle europäischen Nfz-Hersteller diese Systeme serienmäßig anbieten werden

Folgende vier Grundsysteme sollen im weiteren näher beschrieben werden:

- 4x2-System für LKW
- 4x2-System für Busse
- 6x2-System für LKW (mit Drucksensoren)
- 6x2-System für LKW (ohne Drucksensoren)

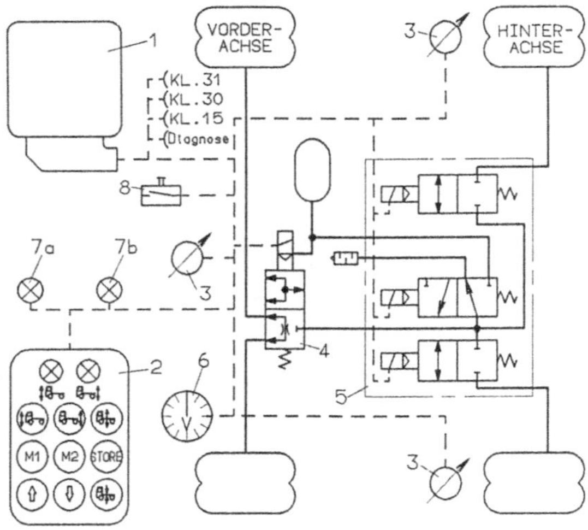

1 Elektronik
2 Fernbedienung
3 Wegsensor
4 Magnetventilblock (VA)
5 Magnetventilblock (HA)
6 Tachometer
7 Anzeigelampe
8 Bremslichtschalter

Bild 2 Elektronisch gesteuerte Luftfederung (4×2-LKW)

2.1. Aufbau, Funktion 4x2-System für LKW

Bild 2 zeigt den Aufbau einer elektronisch gesteuerten Luftfederanlage für einen volluftgefederten 4x2-LKW.

Die Funktionen der elektronisch gesteuerten Luftfederung sowie deren Systembesonderheiten werden nachfolgend beschrieben:

- Soll-Niveauregelung

Die Steuerelektronik (1) vergleicht permanent die - von den Wegsensoren (3) (auf induktiver Basis) gemessenen - Ist-Höhen mit den in ihr gespeicherten Soll-Höhen. Bei Abweichungen über ein Toleranzband hinaus, werden die Magnetventilblöcke (4,5) aktiviert und die Bälge solange be- bzw. entlüftet, bis das Soll-Niveau wieder erreicht ist. Das Soll-Niveau kann dabei das Normalniveau sein, jedoch auch jedes andere eingespeicherte Niveau (s. u.). Die große Nennweite der kompakten, vorgesteuerten Magnetventilblöcke (4,5) ermöglichen schnelle Regelvorgänge (NW7 bei den 2/2-Wegeventilen, NW10 beim zentralen 3/2-Wegeventil).

- Unterdrückung unerwünschter Niveauregelungen

Bei Fahrzeugstillstand wird - falls nach obigem Kriterium gefordert - eine Regelung zwar im Sekundenbereich eingeleitet, bei Fahrt - erkennbar über Tachoanschluß (6) - startet die Regelung dagegen erst nach Ablauf einer Verzögerungszeit (Dämpfung) von ca. 60 s. Auf diese Weise sprechen die Ventile bei dynamischen Höhenänderungen (durch Achs-/Aufbauschwingungen bzw. Kurvenfahrt) nicht an, was den Luftverbrauch des Systems deutlich reduziert und die Lebensdauer der Ventile erhöht. Weiterhin wird jede Niveau-nachregelung beim Bremsen - sensiert über Bremslichtschalter (8) - verhindert.

- Niveauverstellung mittels Fernbedienung

Über die in der Regel in der Kabine installierte Fernbedienung (2) kann - beliebig achsenselektiv - das Niveau gezielt verändert werden. Das derart eingestellte Ist-Niveau - als neues Soll-Niveau gespeichert - erleichtert erheblich durch die dann automatische Nachregelung einen Laderampenbetrieb

- Höhenbegrenzung
Eine Höhenverstellung wird bei Erreichen der einprogrammierten oberen oder unteren Höhenbegrenzung (oder auch Gummmipufferanschlag) automatisch beendet. Diese Niveaugrenze wird hierfür als Soll-Niveau gespeichert. Das bedeutet neben geringerer mechanischer Beanspruchung der Aufhängungsteile auch ein sparsameres Haushalten mit Druckluft.

- Querstabilisierung
Zur Unterstützung der Wirkung der mechanischen Querstabilisatoren wird die Querverbindung der Luftfederbälge an der Vorderachse - je nach Ventilauslegung - weitgehend (bis auf eine kleine Drossel) oder ganz unterbrochen.

- Niveauwarnung
Bei Verlassen des Normalniveaus erinnert die dann eingeschaltete Warnlampe (7a) den Fahrer daran, diesen Fahrzustand (mit einseitig reduzierten Federwegen) möglichst bald wieder zu verlassen.

- Fehlererkennung und -anzeige
Auftretende Fehler erkennt die Elektronik teilweise direkt, teilweise aufgrund von Plausibilitätsprüfungen. Im Fehlerfalle wird die Störungslampe (7b) eingeschaltet und das Fehlererkennungskriterium in der Elektronik abgespeichert, um es als Reparaturhilfe im Diagnosebetrieb später wieder auszulesen. Beim Erkennen von schweren Fehlern schaltet das System aus Sicherheitsgründen automatisch ab. Alle Ventile werden dadurch ausgeschaltet und der letzte Zustand "eingefroren". Bei leichten Fehlern arbeitet das System dagegen einschränkt weiter.

- Elektronikanpassung an verschiedene Einsatzfälle
Durch einfache Programmierung fahrzeugspezifischer Parameter (z. B. Fahrzeughöhen, Regelparameter etc.) läßt sich die Elektronik einfach und ohne Hardwareänderung an verschiedene Fahrzeugtypen adaptieren (Bandendeprogrammierung).

2.2 4x2-System für Busse

Das System für Busse baut auf dem für LKW auf. Im wesentlichen wird nur die Fernbedienung durch fest installierte Schalter für Heben/Senken ersetzt. Durch Modifikation der Elektronik ist jedoch auch die Realisierung eines nur rechtsseitigen Hebens/Senkens möglich, was Ein- und Aussteigen erleichtert. Durch externe Schaltung kann ein Senkvorgang vom Türfreigabesignal abhängig gemacht und bei Erreichen eines vorgegebenen Abstandes zum Bordstein (Bordsteinfühler) automatisch gestoppt werden. Weiterhin kann ein Lösen der Haltestellen-Bremse erst bei Wiedererreichen des Normalniveaus zugelassen werden.

2.3. Aufbau, Funktion 6x2-System für LKW (ohne Drucksensoren)

Bild 3 zeigt den Aufbau einer elektronisch gesteuerten Luftfederanlage für einen 6x2-LKW. Zusätzlich zu den auch im 4x2-LKW verwendeten Komponenten werden folgende Geräte eingesetzt:

- Magnetventilblock (9) für Liftachssteuerung
- Druckbegrenzungsventil (10)
- Anfahrhilfeschalter (11).
- Liftachsschalter (12)
- Druckschalter (13)
- Wechselventil (14)

Über die Funktionen des 4x2-LKW hinaus sind beim 6x2-LKW noch die folgenden Funktionen realisiert:

- Liftachsheben/-senken

Über den Liftachsschalter (12) kann die Liftachse zur Reduzierung des Reifenverschleißes und für verbesserte Manövrierfähigkeit durch Aktivierung der Magnetventilblöcke (5,9) angehoben werden, wenn die Last auf der Antriebsachse (indirekt sensiert über Druckschalter) dies zuläßt, und jederzeit wieder gesenkt werden, z.B. um die Längsstabilität bei schneller Autobahnfahrt zu erhöhen.

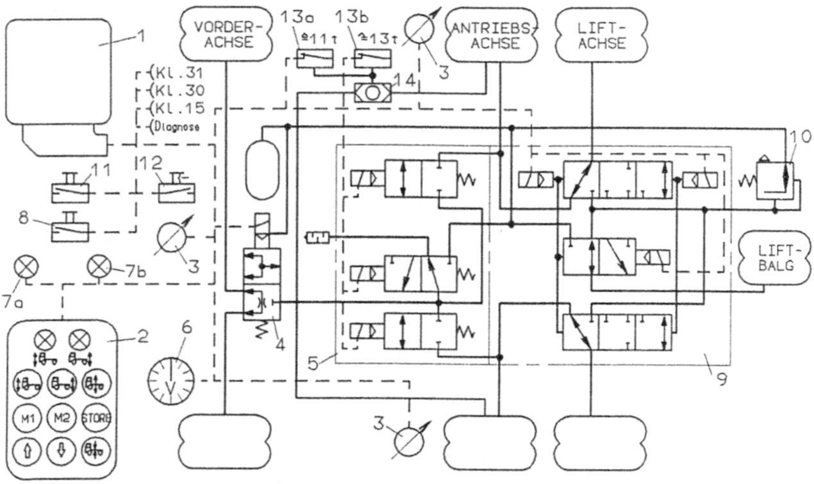

1 Elektronik
2 Fernbedienung
3 Wegsensor
4 Magnetventilblock (VA)
5 Magnetventilblock (AA)
6 Tachometer
7 Anzeigelampe
8 Bremslichtschalter
9 Magnetventilblock (LA)
10 Druckbegrenzungsventil (0,3bar)
11 Anfahrhilfeschalter
12 Liftachsschalter
13 Druckschalter
14 Wechselventil

Bild 3 Elektronisch gesteuerte Luftfederung fuer 6×2-LKW (ohne Drucksensoren)

- automatisches Liftachssenken

Die Liftachse wird automatisch gesenkt, wenn durch Beladung die zulässige Grenzlast (z.B. 11 t) auf der Antriebsachse überschritten wird. Ein automatisches ungewolltes Absenken der Liftachse während der Fahrt durch dynamische Druckspitzen ist ausgeschlossen.

- Anfahrhilfe

Zur Erhöhung der Traktion auf der Antriebsachse können - Über den Taster "Anfahren"(11) - die Liftachsbälge entlüftet und gleichzeitig der Hubbalg belüftet werden. Durch Vorwahl entsprechender Optionsparameter ist die Anfahrhilfe den jeweiligen Vorschriften leicht und weitgehend flexibel anpaßbar.

- Nullpunktverstellung

Mit dem Heben der Liftachse bzw. mit der Anfahrhilfe wird - für besseren Freigang der Liftachsräder _ das Normalniveau automatisch erhöht.

- Restdruckhaltung

Das Druckbegrenzungsventil (10) in der gemeinsamen Entlüftung der Bälge verhindert zerstörendes Knittern der Liftachs-Bälge.

2.4 Aufbau, Funktion 6x2-System für LKW (mit Drucksensoren)

Bei diesem System übernehmen Drucksensoren (10) die Aufgaben von Druckschalter, Wechselventil und Druckbegrenzungsventil (Schema: Bild 4; Foto der Hauptkomponenten: Bild 5).

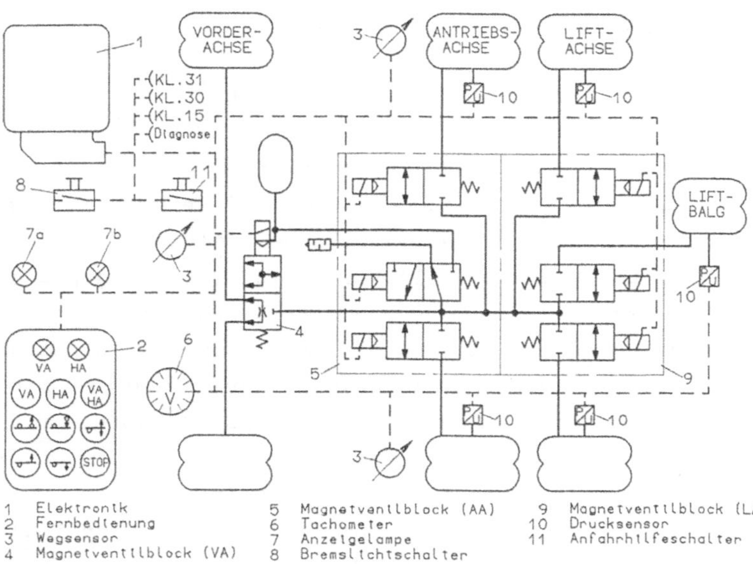

1 Elektronik
2 Fernbedienung
3 Wegsensor
4 Magnetventilblock (VA)
5 Magnetventilblock (AA)
6 Tachometer
7 Anzeigelampe
8 Bremslichtschalter
9 Magnetventilblock (LA)
10 Drucksensor
11 Anfahrhilfeschalter

Bild.4 Elektronisch gesteuerte Luftfederung fuer 6×2-LKW (mit Drucksensoren)

BILD 5 ECAS-KOMPONENTEN

Folgende Zusatzfunktionen sind realisiert:

- permanente optimale Traktionssteuerung

Für eine permanente optimale Traktion innerhalb der gesetzlich begrenzten Achslasten wird bei Beladung vorrangig nur die Antriebsachse belüftet, bis ein vorgegebener zulässiger Druck (entspr. 11 t) erreicht ist. Nur der darüber hinausgehende Lastanteil wird von der Liftachse übernommen, und zwar bis auch dort der zulässige Druck (entspr. 6 t) erreicht ist. Bei weitere Beladung in den Überlastbereich hinein übernimmt diesen Anteil dann die Antriebsachse mit ihren höheren Festigkeitsreserven.
Diese Steuerung bietet neben dem Vorteil einer optimalen Traktion auch höchste Flexibilität bei der Luftfederbalgdimensionierung. Eine exakte Balggrößenzuordnung an Liftachse und Antriebsachse ist nicht mehr nötig, so daß eine größere Palette von Fahrzeugen mit einem Minimum verschiedener Balgtypen abzudecken ist.

- Überlastschutz
Um Beschädigungen des Fahrzeuges durch Überbeanspruchung zu vermeiden, können vom Fahrzeughersteller die max. zulässigen Tragbalgdrücke durch entsprechende Parameterwahl begrenzt werden. Bei zu starker Überlast sinkt dann der Aufbau zwangsläufig ab und zwingt so den Fahrer zur Entladung.

2.5 Vorteile von ECAS

Gegenüber den unter 1. aufgeführten Nachteilen der konventionellen Luftfederung ergeben sich damit die folgenden wesentlichen Vorteile von ECAS:

- hohe Geschwindigkeit aller Regelvorgänge
- sehr geringer Luftverbrauch
- keine Regelung (Niveaukorrektur, Liftachs-Senken) aufgrund dynamischer Radlastverlagerung
- hoher Bedienkomfort
- optimaler Laderampenbetrieb
- günstige Installation
  - geringer Verrohrungsaufwand
  - geringes Bauvolumen
  - keine pneumatischen Leitungen im Fahrhaus
- hohe Systemflexibilität (Bandendeprogrammierung)
- hohe Flexibilität in Balgdimensionierung
- permanente optimale Traktion (nur mit Drucksensoren)
- beliebige Anfahrhilfeauslegung
- permanente optimale Traktion (nur mit Drucksensoren)
- Überlastschutz (nur mit Drucksensoren)
- keine Zustandsänderung beim Zündungsausschalten (weder Liftachs-Senken noch Normalniveau-Ausregelung)
- Warnung bei Fahrt mit Niveau ≠ Normalniveau
- Störungsanzeige und Diagnosemöglichkeit
- Minimaler Stromverbrauch (auch bei Fahrt mit angehobener Liftachse)
- Preisvorteil bereits beim Luftfedersystem für 4x2-LKW mit Höhenverstellung.

2.6 Semiaktive Fahrwerksregelung für Nfz

Insbesondere bei höherwertigen Pkw's sind Regelungen der Dämpferhärte als Stand der Technik bekannt. Derartige Regelungen ermöglichen, den klassischen Zielkonflikt zwischen Fahrkomfort und Fahrsicherheit zu entschärfen. Auch Luftfedern variabler Kennung - durch abschaltbare Zusatzvolumina - kommen hier in Betracht. Die Berücksichtigung dieser Techniken - in einem nächsten Entwicklungsschritt - auch für das Nutzfahrzeug liegt auf der Hand. Entwicklungsziel ist, eine relativ weiche Federung mit einer weichen Grunddämpfung zu kombinieren und die Dämpferhärte (oder auch Federhärte) im Bedarfsfall zu erhöhen.
Da alle Meßgrößen von ECAS wie Aufbauwege, Fahrgeschwindigkeit, Balgdrücke und Bremspedalpositon ebenfalls für eine Dämpferregelung zu berücksichtigen sind, liegt es nahe, ECAS und Dämpferregelung zu einer semiaktiven Fahrwerksregelung zu verbinden, was zu deutlichen Kostenvorteilen gegenüber zwei separaten Systemen führt.

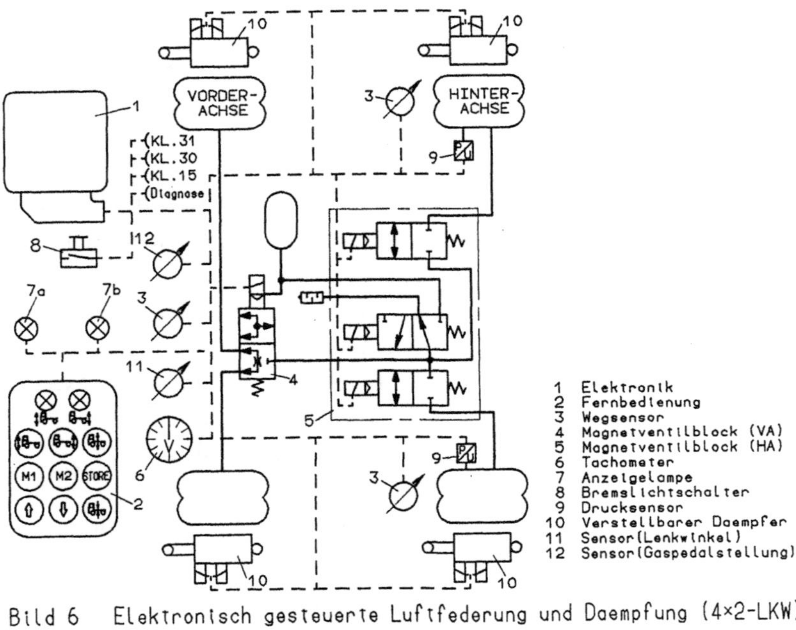

Bild 6 Elektronisch gesteuerte Luftfederung und Daempfung (4×2-LKW)

Ein Beispiel für eine Kombination von elektronisch gesteuerter Federung und Dämpfung ist in Bild 6 für einen 4x2-LKW dargestellt.
So werden neben den Personenkraftwagen auch Nutzfahrzeuge in Zukunft in stärkerem Maße geregelte Fahrwerke aufweisen, mit Kombinationen von leistungsfähigen Luftfeder- und Dämpferregelungs-Systemen. Wesentliche Verbesserungen hinsichtlich der Fahreigenschaften (Komfort, Ladegutschonung, Fahrsicherheit) und der Bedienung sind zu erzielen.

3. Luftfederungen in Leicht-Nfz und Pkw

Die Vorteile einer Luftfederung gegenüber einer konventionellen Federung auch für Leicht-Nfz (Transporter) und Pkw bedürfen nicht besonderer Erläuterung. Auch ist in der Literatur ausreichend berichtet worden, z.B. in [3],[4] und [5].

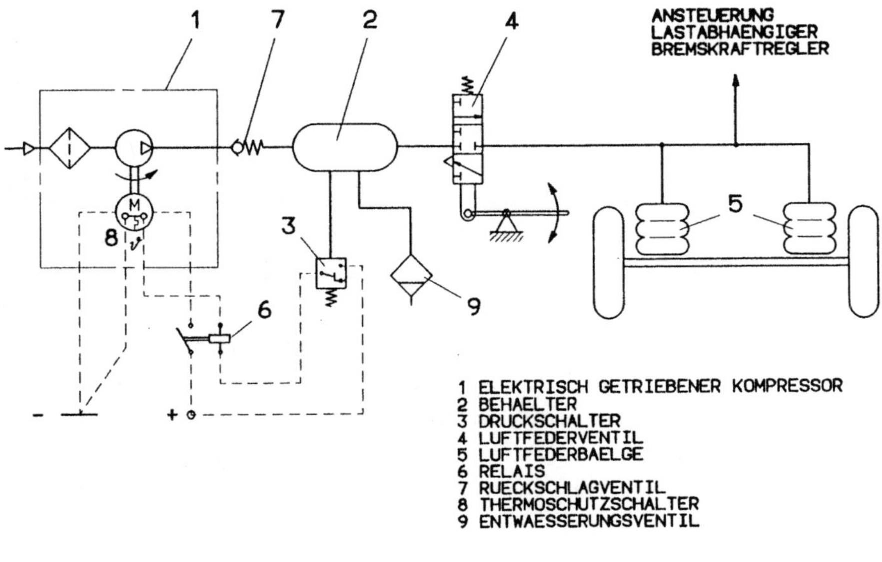

BILD 7 MECHANISCH GEREGELTE LUFTFEDERUNG FÜR LEICHT-LKW

Zwei grundsätzliche Arten von Luftfederungsanlagen sind hierbei anzutreffen:

3.1 Mechanisch geregelte Luftfederungsanlagen

Diese Art der Luftfederungsanlage ist gelegentlich in Leicht-Nfz anzutreffen, sie ist von der mechanischen Luftfederungsanlage des Nfz übernommen worden. Das Prinzipbild dieser Anlage zeigt Bild 7.

Der Vorteil einer solchen Anlage ist in dem einfachen mechanischem Aufbau zu sehen. Sie wird als "low-cost"-Anlage gehandelt, ist aber auch nur bedingt auf weitere Funktionen ausbaufähig. Alle Vorteile einer "intelligenten" Luftfederung, wie oben unter Kapitel 2 angeführt, können mit einer solchen Anlage nicht genutzt werden. Weiterhin muß - da kein Lufttrockner eingesetzt - bei diesen Anlagen mit Problemen bezüglich Kondenswasser zu rechnen ist. Um ein Einfrieren der Anlage im Winter zu verhindern, ist ein Entwässerungsventil am Kessel sowie der Einsatz einer Frostschutzpumpe erforderlich.

3.2 Elektronisch geregelte Luftfederungen

Bild 8 zeigt eine im Fahrzeug eingebaute elektronisch geregelte, volltragende Hinterachsluftfederung; Bild 9 stellt das zugehörige Funktionsschema dar. Bei dieser Anlage ist kein Druckspeicher erforderlich, der Kompressor wird bei Bedarf von der Elektronik eingeschaltet und fördert direkt über den Lufttrockner in die Luftfederbälge. Die Sensoren, induktiv und berührungslos arbeitend, werden entweder als separates Bauteil wie ein Luftfederventil zwischen Aufbau und Achse angeordnet und sensieren diesen Weg, oder sind, wie in diesem Fall, in die Luftfederglocke eingebaut. Eine weitere Möglichkeit, die auch angewendet wird, ist der Einbau des Sensors in die Staub-

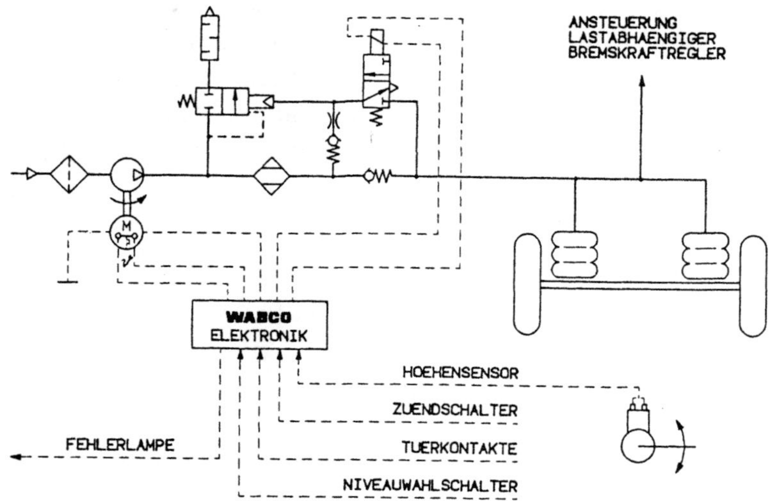

BILD 8 FUNKTIONSSCHEMA ELEKTRONISCH GEREGELTE HINTERACHS-LUFTFEDERUNG

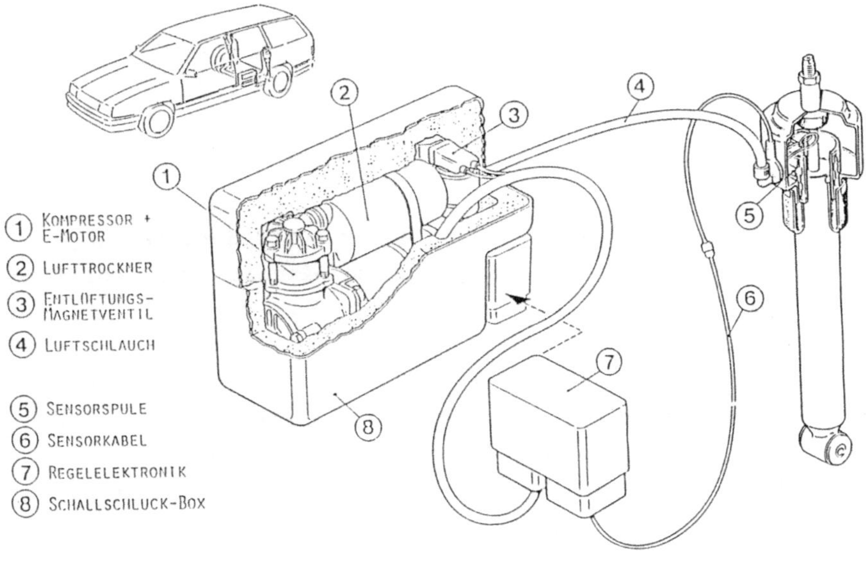

BILD 9 ELEKTRONISCH GEREGELTES LUFTFEDERSYSTEM FÜR TRANSPORTER UND PKW

schutzkappe des Stoßdämpfers (Bild 10). Der Vorteil der beiden letztgenannten Möglichkeiten besteht darin, daß der Sensor geschützt eingebaut ist und kein zusätzlicher Einbauaufwand im Fahrzeug erforderlich ist. Das Meßprinzip dieser Sensoren ist dasselbe wie beim Nfz-System; in [3] genauer beschrieben.

BILD 10 INDUKTIVER SENSOR (EINBAUBEISPIELE)

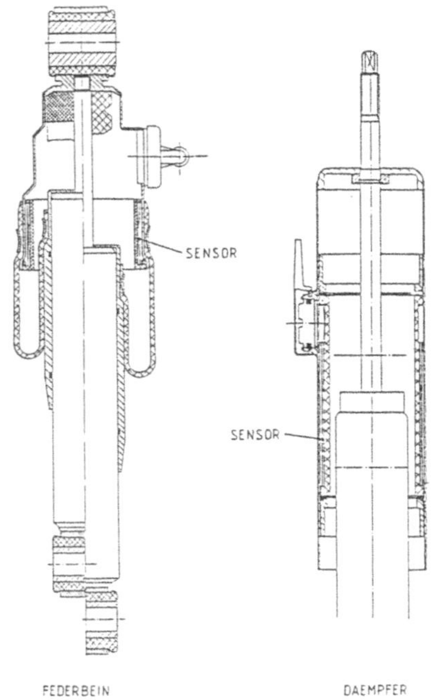

Auch die Niveau-Regelungsstrategie der Luftfederungsanlage nach Bild 8/9 ist der des Nfz vergleichbar und bedarf keiner gesonderten Erläuterung.

Kostenvergleiche haben gezeigt, daß eine elektronisch geregelte Luftfederungsanlage ebenso kostengünstig sein kann wie eine mechanisch geregelte, den gleichen Leistungsumfang vorausgesetzt. Die elektronische Anlage hat jedoch den großen Vorteil, daß wegen des Einsatzes eines Lufttrockners Feuchtigkeitsprobleme nicht zu erwarten sind. Weiterhin kann nur durch Tausch der Elektronik die Anlage schnell auf weitere Funktionen (z.B. Laderampenanpassung) erweitert werden.

Der Vollständigkeit wegen sei angemerkt, daß es neben der erwähnten Einachsluftfederungsanlage auch Zweiachsanlagen gibt. Bei diesen Anlagen sind die Vorder- und die Hinterachse mit Luftfederbälgen ausgerüstet.

3.3 Komponenten

3.3.1 Kompressor

Um eine Verschmutzung der Pneumatikkomponenten wie z.B Magnetventile und Lufttrockner mit Öl zu verhindern, werden im PKW nur Trockenlaufkompressoren eingesetzt. Dieses stellt besondere Anforderungen an die hoch beanspruchten Komponenten Zylinderlaufbuchse, Kolbenring und Pleuellager. Als Kolbenringwerkstoff haben sich Kunststoffe wie gefülltes PTFE bewährt; als Pleuellager werden vielfach dauergeschmierte Rillenkugenlager eingesetzt.

Ist als Einbauort des Kompressors der Außenbereich der Fahrzeugkabine, zum Beispiel der Motorraum, vorgesehen, so werden hier die üblichen Anforderungen an die Korrosionsbeständigkeit sowie an die elektrische Schutzart gestellt. Beim Einbau des Kompressors in die Fahrgastkabine gelten besondere Anforderungen bezüglich der Schallemission. Um eine Geräuschbelästigung der Passagiere zu vermeiden, wird der Kompressor in diesem Fall mit einem Schallschutzgehäuse gekapselt.

Antrieb

Vorteilhafterweise wird der Kompressor von einem Gleichstrommotor angetrieben. Folgende Vorteile ergeben sich gegenüber der Möglichkeit, den Kompressor direkt vom Verbrennungsmotor antreiben zu lassen:

- das Kompressoraggregat ist fahrzeug- und motorunabhängig für verschiedene Anwendungen einsetzbar

- es kann exakt der gleiche Verbrennungsmotor für PKW's mit und ohne Pneumatik verwendet werden, Sonderentwicklungen und Stückzahlsplitting sind nicht erforderlich
- Der Kompressor kann an beliebigen Stellen im PKW untergebracht werden
- die großen Drehzahlschwankungen des Verbrennungsmotors (Leerlauf-Höchstdrehzahl etwa 1:10) und die damit einhergehende Schwankung der Fördermenge des Kompressors entfällt
- auch bei abgeschaltetem Verbrennungsmotor kann Druckluft mit Hilfe der gespeicherten elektrischen Energie der Batterie erzeugt werden. Beim Antreiben des Kompressors über den Verbrennungsmotor wäre dieses nur aus einem Druckluftspeicher möglich

Als Nachteile des elektrischen Antriebs sind zu nennen:

- nur begrenzte Leistungsfähigkeit des Kompressors infolge einer limitierten Batterie- und Lichtmaschinenkapazität im PKW möglich, d.h., ein direkt am Verbrennungsmotor angeflanschter Kompressor kann von "beliebiger" Leistungsfähigkeit gebaut werden, weil das große Leistungspotential des Verbrennungsmotors zur Verfügung steht.
  Die übliche Leistungsaufnahme eines elektrisch angetriebenen Kompressors ist: 150 W - max. 400 W
- der Wirkungsgrad eines elektrisch angetriebenen Kompressors muß gegenüber dem direkt angetriebenen schlechter sein, weil eine doppelte Energieumsetzung erforderlich ist. Wegen der geringen erforderlichen Einschaltdauer und damit Energieaufnahme des elektrisch betriebenen Kompressors ist dieser Punkt jedoch nicht weiter relevant.

Weiterhin sollte in diesem Zusammenhang nicht unerwähnt bleiben, daß ein direkt angetriebener Kompressor aus Gründen des Gesamtwirkungsgrades, der Regelmöglichkeit und der zu erwartenden Lebensdauer nur mit Hilfe einer schaltbaren Kupplung von dem Verbrennungsmotor angetrieben werden könnte. Die daraus resultierenden Kosten würden etwa in gleicher Größenordnung wie die eines Gleichstrommotors sein, so daß ein wesentlicher Kostenvorteil nicht zu erwarten ist.

Zusammenfassend : direkt angetriebene Kompressoren sind für den Einsatz im PKW in der nächsten Zukunft nicht zu erwarten.Permanenterregte Gleichstrommotoren als Antrieb für den Einsatz im PKW haben sich nicht nur für Kompressoren, sondern auch z.B. als Antrieb für Hydraulikpumpen seit Jahren bewährt.

Kompressorgröße

Im PKW sind z.Z. hauptsächlich zwei Kompressorgrößen eingeführt:

- 10 ccm Kompressoren, Leistungsaufnahme etwa 150 W
- 22 ccm Kompressoren, Leistungsaufnahme etwa 300 W

Die Förderkennlinien dieser beiden Kompressorgrößen sind vergleichend in Bild 11 dargestellt.
Vom erforderlichen Energieaufwand aus betrachtet, der zur Erzeugung einer gewissen Menge Druckluft benötigt wird, ist es natürlich gleich, welche Kompressorgröße eingesetzt wird (gleicher Wirkungsgrad vorausgesetzt). Die Leistungsaufnahme des kleineren Kompressors ist zwar geringer, dafür muß er jedoch länger laufen, um die gleiche Menge Druckluft zu erzeugen. Wird aber kurzfristig eine größere Menge Druckluft benötigt, z.B. um kurze Ausregelzeiten bei Luftfederungsfahrzeugen zu erreichen, ist ein leistungsstarker Kompressor absolut von Vorteil. Um mit dem kleineren Kompressor ähnliche "Druckluftleistungen" zu erreichen, ist ein Druckluftspeicher mit dem erforderlichen Schaltungs- und Bauraumaufwand erforderlich.

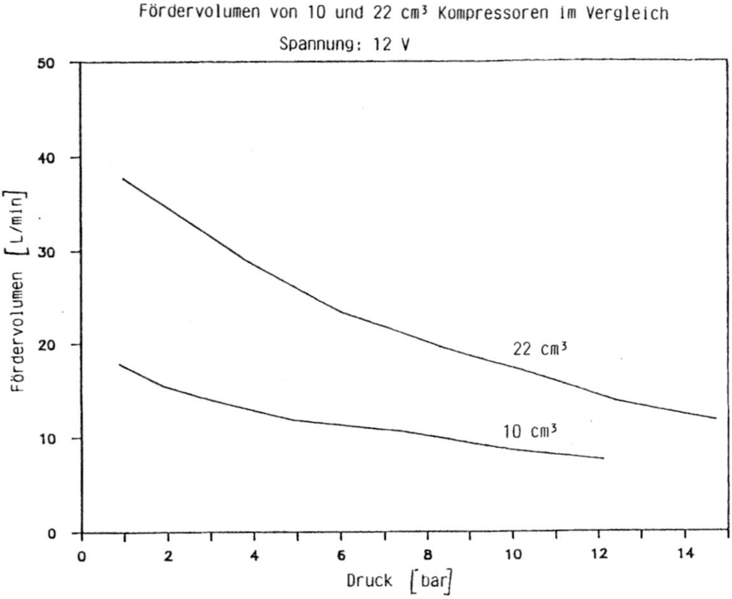

BILD 11 FÖRDERVOLUMEN VON KOMPRESSOREN 10/22 CM^3

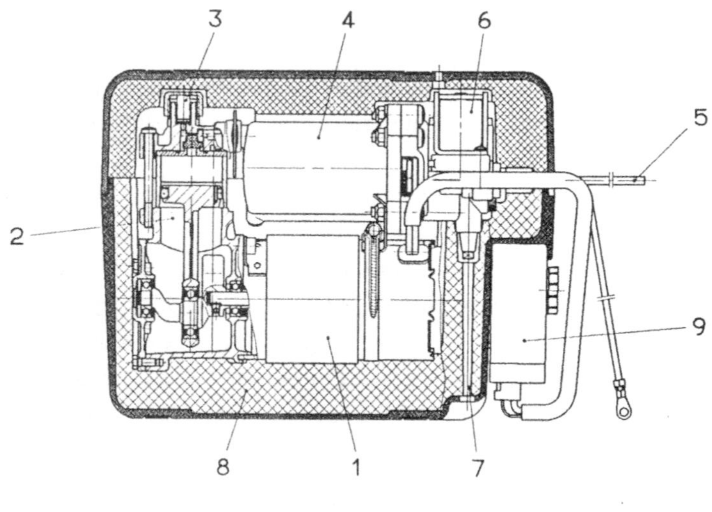

1 GLEICHSTROMMOTOR
2 KOMPRESSOR
3 SICHERHEITSVENTIL
4 LUFTTROCKNER
5 DRUCKAUSGANG
6 MAGNETVENTIL
7 ENTLUEFTUNG
8 SCHALLSCHUTZGEHAEUSE
9 ELEKTRONIK

BILD 12 KONSTRUKTIVE LÖSUNG KOMPRESSORAGGREGAT $22CM^3$

Konstruktive Lösung
Bild 12 zeigt einen 22 ccm Kompressor, wie er im PKW eingesetzt wird. Die Hauptmerkmale dieser Konstruktion sind das direkt an den Gleichstrommotor (1) angeflanschte Kurbelgehäuse, das neben der Kurbelwellenlagerung auch ein im Bild nicht gezeigtes Ansaugfilter aufnimmt. Über den PTFE-Kolbenring, der im Kopf des auf der Kurbelwelle über ein dauergeschmiertes Kugellager gelagerten Pleuel angeordnet ist, gelangt die angesaugte Luft in den Zylinder. Durch den Zylinderkopf, der neben dem Druckventil auch ein Sicherheitsventil (3) aufnimmt, strömt die komprimierte Luft in einen Lufttrockner (4), dessen Funktionsweise nachfolgend beschrieben wird. Über den Ausgang (5) wird die Druckluft in das Pneumatiksystem abgegeben. Aus Schallschutzgründen ist der Kompressor in eine Kapselung (8) eingebaut, die auch die zur Regelung einer Luftfederungsanlage benötigte Elektronik (9) aufnimmt. Oft ist der Elektromotor als Überlastschutz mit einem Thermoschutzschalter versehen.

3.3.2 Lufttrockner

Um Kondenswasser-Anfall im Druckluft-System und den damit verbundenem Korrosionsproblem und der Einfriergefahr im Winter entgegenzutreten, werden zur Trocknung der Luft im PKW fast ausschließlich regenerativ arbeitende Lufttrockner eingesetzt.

Als Trockenmittel im Lufttrockner werden Molekularsiebe verwendet. Dieses sind synthetisch hergestellte kristalline Metall-Alumino-Silikate, die durch Entfernen des Kristallwassers aktiviert werden. Da sich die Struktur während der Entwässerung wenig oder gar nicht verändert, bilden sich ungewöhnlich hochporöse Materialien, die eine starke Affinität für Wasser zeigen. Das Silikat wird mit einem besonderen Lehmbinder vermischt, gepreßt und dann getrocknet. Molekularsiebe werden in Pulverform, Stäbchen oder Kugeln hergestellt. Sie können je nach Temperatur etwa 20% ihres Eigengewichtes an Wasser speichern.

Da der Lufttrockner wegen des Einsatzes von Trockenlaufkompressoren im PKW nur mit ölfreier, sauberer Luft versorgt wird, ist das Silikat für die Lebensdauer des Fahrzeugs wartungsfrei und braucht nicht gewechselt zu werden.

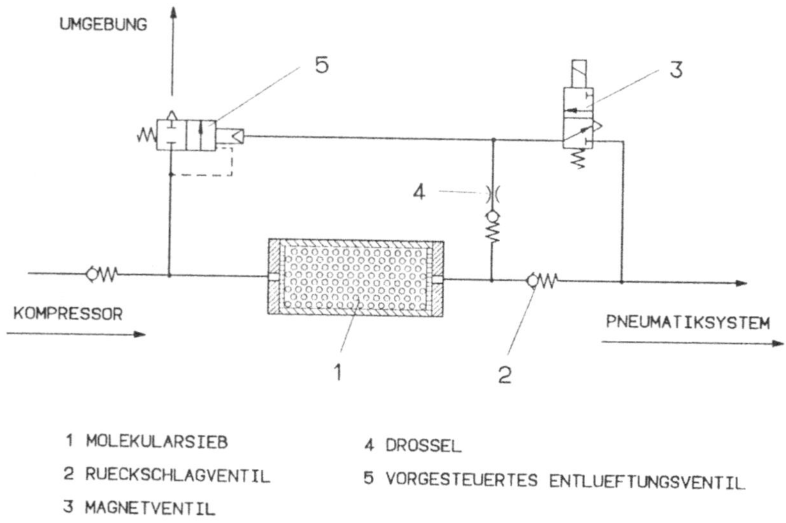

BILD 13 FUNKTIONSSCHEMA REGENERATIVER LUFTTROCKNER

Funktionsprinzip

Bild 13 zeigt das Funktionsprinzip eines regenerativ arbeitenden Lufttrockners. Wasserhaltige Druckluft durchströmt das Molekularsieb (1), wobei ihr Wasser entzogen und im Molekularsieb zwischengespeichert wird. Die Druckluft verläßt trocken über das Rückschlagventil (2) den Lufttrockner und gelangt in das Pneumatiksystem. Während der Regenerationsphase wird die trockene Luft, die in dem Pneumatiksystem als Abfalluft anfällt, in den Trockner zurückgeführt, indem das Magnetventil (3) auf Durchgang geschaltet wird. Vorher wird die Luft noch in einer Drossel (4) entspannt, wodurch die relative Feuchte der trockenen Luft noch weiter abnimmt. Mit dieser zurückströmenden Luft wird das Molekularsieb regeneriert, d.h., das zwischengespeicherte Wasser wird an die Regenerationsluft abgegeben und mit ihr über das vorgesteuerte Ventil (5) an die Umgebung abgeführt. Der Vorteil der hier vorgestellten Ventilanordnung im Trockner ist, daß nur verschärfte Dichheitsanforderungen an das Magnetventil (3) und an das Rüchschlagventil (2) zu stellen sind. An alle übrigen Komponenten des Trockners können normale Dichtheitsanforderungen gestellt werden. Dieser Vorteil ist nicht bei allen auf dem Markt verfügbaren Lösungen gegeben.

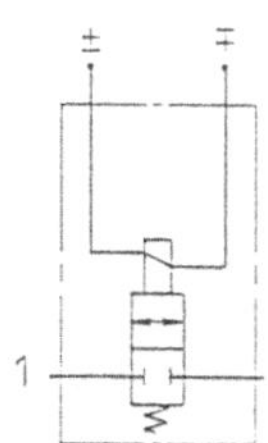

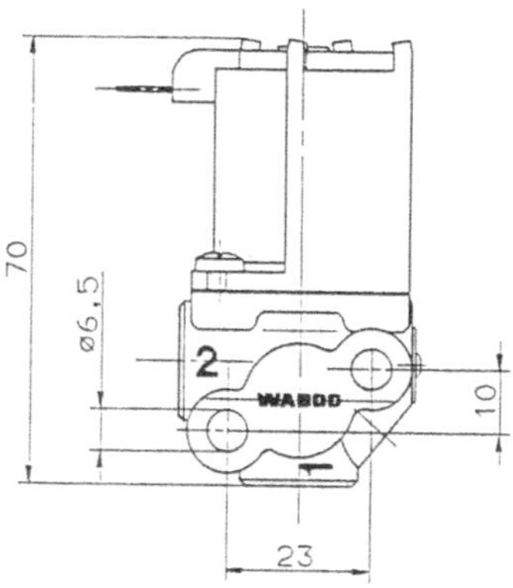

BILD 14 2/2-MAGNETVENTIL
NW 1, 12V, 0,8A

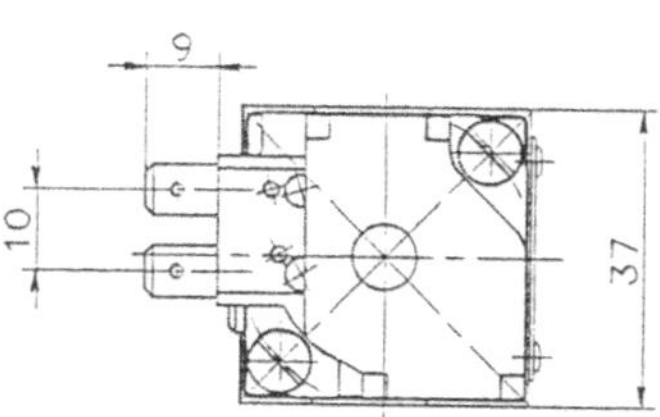

3.3.3 Magnetventile

Die Anforderungen an die Magnetventile sind recht vielfältig und richten sich nach der Anwendung. Die erforderliche Magnetkraft wird von der Nennweite und von der zu schaltenden Druckdifferenz bestimmt, die Nennweite beeinflußt den Durchflußwiderstand. Üblich sind 2/2 Magnetventile wie in Bild 14 gezeigt. Dieses Ventil der NW 1 wird z.B. in Luftfederungsanlagen eingesetzt. Es bietet sich an, die Magnetventile, die relativ klein sind, im

Fahrgastraum unterzubringen, weil dann wegen der geringeren Schutzartanforderung kostengünstigere Magneten und Steckverbindungen eingesetzt werden können. Das Magnetventil mit einem Elektronikgehäuse gekoppelt, stellt eine besonders wirtschaftlichen Steuereinheit dar.

3.3.4 Pneumatikleitungen/Anschlüsse

Als Pneumatikleitungen kommen Rohre aus Polyamid 11 nach DIN 73378, Größe 5*1 oder 6*1 zum Einsatz. Sie besitzen im spezifiziertem Temperaturbereich eine ausreichende Festigkeit und lassen sich relativ leicht, z.B. zusammen mit elektrischen Leitungen verlegen. Auch werden diese Rohre auf Kundenwunsch als Formteile gefertigt, wodurch sich noch günstigere Verlegungsmöglichkeiten ergeben.
Für Verbinder und Anschlüsse dieser Rohre sind die verschiedenartigsten Schraub- und Stecksysteme auf dem Markt verfügbar. Welches eingesetzt wird, hängt von der zu erfüllenden Aufgabe ab. Es sei darauf hingewiesen, daß jede Verbindung eine potentielle Leckagestelle darstellt und somit einer besonderen Aufmerksamkeit zu widmen ist.

3.4 Marktsituation, Felderfahrungen, Ausblick

In der Vergangenheit war die Luftfederung nur mit mäßigem Erfolg einigen wenigen exklusiven Modellen (z.B. Borgward 2600, Mercedes 300 und 600) vorbehalten. Seit einigen Jahren werden insbesondere japanische und amerikanische Fahrzeuge zunehmend mit dieser Technik ausgerüstet, aber auch erste europäische Automobilhersteller sind seit 1989 mit volltragenden Luftfedern an der Hinterachse in Serie [1],[2]; weitere werden in Kürze folgen.
Die Felderfahrungen sind durchweg positiv, ohne irgend welche Zuverlässigkeitsprobleme.
So ist absehbar, daß in den nächsten Jahren die Luftfederung ihren festen Platz auch im PKW erhalten und sich weiter durchsetzen wird. Sie wird einen Entwicklungsschub auch für weitere Pneumatik-Anwendungen im Pkw auslösen.

Literaturhinweise

[1] C.Hildebrandt, H.Schuster: Der neue Passat.
ATZ 90 (1989) 11, .587-596

[2] Neues elektronisch gesteuertes Luftfeder-Dämpfer-System.
Fahrzeug u. Karosserie 42(1989) 3, S.46-47

[3] K.H.Schönfeld, K.H.Hesse: Development of an electronically controlled air suspension system for passenger cars.
SAE-Paper 885037 (1988)

[4] W.Dreyer: Integrierter Forschungsvolkswagen IRVW3.
ATZ 87(1985) 2, S.51-57

[5] F.J.Laermann, H.Koenigsfeld: Verbesserung von Komfort und Fahrverhalten durch adaptive Änderungen von Fahrwerksparametern.
SAE-Paper 865113 (1986)

[6] R.Sander: Auf der Höhe. Mot-Technik 13/1989

Bildnachweis: WABCO Westinghouse Fahrzeugbremsen GmbH
3000 Hannover

Von der Niveauregulierung zur Aktiven Federung: Erkennbare Entwicklungstendenzen

von H. Wallentowitz, D. Konik

1. Einleitung

Im voranstehenden Beitrag ist verdeutlicht worden, mit welchen Mitteln und mit welcher Qualität heute Niveauregulierungssysteme in der Praxis eingesetzt werden. Die dabei betrachtete elektronisch geregelte Luftfederung für Nutzfahrzeuge kann in ganz ähnlicher Weise natürlich auch bei Personenwagen eingesetzt werden. In der Praxis tun sich diese Systeme bei ihrer Realisierung meist schwer, weil sie, gemessen an ihrer Leistungsfähigkeit, vermeintlich viel zu teuer sind. Die Forscher gehen dann lieber gleich einen Schritt weiter und entwickeln eine "richtige" zukunftsträchtige Federung, die dann als "aktive Federung" bezeichnet wird.

Die Bemühungen zur aktiven Federung gibt es auch bereits sehr lange. Ich erinnere mich an den Beginn der 70er Jahre, als an der TU in Braunschweig für einen Lieferanten eine aktive Federung entwickelt werden sollte. Herkommend von der reinen Wissenschaft hat sich damals gezeigt, daß die servohydraulischen Aggregate zu große Totzeiten aufgewiesen haben. Eine stabile aktive Federung war nicht hinzugekommen. Bei den Elektroniken wurde weitgehend noch in Analogtechnik gedacht. In der Zwischenzeit hat sich auf dem elektronischen und auf dem servo-hydraulischen Gebiet soviel geändert, daß sich eine erneute Bearbeitung des Themas gelohnt hat. Lassen Sie uns mit Hilfe der offengelegten Patentanmeldungen einmal nachsehen, was sich in den vergangenen fünf Jahren im wesentlichen getan hat.

2. Fahrzeugtechnische Auswirkungen durch aktive Beeinflussung von Federung und Dämpfung

Aktive Beeinflussung soll im folgenden so verstanden werden, daß dem betrachteten System in irgendeiner Form Hilfsenergie zur Verfügung gestellt werden muß. Je nach Qualität des Ergebnisses oder Intelligenz des Verfahrens kann das sehr wenig Energie sein (z.B. das Schalten von Stoßdämpfern), oder es werden mehrere Kilowatt erforderlich sein (z.B. voll aktive Federung). Die Definition "aktiv" soll also nicht von der Höhe der zusätzlich aufzuwendenden Energie abhängig gemacht werden.
Sieht man sich eine Achse an (Bild 1), dann sind es (die Reifen außer acht gelassen) vor allem die Stoßdämpfer, die Aufbaufedern und die Stabilisatoren, die sich durch aktive Eingriffe in ihrem Verhalten verändern lassen. Was durch aktive Beeinflussung prinzipiell an fahrzeugtechnischen Verbesserungen zu erreichen sein wird, soll in den folgenden Abschnitten mit Hilfe einfacher theoretischer Abschätzungen erläutert werden.

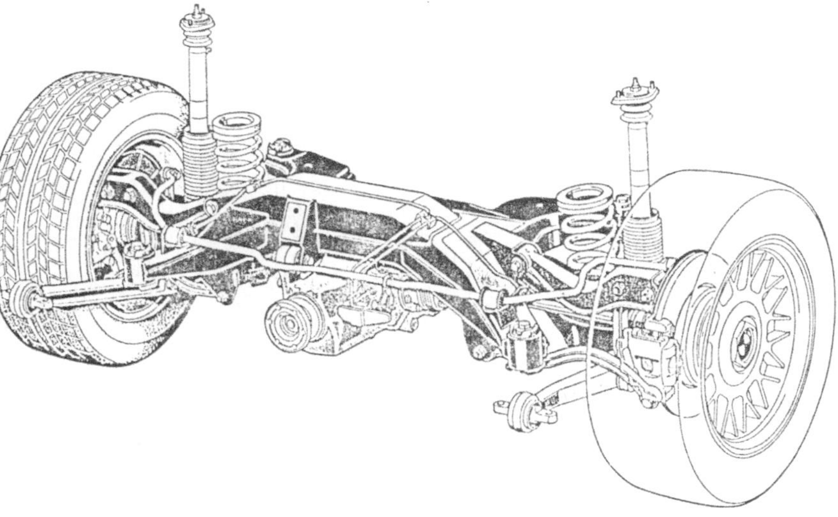

Bild 1: Anordnung von Dämpfern, Federn und Stabilisator an der Integral-Hinterachse

2.1 Aktiv beeinflußte Stoßdämpfer

Aktiv beeinflußte Stoßdämpfer sind solche, die der Fahrbahn oder der Fahrsituation angepaßt so verstellt werden, daß stets der beste Kompromiß zwischen Fahrkomfort (ausgedrückt durch die Aufbaubeschleunigung) und Fahrsicherheit (als Maß sei die dynamische Radlastschwankung verwendet) erreicht wird. Die Unterschiede zwischen einer Radaufhängung mit weichem und einer mit einem harten Dämpfer zeigt als Amplitudengänge für Aufbaubeschleunigung und für Radlastschwankung Bild 2. Man erkennt deutlich die beiden Frequenzbereiche Aufbau- und Achseigenfrequenz. Der harte Dämpfer vermindert die Aufbaubewegungen im Aufbaueigenfrequenzbereich. Die Aufbaubewegungen im Achsfrequenzbereich werden von den unterschiedlichen Dämpferkennlinien nur unwesentlich beeinflußt. Negative Auswirkungen hat die harte Dämpferauslegung jedoch im gesamten Frequenzbereich zwischen Aufbau- und Achseigenfrequenz. Hier liegen die Frequenzen, mit denen der Sitz (damit auch der Magen des Fahrers) und die Aggregate wirksam angeregt werden können.
Im Amplitudenverlauf der Radlastschwankung erkennt man durch den Einsatz weicher Dämpfer sowohl eine Amplitudenüberhöhung im Aufbau- als auch im Achseigenfrequenzbereich.

Trägt man die Zusammenhänge zwischen Fahrkomfort und Radlastschwankungen in einem Diagramm auf und verändert nur die Dämpferkennlinien, dann ergeben sich für Fahrten auf Straßen mit stochastisch normalverteilten Unebenheiten charakteristische Zusammenhänge, wie sie in Bild 3 dargestellt worden sind. Es gibt einen günstigen Bereich, in dem beide Beurteilungsgrößen relativ klein und damit gut sind. Diese Werte gelten für übliche Fahrzeugabstimmungen. Im übrigen Kurven-

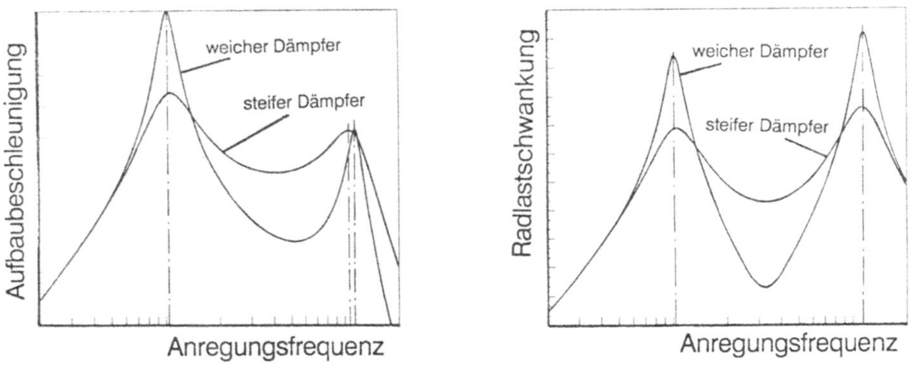

Bild 2: Berechnete Aufbaubeschleunigungen und Radlastschwankungen bei unterschiedlichen Stoßdämpferkennlinien

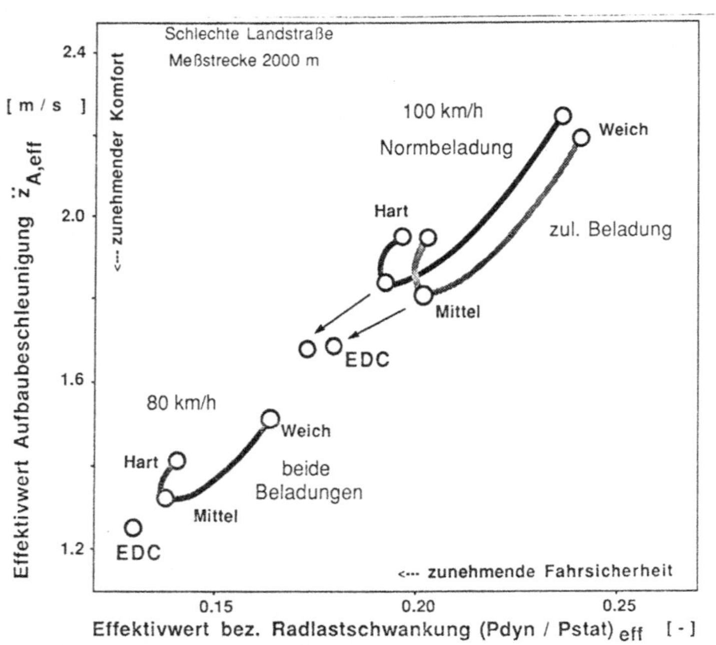

Bild 3: Beeinflussung von Fahrkomfort und Fahrsicherheit durch Veränderung der Stoßdämpferkennlinien

verlauf werden beide Größen immer schlechter. Die bisherigen Betrachtungen gingen davon aus, daß die Dämpfer über eine längere Zeit in dem verstellten Zustand gehalten werden. Indem diese Zeitkonstanz aufgelöst wird, und dem Fahrzustand entsprechend die Kennlinien geschaltet werden, ergibt sich ein neuer Freiheitsgrad. Mit einem entsprechenden Regelalgorithmus, der diese bedarfsgerechte Umschaltung zwischen den verschiedenen Dämpferkennlinien besorgt, kann sowohl die Fahrsicherheit als auch der Fahrkomfort gesteigert werden. Diese Verbesserungen lassen sich, wie Bild 3 als Ergebnis von Messungen zeigt, bei verschiedenen Beladungen und bei verschiedenen Fahrgeschwindigkeiten erreichen.

Zusammenfassend kann zur aktiven Verstellung von Stoßdämpfern festgestellt werden, daß sie sowohl bei Bewegungen mit Aufbaueigenfrequenz als auch bei Bewegungen mit Achseigenfrequenzen stark dämpfend wirken sollen. Bei Bewegungen mit anderen Frequenzen sollten sie möglichst gar nicht wirken. Solche frequenzselektiven Stoßdämpfer sind bis heute nur näherungsweise realisiert worden.

2.2 Aktiv beeinflußte Aufbaufedern

Auch den Einfluß der Aufbaufedern untersucht man für Prinzipaussagen am besten mit Hilfe eines Zweimassen-Modelles. In

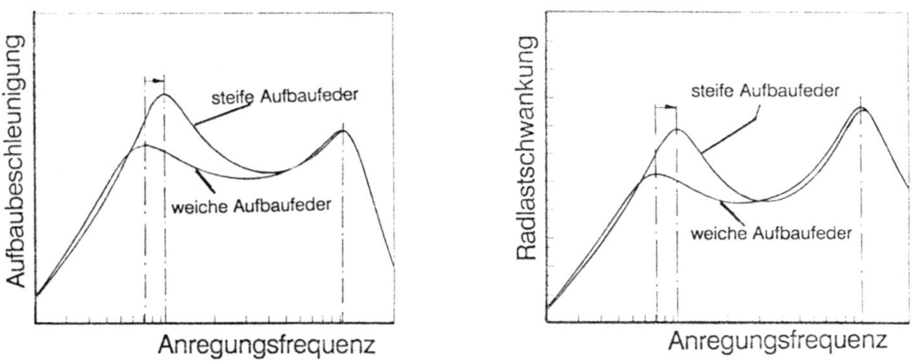

Bild 4: Berechnete Aufbaubeschleunigungen und Radlastschwankungen bei unterschiedlichen Aufbaufedersteifigkeiten

Bild 4 sind wieder die Amplitudengänge für die Aufbaubeschleunigung und für die Radlastschwankung bei verschieden weichen Aufbaufedern eines Fahrzeuges dargestellt worden. Es zeigt sich, daß die weiche Aufbaufeder im Bereich der Aufbaueigenfrequenz sowohl die Amplituden der Aufbaubeschleunigung als auch der Radlastschwankungen verringert. Im Bereich der Achseigenfrequenz ergeben sich nur sehr geringe Unterschiede in den Amplituden, gleichgültig wie weich die Aufbaufeder ausgelegt wird (das gilt zumindest im Rahmen der praktisch realisierbaren Federsteifigkeiten der Fahrzeugtragfedern).

Zusammenfassend lassen sich als Anforderungen an die Aufbaufederung formulieren, daß sie zur Steigerung des Fahrkomforts so weich wie möglich gemacht werden sollte. Aus Gründen des verfügbaren Bauraumes für die Federwege und wegen der großen statischen Einfederungen bei Beladungsänderungen verbieten sich normalerweise sehr weiche Aufbaufedern. Die Situation wird jedoch besser, wenn die Niveaulage durch aktive Eingriffe (Energiezufuhr) nach Beladungsänderungen wieder ausgeglichen wird. Damit zeigt sich bereits, daß mit aktiven Federungen - bei denen die Niveaulage sogar dynamisch ausgeglichen werden kann - eine weitere Verbesserung des Fahrkomforts erreicht werden kann.

Das einfache Rechenbeispiel in Bild 4 verdeutlicht jedoch auch, daß die Verhältnisse im Achseigenfrequenzbereich durch Federveränderungen nicht nachhaltig verbessert werden können. Hier kann allerdings, wie Bild 2 gezeigt hat, eine auf den Achseigenfrequenzbereich ausgerichtete dynamische Dämpfkraftverstellung helfen.

2.3 Aktiv beeinflußter Stabilisator

Die an der Vorder- und manchmal auch an der Hinterachse angeordneten Stabilisatoren dienen vor allem der Fahrzeugstabilisierung bei Kurvenfahrt, d.h. es soll eine zu große Wankbewegung verhindert werden. Erreicht wird das, indem die Einfederbewegung des kurvenäußeren Rades auch auf das kurveninnere Rad übertragen wird und dieses Rad ebenfalls zum Einfedern gezwungen wird. Bild 5 soll diese Zusammenhänge verdeutlichen. Insgesamt federt das Fahrzeug bei Kurvenfahrt also ein. Treten bei Geradeausfahrt die Unebenheiten auf den beiden Fahrzeugseiten gleichzeitig auf, dann wirkt der Stabilisator nicht und er bewegt sich mit den Radführungselementen gemeinsam. Je steifer der Stabilisator ausgeführt wird, umso weniger groß sind die von ihm bei Kurvenfahrt zugelassenen Rollwinkel.
Negativ wirken sich bei sehr stabilen Stabilisatoren einseitige Bodenunebenheiten aus. Durch die erzwungene Einfederung des Rades auf der ebenen Fahrbahn wird die Rollbewegung des Fahrzeugaufbaus in diesen Fahrsituationen unangenehm vergrössert.

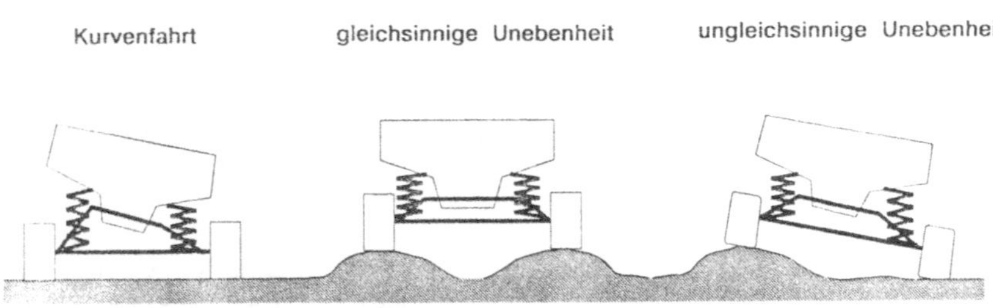

Bild 5: Stabilisatorauswirkungen bei unterschiedlichen Fahrsituatiuonen

Damit ergibt sich für aktive Eingriffe in den Stabilisator bereits der Wunsch, daß der aktive Stabilisator auf einseitige Unebenheiten mit einer "weichen" Feder reagiert, während er bei Kurvenfahrt eine "harte" Feder haben sollte. Zwei Entwicklungsrichtungen lassen sich damit unterscheiden:

a) schaltbare Stabilisatoren, die bei Kurvenfahrt eine harte Feder einstellen. Tritt eine einseitige Unebenheit bei Kurvenfahrt auf, so führt die härtere Stabilisatorfeder zu Komforteinbußen. Der Zielkonflikt zwischen Fahrkomfort und Fahrsicherheit bleibt prinzipiell erhalten.

b) aktive Stabilisatoren, die gleichzeitig eine "harte und eine weiche" Feder einstellen können. Einseitige Unebenheiten führen bei diesen ideal wirkenden aktiven Stabilisatoren immer zu vernachlässigbar kleinen Momenten - auch bei Kurvenfahrt -, obgleich sie bei Kurvenfahrt ein Abstützmoment zur Verfügung stellen, das dem Rollmoment entgegenwirkt und damit nur kleine Rollwinkel auftreten läßt.

Dieses bedarfsgerechte Einstellen der Momente des ideal wirkenden aktiven Stabilisators läßt sich sinngemäß auch auf Federung und Dämpfung übertragen. Ideale aktive Tragsysteme stellen bedarfsgerechte Aufbaukräfte ein, wobei sie auf Unebenheiten "weich" reagieren - sie lassen die Räder weitgehend dem Straßenprofil folgen - und gleichzeitig "hart" auf Bewegungen reagieren, die durch Kurvenfahrten sowie durch Anfahr- und Bremsvorgänge entstehen. Im Unterschied zu schaltbaren Feder-Dämpfer-Elementen heben ideale aktive Tragsysteme den Zielkonflikt zwischen Komfort und Fahrsicherheit weitgehend auf. Beide Kriterien können unabhängig voneinander optimiert werden.

Dem funktionalen Vorteil stehen ein vergrößerter Aufwand und Energiebedarf gegenüber. Das wird im Laufe dieses Beitrages noch deutlich werden.

3. Vorgeschlagene aktive Federungssysteme

Die gerade als wünschenswert dargestellten Verbesserungsmöglichkeiten bei den verschiedenen Fahrwerkselementen haben sich auch in den angemeldeten Patenten niedergeschlagen. Im folgenden wird im wesentlichen auf die Anmeldungen der vergangenen fünf Jahre eingegangen, da sich in dieser Zeit besonders viel entwickelt haben. Die inzwischen verfügbare Technologie hat diese Fortschritte ermöglicht.

3.1 Maßnahmen an Stabilisatoren

Seit 1985 läßt sich erkennen, daß in größerem Umfang über aktive Beeinflussungen an den Stabilisatoren nachgedacht wird. In den Bildern 6 und 7 sind Vorschläge aus umfangreichen Patentanmeldungen der Fa. Toyota zusammengestellt worden [1,2,3,4]. In Bild 6 werden Verschiebungen einer auf dem Stabilisator angebrachten Hülse gezeigt, die den in Fahrzeugmitte aufgetrennten Stabilisator im Bedarfsfall formschlüssig verbinden kann. Die Vorschläge in Bild 7 verändern die Stabilisatorwirkung dadurch, daß die Stabilisator-Anlenkungen an den Achslenkern verschoben werden, bzw. dadurch, daß die Anlenkung des Stabilisators an dem Lenker über eine im Bedarfsfall sperrbare Hydraulik realisiert wird. Diese letztere Lösung begünstigt beispielsweise das Überfahren einseitiger

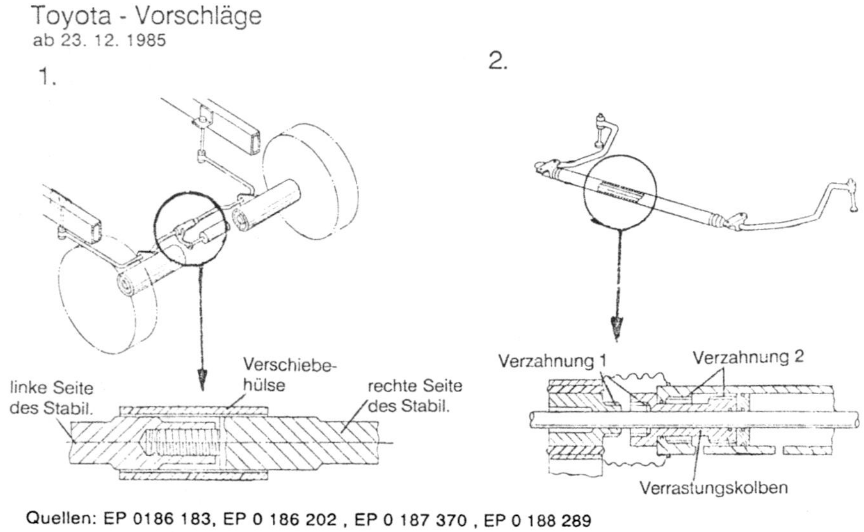

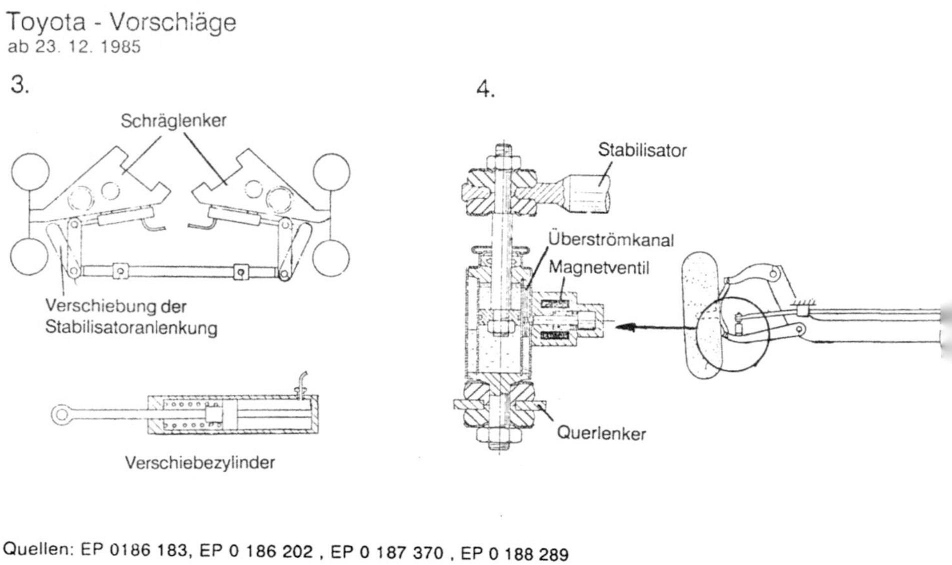

Bilder 6 und 7: Vorschläge der Fa. Toyota zum aktiven Stabilisator

Unebenheiten, indem dann die Stabilisatorwirkung ausgeschaltet wird. Durch Aktivierung des Magnetventiles wird der Hydraulikfluß gestoppt und der Stabilisator wird in Eingriff gebracht.

Eine interessante Variante, die die Eigenschaften des Stabilisators in einem weiten Bereich variierbar machen würde, wurde 1986 von Peugeot vorgeschlagen [5]. Diese Lösung ist in Bild 8 mit enthalten. Eine über Gasfedern beeinflußbare Hebelverbindung zwischen den oberen Lenkern einer Doppelquerlenkerachse erlaubt es, die Radlastübertragung von einer Fahrzeugseite zur anderen von dem sich einstellenden Rollwinkel unabhängig zu machen. Dabei wird die Ansteuerung über ein Magnetventil elektrisch realisiert.
In einer zweiten Patentanmeldung [6] von Peugeot wird eine rein mechanisch arbeitende Wankstabilisierung vorgeschlagen. Ein hydraulisches Steuerventil wird über zwei Federelemente von den beiden Querlenkern her vorgespannt. Das Ventil steuert Öldruck auf einen doppelt wirkenden Differentialzylinder und sorgt dadurch dafür, daß der Zylinder den Stabilisator in die eine oder andere Richtung vorspannt. Bei gleichsinnigen Federbewegungen bleibt das Ventil in Ruhe, der Stabilisator wird nicht verschoben. Bei Kurvenfahrt kommt es zu einer unterschiedlichen Verspannung der Steuerfedern und das mechanische Ventil wird ausgelenkt. Das mit dem Verstellzylinder verbundene Stabilisatorende wird angehoben (oder zum Querlenker hingezogen) und ein der Fahrzeugneigung entgegengesetztes Moment wird vom Stabilisator erzeugt. Die Rollbewegung wird unterdrückt, nicht jedoch die sich aus den Radkräften ergebenden Aufstützeffekte der Achse und die damit verbundene generelle Anhebung des Fahrzeugniveaus.
Mit diesem Eingriff kann die Grundsteifigkeit des Stabilisators geringer sein, als wenn er passiv an den Querlenker angebunden sein würde. Damit werden die Auswirkungen des Stabilisators auf den Fahrkomfort beim Überfahren einseitiger Unebenheiten abgeschwächt.

Die Verstellung des Stabilisatoranlenkpunktes wird auch von Nippondenso vorgeschlagen [7]. Dabei wird allerdings von einer elektronischen Steuerung in Abhängigkeit von Fahrgeschwindigkeit und Lenkraddrehwinkel ausgegangen. Aus diesen beiden Signalen wird eine Sollstellung des Verschiebekolbens berechnet. Diese Stellung wird unter Verwendung eines potentiometrischen Lagedetektors eingeregelt.

Eine ebenfalls mit einem Verstellzylinder ausgestattete Stabilisatorverstellung wurde 1987 von Mitsubishi als Patent angemeldet [8]. In dem oberen und unteren Zylinderraum des Verstellzylinders sind Federn zum Positionieren des Trennkolbens angeordnet. Die in der Leitung zwischen den beiden Zylinderräumen angeordneten Rückschlagventile sind von außen entsperrbar. Sie erlauben damit sowohl das Festhalten des Kolbens im Zylinder als auch eine Reaktion auf die Rollbewegung des Fahrzeugaufbaus.

Der Vorschlag der Fa. Nissan [9], bereits 1985 zum Patent angemeldet, erzeugt Stabilisatormomente, indem die den Stabilisator an der Karosserie haltenden Elemente verstellt werden

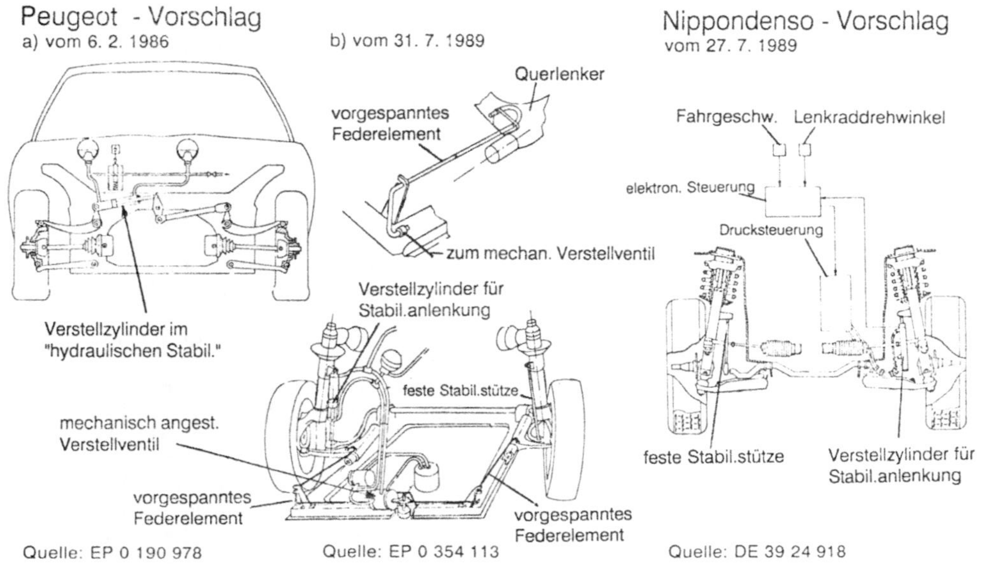

Bild 8: Vorschläge von Peugeot und Nippondenso zum aktiven Stabilisator

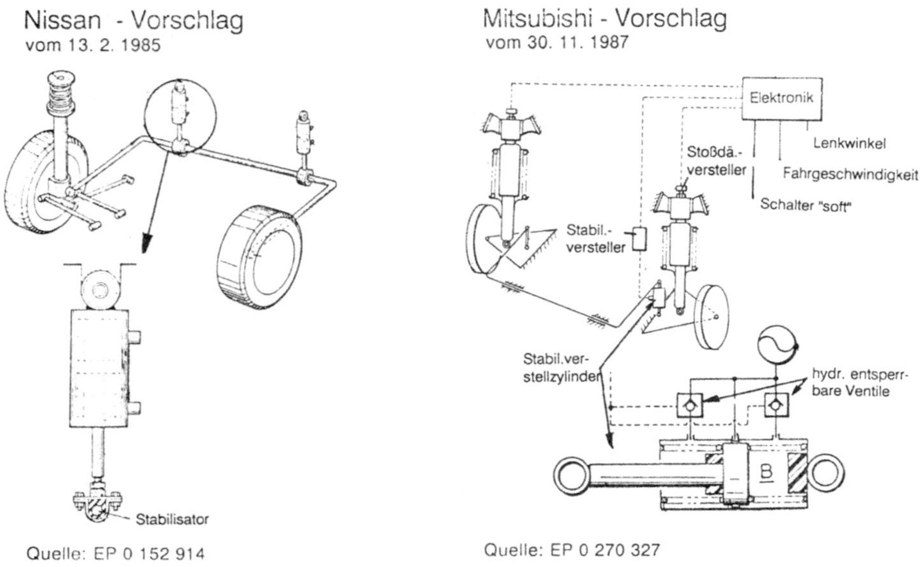

Bild 9: Vorschläge von Nissan und Mitsubishi zum aktiven Stabilisator

(Bild 9). Die Drucksteuerung in den Verstellzylindern wird über ein Richtungssteuerventil realisiert, das in Abhängigkeit eines Fahrgeschwindigkeitssignales arbeitet.

Die Vorschläge aus Deutschland stammen aus dem Jahre 1987. Im Februar wurde von BMW ein Aktuator und seine Ansteuerung angemeldet [10]. Hier wird ebenfalls der Anlenkpunkt des Stabilisators verschoben, allerdings geschieht das durch Zylinder, die sowohl am Querlenker der Achse, als auch am Fahrzeugaufbau befestigt worden sind (Bild 10). Das bedeutet, daß neben der Stabilisatorbeeinflussung auch direkt Kräfte zwischen Aufbau und Fahrwerk übertragen werden können.

Im Vorschlag der Fa. Daimler-Benz vom Nov. 1987 [11] wird - wie bei Toyota - der Stabilisator in der Fahrzeugmitte aufgetrennt. Damit kann der Stabilisator einmal freigeschaltet werden oder, wie in Bild 10 gezeigt, können mit zusätzlichen, über Hebel angekoppelten Zylindern beliebig gerichtete Zusatzmomente auf den Stabilisator gegeben werden. Als Sensorik dienen Lenkwinkel und Fahrgeschwindigkeit, aus denen die zu erwartende Querbeschleunigung berechnet wird. Ab einer vorgegebenen Querbeschleunigungsschwelle wird das System wirksam geschaltet.

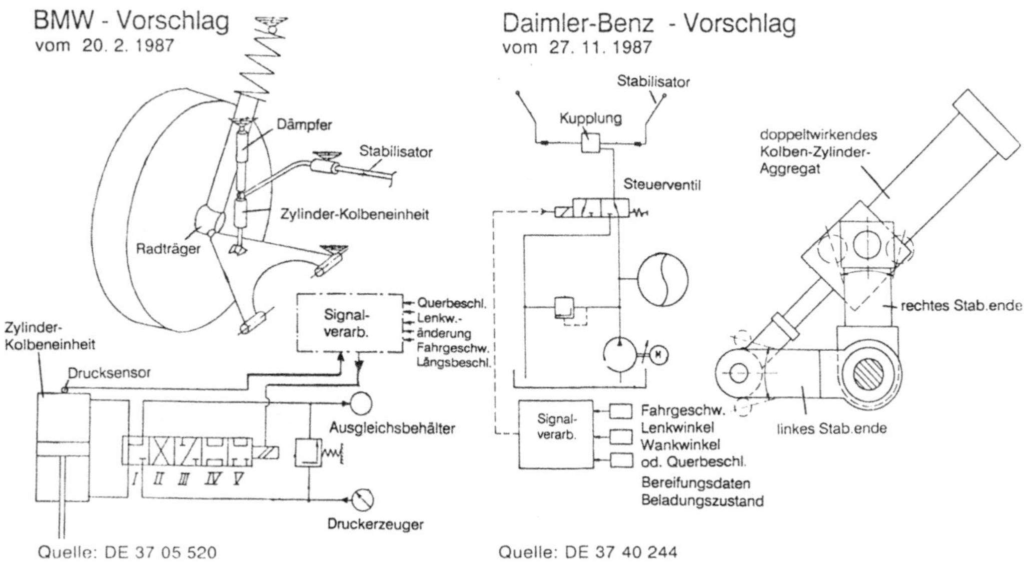

Bild 10: Vorschläge von BMW und Daimler-Benz zum aktiven Stabilisator

Während heute kaum Anwendungen zu erkennen sind, die Stabilisatoranlenkpunkte zu verschieben, deutet sich aus anderen Veröffentlichungen an [12], daß mit Hydromotoren, die die beiden Enden des aufgeschnittenen Stabilisators verbinden, praxisgerechte Lösungen in Vorbereitung sind.
Der Vorteil dieses Verfahrens zur Verminderung der Fahrzeug-Wankbewegung liegt in dem relativ geringen erforderlichen Energieaufwand (einige hundert Watt sollen dafür genügen). Nachteilig ist jedoch, daß die zu Veränderungen der Fahrzeughöhenlage führenden Aufstützeffekte infolge der auf die Radaufhängung wirkenden Kräfte nicht kompensiert werden können. Der Fahrzeugaufbau kann damit bei Kurvenfahrt zwar waagerecht gehalten werden, er wird im Normalfall jedoch nach oben aufsteigen.

Zusammenfassend läßt sich deshalb für eine derart aufgebaute Wankstabilisierung erwarten, daß sie den Kundenanforderungen nicht gerecht wird, wenngleich sie relativ einfach zu realisieren ist.

3.2 Veränderung der Federcharakteristik durch Schalten von Zusatzvolumina

Zur aktiven Beeinflussung sowohl des Fahrverhaltens als auch vor allem der Wankbewegungen bietet es sich an, die Charakteristiken der Aufbaufedern zu verändern. Bei "passiv" stahlgefederten Fahrzeugen wird das schon lange durch Zusatzfedern (aus Stahl oder aus Kunststoff) realisiert, die bei größeren Radlasten zum Eingriff kommen. Soll das durch aktive Eingriffe eleganter gemacht werden, dann sind auch an die Aufbaufederung selbst Anforderungen zu stellen: sie muß mit einem Medium arbeiten, das durch äußere Eingriffe in seinen Auswirkungen veränderbar ist. Deshalb haben sich solche Lösungen bei luft- und hydro-pneumatisch gefederten Fahrzeugen herausgebildet.

In den Bildern 11 und 12 sind die wesentlichen in der Patentliteratur enthaltenen Lösungen beispielhaft zusammengefaßt worden:

a) Toyota [1] und auch Mitsubishi [z.B.13] arbeiten bei einigen Fahrzeugen mit Luftfedern, die zwei Arbeitsräume pro Federbein aufweisen. Über einen im Federbeinlager angeordneten Steller kann das Zusatzvolumen bedarfsgerecht ab- oder zugeschaltet werden. Im allgemeinen sind solche Federeinheiten auch mit verstellbaren Stoßdämpfern ausgerüstet. Bei der Wankstabilisierung ergänzen sich die verstellbaren Stoßdämpfer als dynamisch wirkende Wankstabilisierung und die verstellbare Federung als statisch wirkender Wankausgleich. Neben der Veränderung der Federcharakteristik liefern solche Aggregate gleichzeitig noch einen erheblichen Teil an Zusatzdämpfung, da die Verbindungen zwischen den beiden Volumina i.a. recht klein sind, so daß hier zumindest bei höheren Schwingungsamplituden Luftdämpfung auftritt. Wird dieser Dämpfungsanteil jedoch bei der Auslegung der hydraulischen Dämpfung berücksichtigt, dann muß diese Zusatzdämpfung kein Nachteil sein.

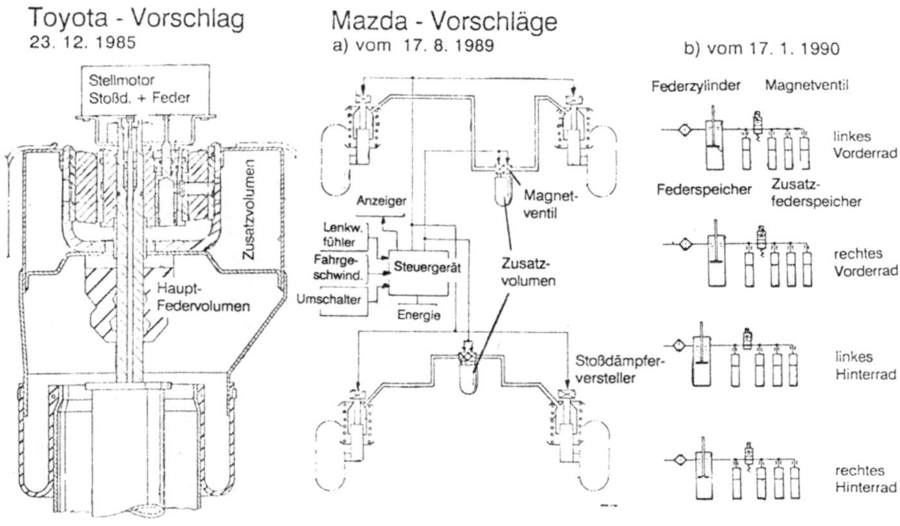

Quelle: EP 0 186 183 Quelle: DE 36 09 396 Quelle: DE 40 01 186

Bild 11: Vorschläge von Toyota und Mazda zur Veränderung der Federcharakteristik

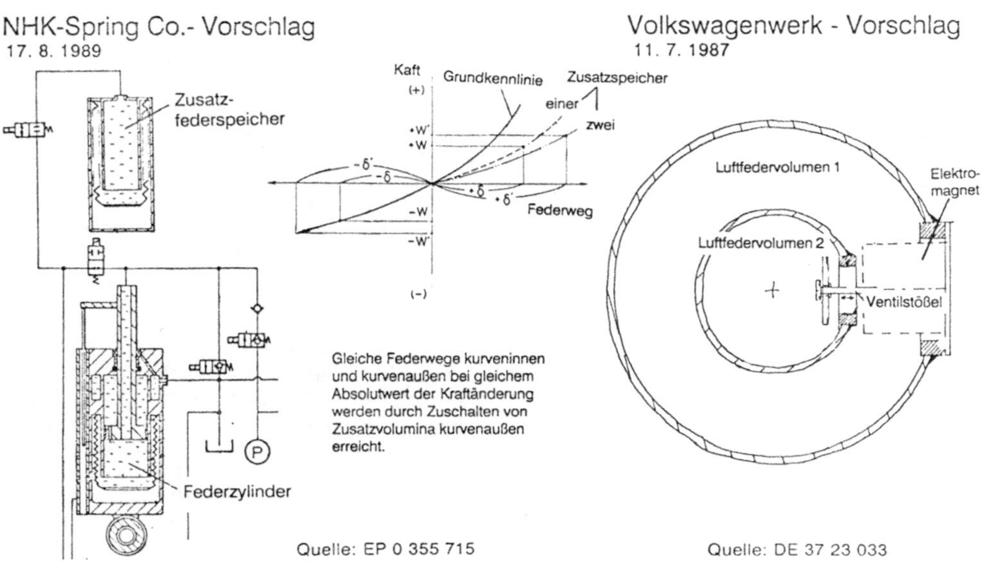

Quelle: EP 0 355 715 Quelle: DE 37 23 033

Bild 12: Vorschläge von NHK-Spring Co. und von Volkswagen zur Veränderung der Federcharakteristik

b) Im Vorschlag der Fa. Mazda [14] wird ein gemeinsames Volumen zur Vergrößerung des federnden Luftvolumens zwischen der rechten und der linken Fahrzeugseite vorgesehen (Bild 11). Über Magnetventile kann jede Seite getrennt von diesem Volumen abgeschaltet werden. Neben der grundsätzlich freien Wahl zwischen zwei Aufbaufedersteifigkeiten (in der Praxis wird hier sehr gern der Unterschied zwischen Sport und Komfort gemacht), hat diese Anordnung auch den Vorteil, das beim Überfahren einseitiger Unebenheiten die Druckerhöhung in der Feder der einen Fahrzeugseite auch eine Druckerhöhung in der Feder der anderen Seite erzeugt. Damit werden beide Fahrzeugseiten einer Achse angehoben und die Wankbewegung infolge einseitiger Fahrbahnunebenheiten werden ohne zusätzlichen Energieaufwand vermindert. (Ein passiver Stabilisator würde in gerade die entgegengesetzte Richtung wirken und die Wankbewegung vergrößern). Als problematisch stellt sich bei dieser Lösung die lange Verbindungsleitung zwischen den Federzylindern und dem Zusatzvolumen dar. Wenn hier wirklich mit Luft gefedert werden soll, sind Leitungen mit relativ großen Durchmessern (größer 10 mm lichte Weite) erforderlich. Die Unterbringung solcher Leitungen im Fahrzeug bereitet normalerweise größere Schwierigkeiten. Dieser Nachteil läßt sich vermindern, wenn Hydraulikleitungen für die Verbindung zwischen den Federzylindern und den Zusatzfedern verwendet werden. In einer weiteren Patentanmeldung von Mazda [15] ist das verwirklicht worden: zur Verringerung der erforderlichen Leistung werden in einem aktiven Federungssystem über Magnetventile mehrere Zusatzvolumina abgetrennt.

c) Das Abtrennen von Volumina wendet auch die Fa. NHK-Spring Co. in ihrer Patentanmeldung aus dem Jahre 1989 an [16] (Bild 12), in der zu einem Federzylinder ein oder mehrere Zusatzvolumina parallelgeschaltet werden. Sind die Zusatzvolumina geschaltet, dann ergeben sich weiche Federkennlinien, wie in Bild 12 gezeigt. In dieser Patentanmeldung dienen die geschalteten Volumina jedoch nicht nur zur Versteifung der Federn, sondern vor allem zum Anpassen der Federcharakteristika, wenn durch zusätzliche Maßnahmen der Fahrzeugaufbau vollständig am Wanken gehindert werden soll. Darauf wird im nächsten Abschnitt näher eingegangen.

d) Zur Vermeidung der langen Leitungen zwischen den Luftfederelementen und den Zusatzvolumia bietet es sich an, die Volumina dicht beeinander anzuordnen. In dem Vorschlag des VW-Werkes [17] von 1987 ist das gemacht worden, indem die Luftfeder und das Zusatzvolumen konzentrisch zueinander gelegt worden sind. Über eine groß dimensionierte Ventilplatte wird für einen ausreichenden Überströmquerschnitt gesorgt. Aus eigenen Arbeiten ist bekannt, daß mit einer solchen Anordnung und einer dünnen Signalleitung zur Übertragung der Federbalgdrücke zwischen den beiden Federelementen einer Achse eine bei Kurvenfahrt automatisch arbeitende Wankstabilisierung aufgebaut werden kann. Diese Anordnung wurde jedoch Anfang der achtziger Jahre vom Patentamt als nicht patentwürdig abgelehnt.

Der Energieaufwand bei der Verstellung von Federsteifigkeiten ist, wie alle Beispiele gezeigt haben, sehr gering, da er sich auf die Schaltenergie von Ventilen oder die Stellenergie von Motoren beschränkt. Im Bestreben, die Federung mit wenig Energieeinsatz zu verbessern, läßt sich auch an den im folgenden erläuterten Lösungsvorschlägen erkennen, bei denen Fluide zwischen der kurveninneren und der kurvenäußeren Feder verschoben werden.

3.3 Verschiebung von Fluiden zwischen den Federn verschiedener Räder

Ehe auf die technischen Lösungsvorschläge eingegangen wird, soll einmal kurz diskutiert werden, auf welchen Federkennlinien die Aufbaufederung arbeitet und was zu tun ist, damit bei Kurvenfahrt keine Wankbewegungen auftreten. In Bild 13 sind an einem Beispiel die bei Kurvenfahrt aufzuwendenden Energien prinzipiell skizziert. Man erkennt daraus, daß aus der kurveninneren Federung Energie herausgenommen werden muß, während auf der kurvenäußeren Seite Energie hineingesteckt werden muß. Ein energetisch günstiges System liegt offensichtlich dann vor, wenn die aus dem System herauszunehmende Energie direkt dazu verwendet werden kann, sie als hineinzusteckende Energie zu verwenden.
Diese Zusammenhänge sind natürlich schon länger erkannt worden. Deshalb gibt es aus dem Jahre 1970 eine Daimler-Benz Patentanmeldung [18], bei der für ein hydro-pneumatisches Federungssystem ein entsprechender Verschiebezylinder vorgeschlagen wird, der Öl aus verschiedenen Räumen der Federzylinder entnimmt und dafür Öl in andere Räume der Federzylinder hineinschiebt (Bild 14). Die Verschiebekraft kommt aus einer Speichereinheit, die über einen elektrisch angesteuerten Magnetventilblock den in seiner Stellung überwachten Stellkolben bewegt. Auf die weitere Funktion soll nicht weiter eingegangen werden, da sie durch gleichzeitiges Entleeren und Befüllen beider Federzylinder einer Achse unter Einwirkung je eines Federspeichers pro Rad nicht einwandfrei funktionieren konnte.

Eine etwas komplexere Lösung, die jedoch arbeiten kann, ist von Peugeot im Jahre 1986 angemeldet worden [19]. Hier werden spezielle Dreikammer-Federzylinder eingesetzt, die achsweise durch Hydraulikleitungen und Federspeicher miteinander verbunden werden. Wird das Rad einer Seite zu einer Federbewegung gezwungen (z.B. durch Überfahren einer Unebenheit), dann wird diese Federbewegung hydraulisch auch auf das andere Rad der gleichen Achse übertragen. Es ergibt sich die Wirkung eines Stabilisators, jedoch auf hydraulischem Wege. Die gleichsinnige Vertikalfederung wird durch die spezielle Federzylindergestaltung überhaupt nicht behindert. Um bei Kurvenfahren der Rollbewegung entgegenwirken zu können, ist ein fremdangetriebener und durch externe Signale gesteuerter Verschiebezylinder vorgesehen, der die Hydraulikflüssigkeit aus einer Verbindungsleitung entnimmt und in die andere Leitung hineinschiebt. Damit wird ein der Wankbewegung entgegengesetztes Moment erzeugt. In diesem Patentvorschlag der Fa. Peugeot werden Vorder- und Hinterachse gleichzeitig und mit gleichem Druck vom Verschiebezylinder bedient. Bei praktischen Realisierungen würde das wahrscheinlich aus Abstimmungsgründen nicht der Fall sein.

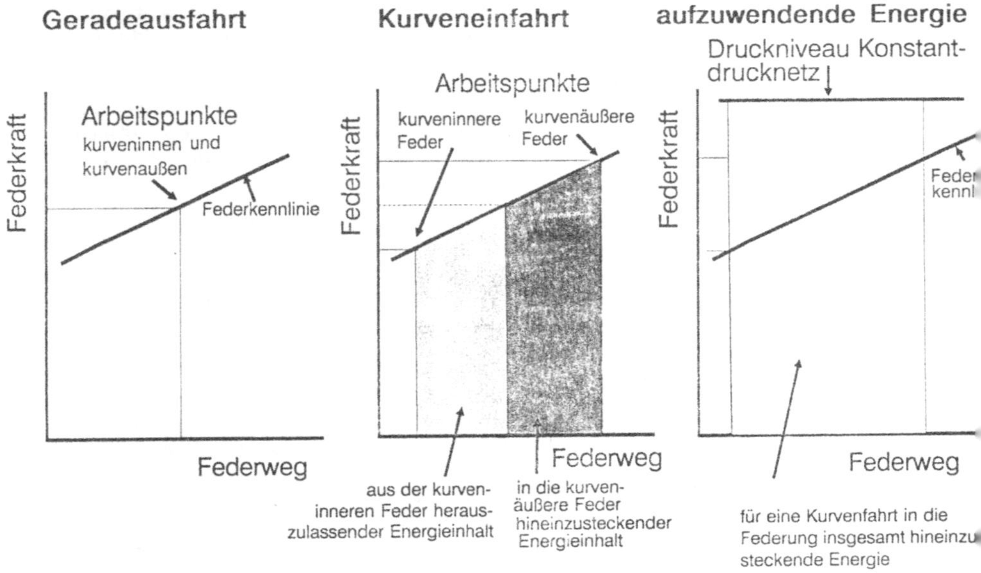

Bild 13: Energieanforderungen beim Befahren einer Kurve

In einem dritten, auf Bild 14 enthaltenen Vorschlag von 1986 [20] wird sowohl über einen Verdichter Gas, als auch über eine Ölpumpe Hydraulikflüssigkeit zwischen den beiden Federbeinen einer Achse hin- und hergepumpt. Das Gas sorgt für die Niveauregulierung und für das Ausregeln von fahrzustandsbedingten Aufbaubewegungen. Das Umpumpen der Hydraulikflüssigkeit unterstützt die Wankkompensation.

Der jüngste Vorschlag zu diesen energetisch interessanten Lösungen mit Verschiebezylindern stammt von der NHK-Spring Co. aus dem Jahre 1989 [17]. Das System ist in Bild 15 in seiner einfachsten Form gezeigt. Über eine Pumpe wird ein Speicher geladen, der sowohl zum Niveauausgleich als auch zur Verschiebung des Wankzylinders herangezogen werden kann. Die hydraulische Ansteuerung des Wankzylinders wird durch ein Servoventil vorgenommen. Die Stellung des Verschiebekolbens wird durch eine integrierte Wegmeßvorrichtung kontrolliert. Die Federwege an den Federzylindern werden ebenfalls gemessen und sie dienen gemeinsam mit der Fahrgeschwindigkeit und dem Lenkraddrehwinkel zur Versorgung einer Regelelektronik.
Durch den Verschiebezylinder wird bei Kurvenfahrt dem kurveninneren Federzylinder Hydraulikflüssigkeit entnommen und der kurvenäußeren Seite zugeführt. Dadurch verändern sich die Arbeitspunkte der Federung auf der Kennlinie. In dieser Patentanmeldung wird ausführlich auf die Problematik der nichtlinearen Federkennlinie der hydro-pneumatischen Federung eingegangen. Die in Bild 15 enthaltene Skizze zeigt, daß bei gleicher Federkraftzunahme kurvenaußen wie Kraftabnahme kurveninnen, die Federwege sehr unterschiedlich sind. Es muß

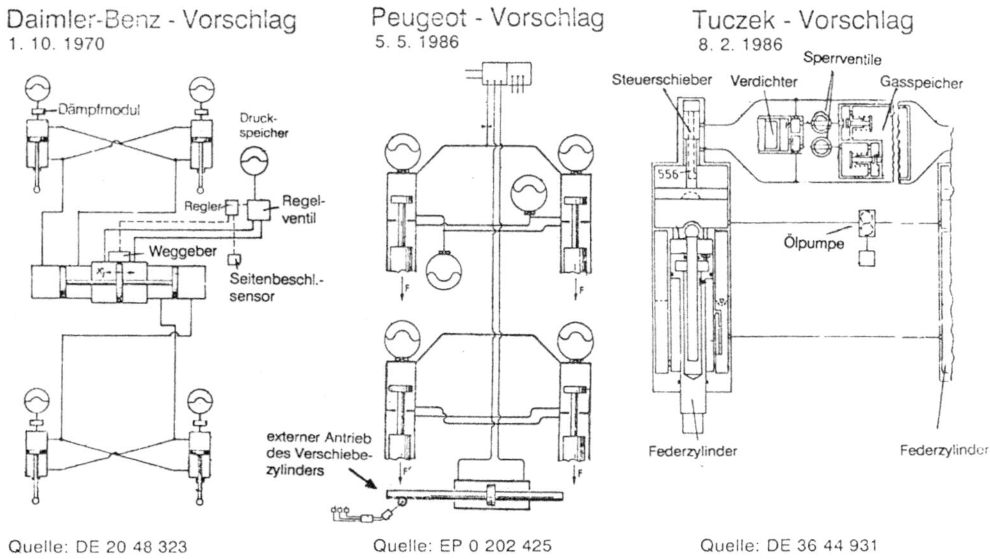

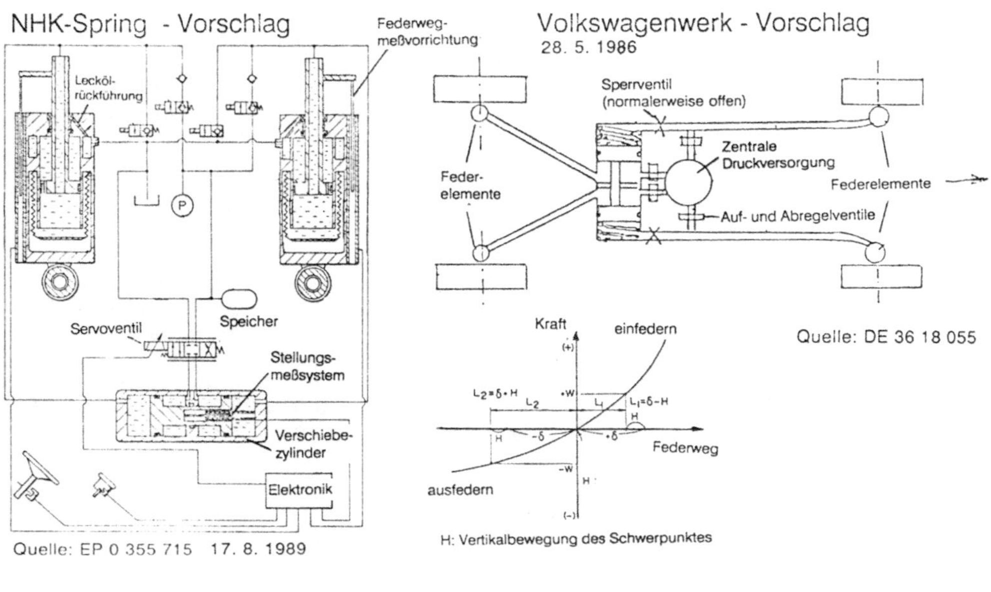

Bilder 14 und 15: Vorschläge zum Verschieben von Fluiden zwischen den Federn verschiedener Räder

viel mehr Flüssigkeit aus dem System herausgenommen werden, um die Kraftabnahme zu erreichen, als Flüssigkeit in die kurvenäußere Feder hineingedrückt werden muß, um die Kraftzunahme zu bekommen. Da der nur proportional arbeitende Verschiebezylinder diese Nichtlinearität nicht aufweist, schlagen die Erfinder in [17] vor, auf der Kurvenaußenseite durch Zuschalten weiterer Volumina eine so weiche Federkennlinie zu schaffen, daß die Kraft-Volumenverhältnisse zwischen Kurveninnen und Kurvenaußen einander entsprechen. Diese Zusammenhänge waren bereits in Bild 12 gezeigt worden.

Eine Lösung, bei der sowohl zwischen den Rädern einer Achse als auch gleichzeitig zwischen den Rädern einer Fahrzeugseite Fluid (Luft oder Hydraulik) verschoben wird, ist von der Volkswagenwerk AG vorgeschlagen worden [21]. Bei diesem Vorschlag wird, ähnlich wie bei [20] bereits angesprochen, Fluid von einer Federseite zur anderen umgepumpt. Energetisch ist diese Lösung deshalb nicht ganz so gut wie die zuvor besprochene Anordnung mit dem Verschiebezylinder.

Parallel zu den energiesparenden, aber in ihrer Funktion eingeschränkten Lösungen, die bisher besprochen worden sind, kann die Entwicklung aktiver Federungssysteme beobachtet werden, die eine größere Menge an Hilfsenergie verwenden.

3.4 Einsatz von Zusatzenergie zur Veränderung der Tragfedereigenschaften

In Bild 13 ist bereits die Energieumsetzung bei verschiedenen Federungssystemen dargestellt worden. Bei Systemen, die aus einem sog. "Konstantdrucknetz" gespeist werden, tritt bei Änderungen der Radlasten der größte Anteil an Verlustleistung an:
1. Drosselung des Öldruckes vom Systemdruck auf den momentan erforderlichen Federbeindruck,
2. Ablassen des Öldruckes auf den Tankdruck beim Ablassen von Hydraulikflüssigkeit aus dem Federbein.

Da mit einer solchen Anordnung jedoch bei Einsatz einer leistungsfähigen Hydraulikpumpe die beste Systemdynamik zu erreichen ist, wurden seit den siebziger Jahren Systeme entwickelt, die so arbeiten. Es läßt sich dabei im wesentlichen in sog. volltragende und in teiltragende aktive Federungen unterscheiden. Der Unterschied besteht darin, daß bei der teiltragenden Lösung die statische Radlast von einer Stahlfeder aufgenommen wird. Zum Regeln der dynamischen Radlaständerungen werden Luft- oder Hydro-pneumatische Federungen eingesetzt.

3.4.1 Volltragende geregelte Federungssysteme

Die Fa. Daimler-Benz hat mit der Entwicklung der aktiven Feder ebenfalls in der zweiten Hälfte der Siebziger Jahre intensiv begonnen. Die in Bild 16 gezeigte Anordnung [22] stellt eine Grundschaltung dar. Eine Hydraulikpumpe versorgt einen in der Niveaulage veränderlichen Federungskreis. Die eigentliche aktive Federung wird über elektronisch angesteuerte Servoventile realisiert. In den Federzylindern werden der Druck, der Relativweg des Kolbens und die Relativgeschwindigkeit gemessen. Gemeinsam mit der gemessenen Querbeschleunigung werden die Meßgrößen in einem Störbeobachter aufbereitet. Die dabei erzeugten Steuersignale wirken auf die elektrohydraulischen Ventile. Diese Ventile regeln zwei hydraulische Eingänge je Zylinder, d.h. daß Hydrauliköl sowohl zum Einfedern als auch zum Ausfedern des Rades in den Federzylinder hineindrückt werden kann. Im Prinzip geht dieses System davon aus, daß auch höherfrequente Unebenheiten aktiv ausgeregelt werden sollen. Das bedeutet, daß jede auszuregelnde Fahrbahn-Unebenheit auch einen Ölbedarf hat. Der Energieverbrauch ist relativ hoch.

Vorschlag vom: 12. 10. 1978

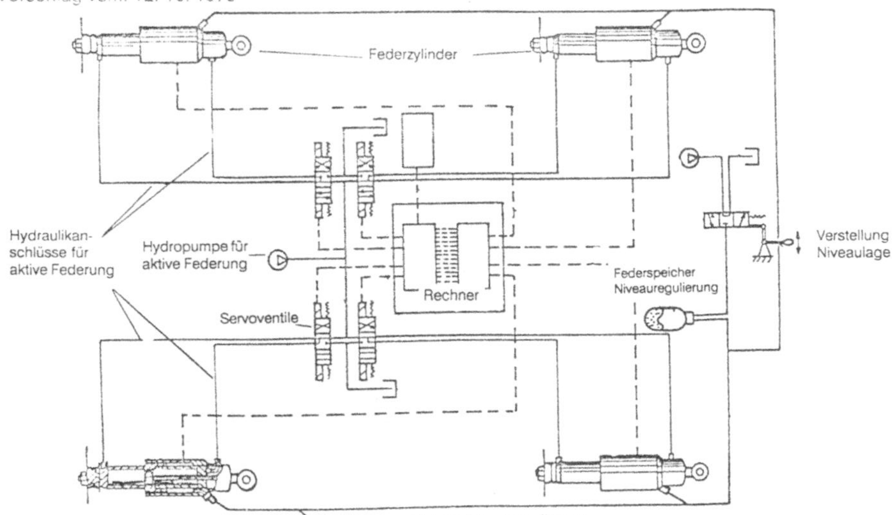

Quelle: DE 28 44 413

Bild 16: Volltragende aktive Federung nach Daimler Benz 1978

Diese Philosophie findet sich auch in den Vorschlägen der Fa. Lotus [23, 24] aus den Jahren 1984 und 1986. Kennzeichnend für das Lotus-System ist die Einführung von direkt messenden Radlastsensoren, die Verwendung von zwei Servoventilen pro Federzylinder und der Einsatz von Gleichgangzylindern (Erzeugung gleicher Ein- und Ausfederungskräfte im Zylinder durch gleiche wirksame Flächen). In Bild 17 sind diese Elemente am Ende eines Federzylinders skizziert. Außerdem zeigt Bild 17 verschiedene hydraulische Ausführungsformen und verschiedene Signalverarbeitungsprinzipien, die von Lotus vorgeschlagen worden sind.

Eine dritte ernstzunehmende europäische Entwicklung ist von Peugeot/Citroen zu erwarten [25]. In Bild 18 sind Lösungsvorschläge aus dem Jahre 1988 zu sehen. Es zeigt sich hier eine eigenständige Richtung, die ohne elektronische Signalverarbeitung auskommen will. Die Regelventile sollen mechanisch an die Fahrwerksteile angeschlossen werden. Die erforderliche Energie wird über mehrere Federspeicher zur Verfügung gestellt. Hier wird interessant sein, ob ein solches System, das nur auf die Abweichungen der Fahrwerksteile von der Konstruktionslage reagiert, regelungstechnisch stabil zu machen ist.

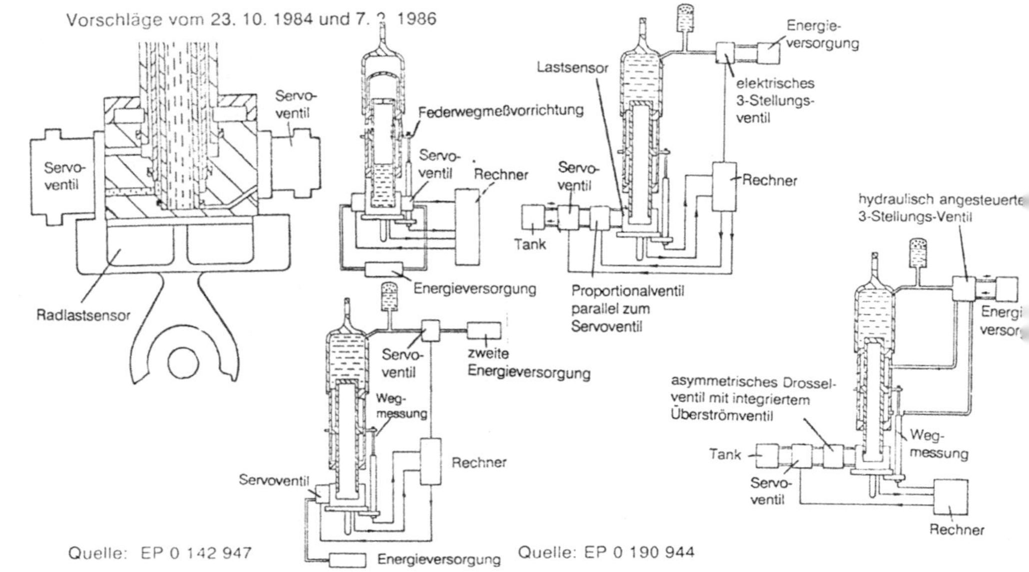

Bild 17: Volltragende aktive Federung nach Lotus 1984/86

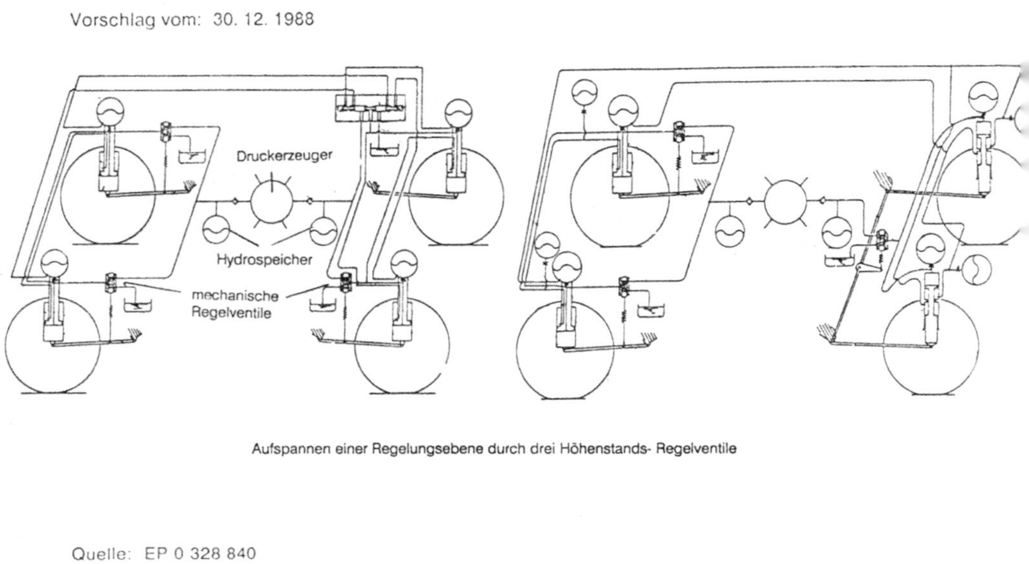

Bild 18: Volltragende aktive Federung nach Peugeot/Citroen 1988

In der Praxis hat Citroen eine noch einfachere Lösung eingesetzt. So verfügt das Modell XM an jeder Achse über drei Federspeicher, die bei Geradeausfahrt parallelgeschaltet werden. Damit läßt sich eine höhere Federweichheit erreichen. Das führt, wie die theoretischen Bemerkungen oben gezeigt haben, zu besserem Fahrkomfort. Sobald Störungen auftreten, wird der mitlere Speicher abgetrennt und es federn nur die Radspeicher. Durch die nun steifere Aufbaufederung wird die Fahrsicherheit betont.

Die veröffentlichten europäischen Patentanmeldungen der vergangenen fünf Jahre zur aktiven Federung sind damit im wesentlichen besprochen. Sehr viel größere Aktivitäten sind in Japan entwickelt worden. In Bild 19 sind Termine zusammengestellt, die zeigen, wann die Grundidee des Federsystems angemeldet worden ist, und welche Systeme anschließend von den einzelnen Firmen wann beim Patentamt eingereicht worden sind. Generell erkennt man, daß die Zeiten von der Anmeldung der Grundidee bis zur praxisnahen Ausgestaltung sehr kurz sind. Es gibt sowohl Vorschläge zu voll- als auch zu teiltragenden hydropneumatisch und luftgefederten Systemen. Darauf sei jetzt im einzelnen eingegangen.

	Prinzipvorschlag	volltragende hydr. Federung	volltragende Luftfederung	teiltragende hydr. Federung	teiltragende Luftfederung
TOYOTA	Mai 1985 Febr. 1986	Febr. 1987	Aug. 1988	Dez. 1989 April 1990	
MITSUBISHI	Jan. 1984		Jan. 1985 Sept. 1988		Mai 1985
MAZDA	Aug. 1987	Dez. 1989			März 1986 (bedingt aktiv)
FUJI JUKOGYO	Apr. 1988	Sept. 1989		Juni 1990	
NISSAN	Febr. 1985			März 1988 Nov. 1988	

Bild 19: Patent-Anmeldungstermine zur aktiven Federung

Bei Toyota wurde offensichtlich 1985 mit Arbeiten an der aktiven Federung begonnen. Bild 20 zeigt damals veröffentlichte Grundprinzipien zur Darstellung einer aktiven Federung [26]. Es handelt sich um Überlegungen, die die verstellbare Dämpfung um eine leistungsfähige Niveauregulierung erweitern. Diese Vorstellungen wurden 1986 durch Signalflußpläne verfeinert [27]. Die erste eigentliche aktive Federung wird 1987 angemeldet [28]. Der Hydraulikschaltplan und die Systemein-

Vorschlag vom 21. 5. 1985

Vorschlag vom 5. 2. 1986

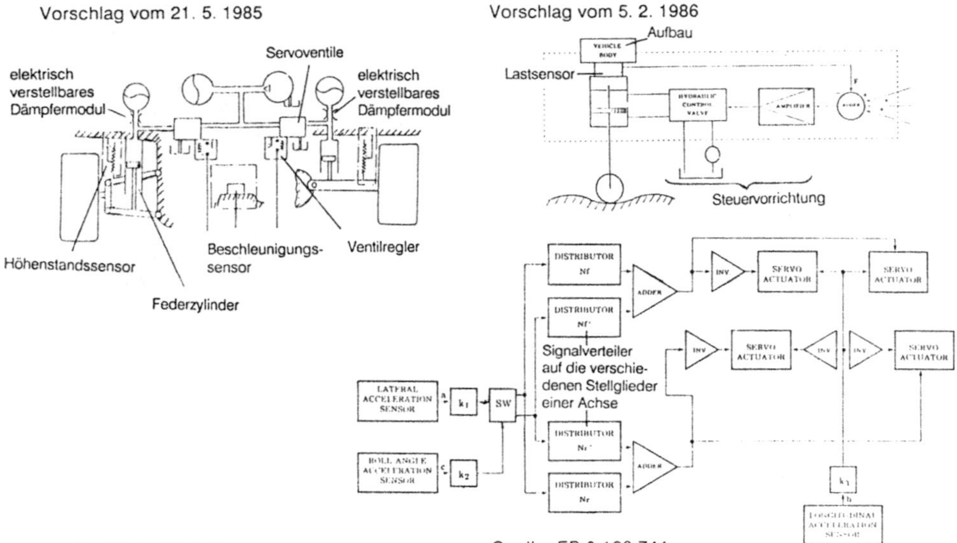

Quelle: EP 0 162 449

Quelle: EP 0 193 744

Bild 20: Volltragende aktive Federung nach Toyota 1985

Vorschläge vom 24. 2. 1987 und 10. 3. 1987

Eingangssignale:

Höhenstände	a
Drücke in Federzylindern	b
Fahrgeschwindigkeit	
Lenkwinkel	
Drosselklappenstellung	

Ausgangssignale:

Motorstrom Durchfluß-Regelventile	1
Durchfluß-Regelventile	2
Schaltventile	3
Motorstrom Schaltventile	4

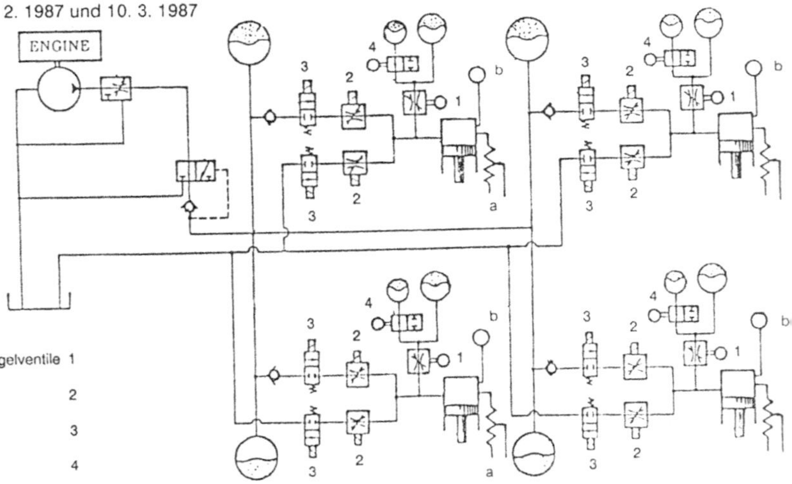

Quellen: EP 0 234 552 , EP 0 237 919

Bild 21: Volltragende aktive Federung nach Toyota 1987

und -ausgänge sind in Bild 21 wiedergegeben. In Abhängigkeit von Lenkraddrehwinkel, Fahrgeschwindigkeit, Querbeschleunigung und Gaspedalbetätigung werden über Magnetventile die Federzylinder aktiviert, um vor allem die Rollbewegung des Fahrzeugaufbaus auszuregeln. Jedes Rad hat zwei Federspeicher und einen eigenen Druckspeicher, wobei die Druckspeicher so geschaltet sind, daß sie sich gegenseitig unterstützen können. Zu- und Abfluß des Hydrauliköls zu den Federzylindern werden durch je ein Schaltventil und je eine elektromagnetisch verstellbare Drossel realisiert. Die beiden Federspeicher je Rad sind gemeinsam durch eine elektromotorisch zu verstellende Drossel mit dem Federspeicher verbunden. Zusätzlich kann ein Federspeicher durch ein ebenfalls elektromotorisch zu betätigendes Ventil zum System zu- oder abgeschaltet werden. Sensoren für die Rückmeldung der Funktionen an die Zentralelektronik sind ein Drucksensor und ein Relativwegsensor pro Radstation. Die durch den Verbrennungsmotor angetriebene Hydraulikpumpe wird druckseitig gedrosselt vorgeschlagen.
Wie in fast allen Automobilfirmen, scheint auch bei Toyota ein Wettstreit der Systeme stattgefunden zu haben, denn im August 1988 wird eine volltragende aktive Luftfederung vorgeschlagen [29], die in den Bildern 22 und 23 zusammenfassend dargestellt worden ist. Als Federzylinder werden Luftfederbeine eingesetzt, wie sie auch bei passiv arbeitenden Luftfedersystemen verwendet werden. Zusätzlich zu den bei den passiven Systemen üblichen Höhenstandssensoren werden im elektronischen Block der Lenkraddrehwinkel und eine Reihe von Systemdrücken verarbeitet. Der pneumatische Block besteht aus einem in einem geschlossenen System arbeitenden Kompressor, der pro Achse einen Hochdruckspeicher versorgt. Die zu verdichtende Luft wird entweder der Atmosphäre entnommen oder den beiden Niederdruckspeichern, die jeweils ebenfalls einer Achse zugeordnet worden sind. Durch ein zusätzliches Ventil können auch die Niederdruckspeicher vorgeladen werden. Damit wird zwar die Geschwindigkeit der Drucksabsenkung in den Federzylindern verringert, der Druckaufbau durch den Kompressor wird durch die Verwendung der vorverdichteten Luft jedoch sehr stark beschleunigt. Die Federzylinder sind mit verstellbaren Volumina und verstellbaren Stoßdämpfern versehen worden.

Wie gut ein derartiges aktives Luftfedersystem funktionieren kann, zeigt Bild 23. Hier sind sowohl für das Fahrzeug mit der passiven Federung als auch für das aktiv gefederte Fahrzeug die Reaktionen auf einen Lenkwinkelsprung aufgetragen worden. Durch gepulste Magnetventile läßt sich ein ausreichend schneller Druckaufbau in den Federzylindern erreichen, so daß der Wankwinkel gering gehalten werden kann.
Die Fa. Mitsubishi hat sich anscheinend nur mit Luftfedersystemen beschäftigt. In der Patentanmeldung aus dem Januar 1985 [30] wird eine Pneumatik als offenes System skizziert, bei der ein Kompressor einen Hochdruckspeicher versorgt, der im Bedarfsfall Luft in die Federbeine speisen kann. Zusätzlich zum Volumen am Federbein gibt es zuschaltbare Volumina und im Bedarfsfall zu öffnende Überströmleitungen, damit nach einer Kurvenfahrt der in der kurvenäußeren Feder enthaltene höhere Druck direkt in die entlüftete Feder der Kurveninnenseite strömen kann.

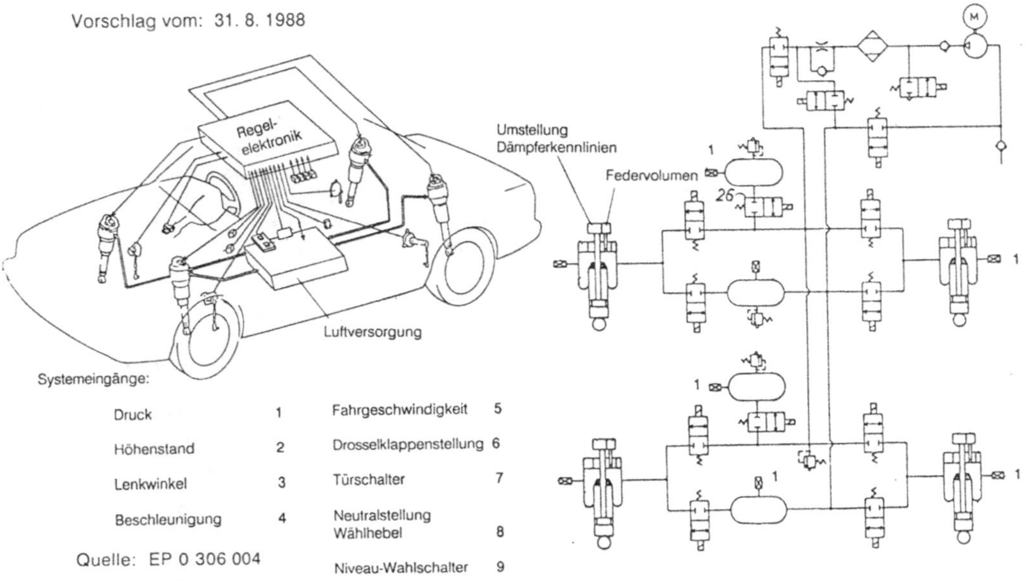

Bild 22: Volltragende aktive Luftfederung nach Toyota 1988

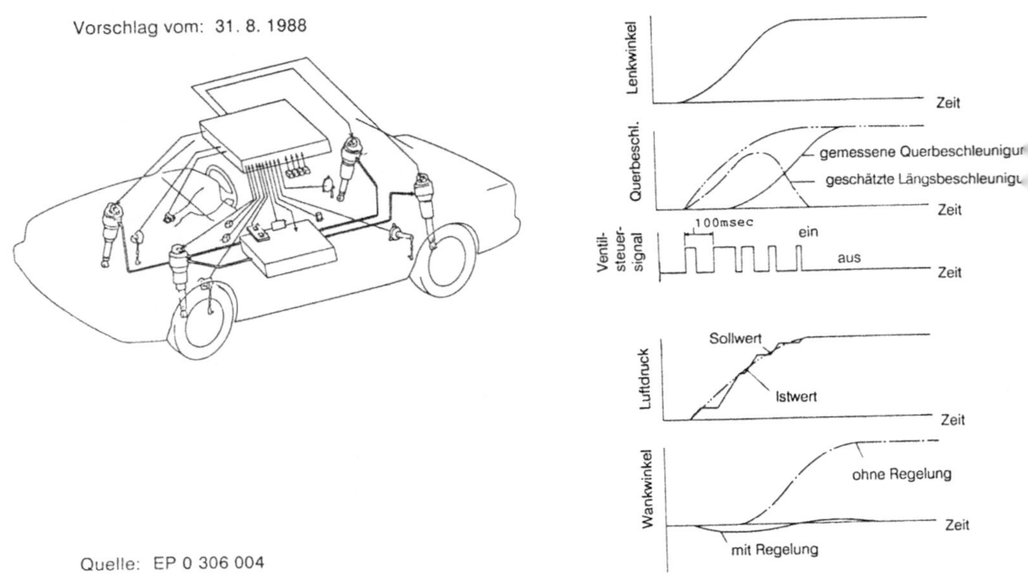

Bild 23: Volltragende aktive Luftfederung nach Toyota 1988

Vorschlag vom: 24. 1. 1985

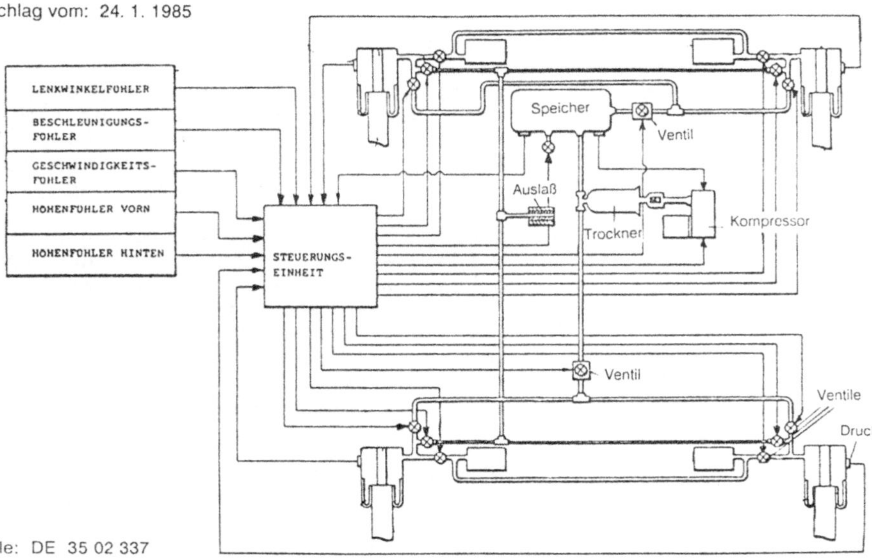

Quelle: DE 35 02 337

Bild 24: Volltragende aktive Luftfederung nach Mitsubishi 1985

Vorschlag vom: 5. 9. 1988

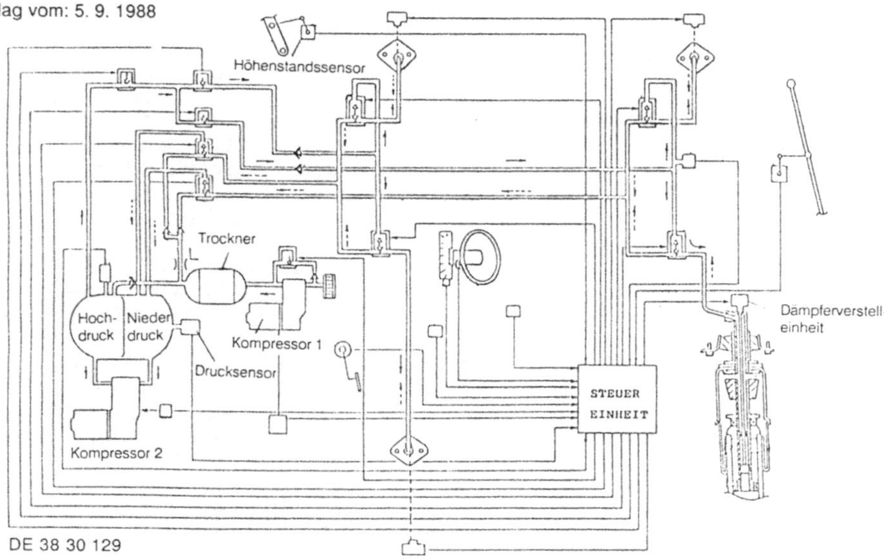

Quelle: DE 38 30 129

Bild 25: Volltragende aktive Luftfederung nach Mitsubishi 1988

Im Jahre 1988 wurde von Mitsubishi eine weitere volltragende Luftfeder zum Patent angemeldet [31]. Dieses System, in Bild 25 als Prinzipschaltbild gezeigt, unterscheidet sich von dem vorhergehenden vor allem dadurch, daß mit zwei Kompressoren gearbeitet wird. Ein erster Kompressor saugt aus der Atmosphäre an und verdichtet Luft in den Hochdruckteil eines Speichers. Dieser Speicher wird auch von einem zweiten Kompressor versorgt, der aus dem Niederdruckspeicher des geschlossenen Systems ansaugt.
Als Sensoren dienen Höhenstandssensoren an Vorder- und Hinterachse, ein Fahrgeschwindigkeitssensor, ein Lenkrad- und ein Gaspedalsensor. Drucksensoren messen die Innendrücke in den Luftfederzylindern und in den Speichern. Im Steuergerät werden Solldrücke für die Federzylinder berechnet, die dann durch Zuführungs- und Ablaßventile so eingeregelt werden, daß der Wankwinkel möglichst klein bleiben soll. Für kurzzeitige Fahrzeugstabilisierungen können die verstellbaren Stoßdämpfer mit eingesetzt werden.

Die Entwicklungsarbeiten zur aktiven Federung haben bei der Fa. Mazda offensichtlich 1987 konkrete Formen angenommen. Im August wurde ein Patent angemeldet, das verschiedene Arbeitsprinzipien zeigt, nach denen eine volltragende hydraulische bzw. hydropneumatische Federung aufgebaut werden kann [32]. In Bild 26 sind die drei wesentlichen Systeme aus dieser Anmeldung wiedergegeben worden. Es wird sowohl eine Lotus-ähnliche Lösung vorgeschlagen, bei der die Radbewegung nur über einen Hydraulikzylinder kontrolliert wird (also auch kleine Unebenheiten mit Hilfskraft ausgeregelt werden müssen), als auch Lösungen mit je einem Federspeicher pro Rad. Dabei wird noch unterschieden, ob die Hilfsenergie nur zum Ausfedern oder zum Ein- und Ausfedern eingesetzt werden soll. Die Federspeicher sind an die Federzylinder über Dämpfungselemente angeschlossen. Das hat den Vorteil, daß sich in die Zylinder hineingedrückte Hydraulikflüssigkeit schneller auf den Höhenstand des Fahrzeuges auswirkt. Als Sensorik werden bei Mazda die Hydraulikdrücke in den Federzylindern und die Relativwege zwischen Achse und Aufbau verarbeitet. Als Ventile werden Schalt- bzw. Servoventile vorgesehen.

In einer weiteren Patentanmeldung vom Dezember 1989 [33] haben die Mazda-Vorstellungen konkretere Formen angenommen (Bild 27). Als System wird das eingesetzt, das mit Hilfsenergie nur das Ausfedern der Räder unterstützt. Um mit weniger Hilfsenergie auszukommen, werden mehrere Federspeicher pro Radstation vorgesehen, wobei eine Reihe von ihnen über ein Magnetventil abgeschaltet werden können. Es soll also ein in der Grundauslegung weiches System realisiert werden, das im Bedarfsfalle jedoch sehr schnell stabilisiert werden kann - notfalls unter Inkaufnahme von Federverhärtungen. Als Besonderheit zeigt diese Patentanmeldung, daß eine druckabhängig arbeitende Verstellpumpe (Axialkolbenpumpe) eingesetzt werden soll. Diese Pumpe versorgt außer den Radstationen einen Federspeicher pro Achse und eine weitere Batterie von Federspeichern. Als Ventile sollen elektrisch angesteuerte Schaltventile verwendet werden. Als Signale werden verwendet: Vertikalbeschleunigungen, Querbeschleunigung, Lenkradwinkel, Fahrgeschwindigkeit, Höhenstände und zahlreiche Systemdrücke.

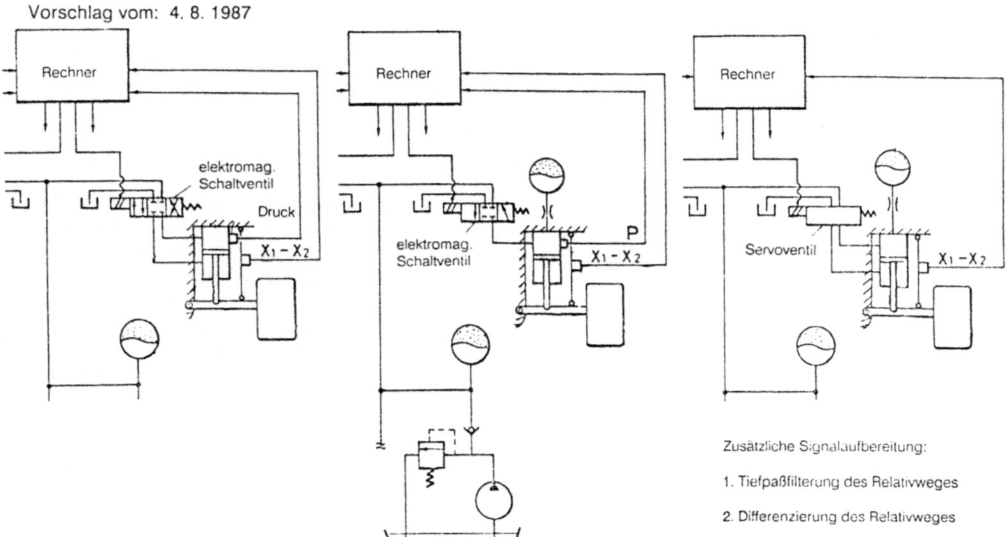

Quelle: EP 0 255 720

Bild 26: Volltragende aktive Federung nach Mazda 1987

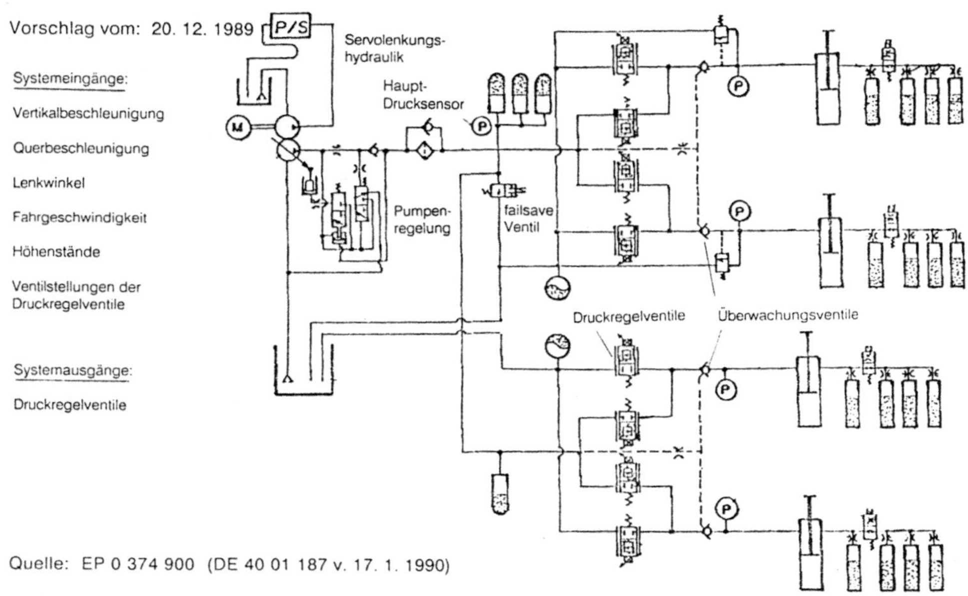

Quelle: EP 0 374 900 (DE 40 01 187 v. 17. 1. 1990)

Bild 27: Volltragende aktive Federung nach Mazda 1989

Als Sicherheitseinrichtung ist eine Warnanzeige vorgesehen (z.B. zu wenig Öl im Speicher).
Bei Fehlfunktionen eines Sensors wird das System abgeschaltet und das Fahrzeug bleibt in der Position, die es gerade innegehabt hat.
Als weitere Alternative wird auch davon gesprochen, daß das Fahrzeug im Fehlerfalle abgesenkt wird.

Den Entwicklungsfortschritt bei Mazda kann man an einer weiteren Patentanmeldung aus dem Mai 1990 erkennen [34] (Bild 28). Die Sensorik und die Art der Hydraulikversorgung bleibt im Prinzip erhalten, es ändern sich jedoch die Magnetventile und deren Ansteuerung. Jede Radstation wird mit einem hydraulisch aufzusteuernden Sperrventil versehen. Die 2/2-Schaltventile werden durch Proportionalventile ersetzt. In Bild 29 ist das Blockschaltbild für die Verknüpfung der verschiedenen Regelkreise wiedergegeben worden. Man erkennt daraus, daß sowohl mit dem Höhenstand des Fahrzeuges, als auch mit den beiden Ableitungen daraus geregelt wird. Ausgeregelt werden sollen Nick- und Wankbewegungen.

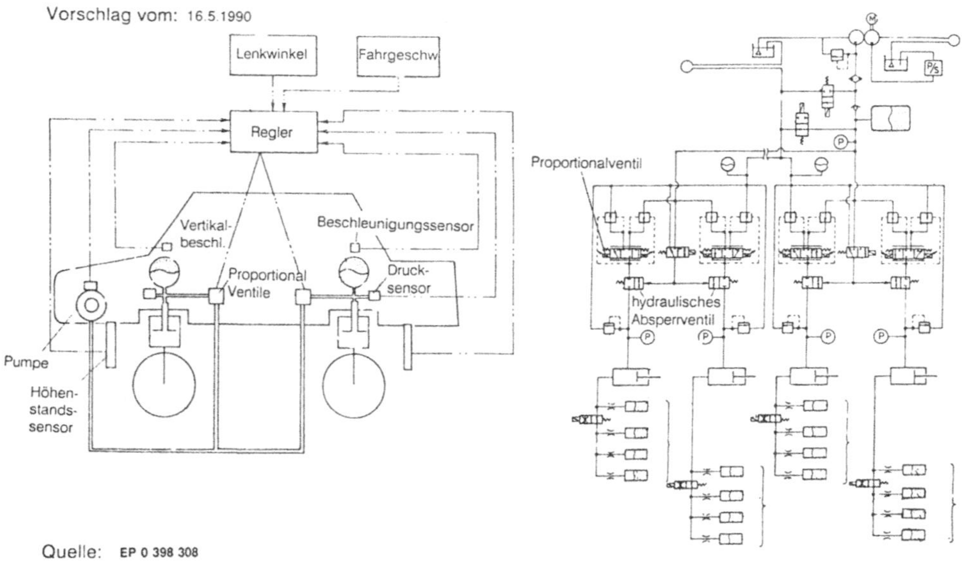

Bild 28: Volltragende aktive Federung nach Mazda 1990

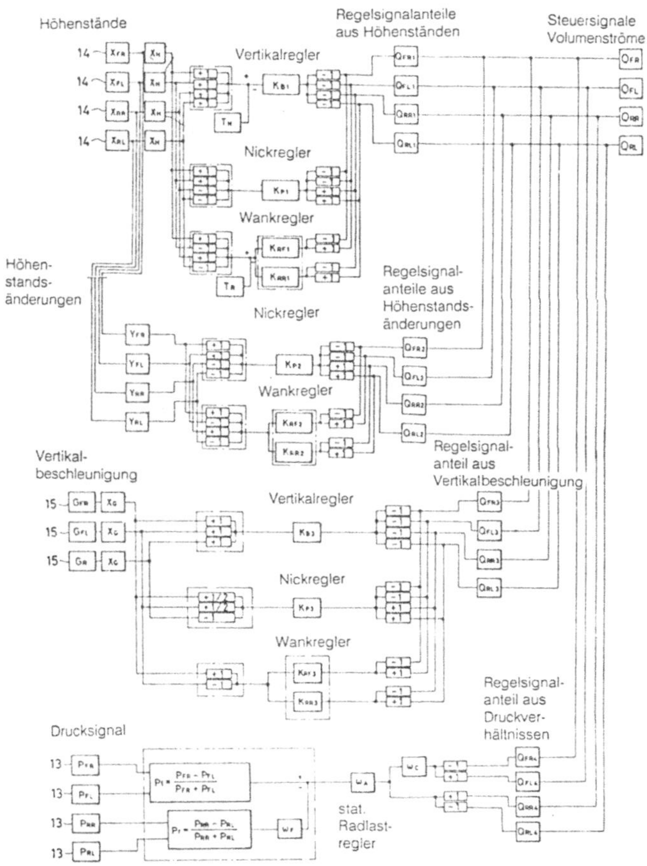

Quelle: EP 0 398 308 Vorschlag vom 16.5.1990

Bild 29: Blockschaltbild der volltragenden aktiven Federung nach Mazda 1990

Eine der letzten Firmen, die in die Entwicklung der aktiven Federung eingestiegen sind, scheint die Fa. Fuji Jukogyo zu sein. Im April 1988 werden auch hier Wirkprinzipien zum Patent angemeldet [35] (Bild 30). Ähnlich wie schon bei Toyota wird z.B. vorgeschlagen, mit einer Luftfederung und Nieder- und Hochdruckspeichern zu arbeiten. In einer weiteren Anmeldung im September 1989 wird jedoch eine recht einfache hydropneumatische Lösung gezeigt, die den Mazda-Vorstellungen sehr ähnlich ist [36]. Da diese Lösung auch nur eine Zwischenstufe im Entwicklungsablauf dargestellt hat, soll nicht weiter darauf eingegangen werden.

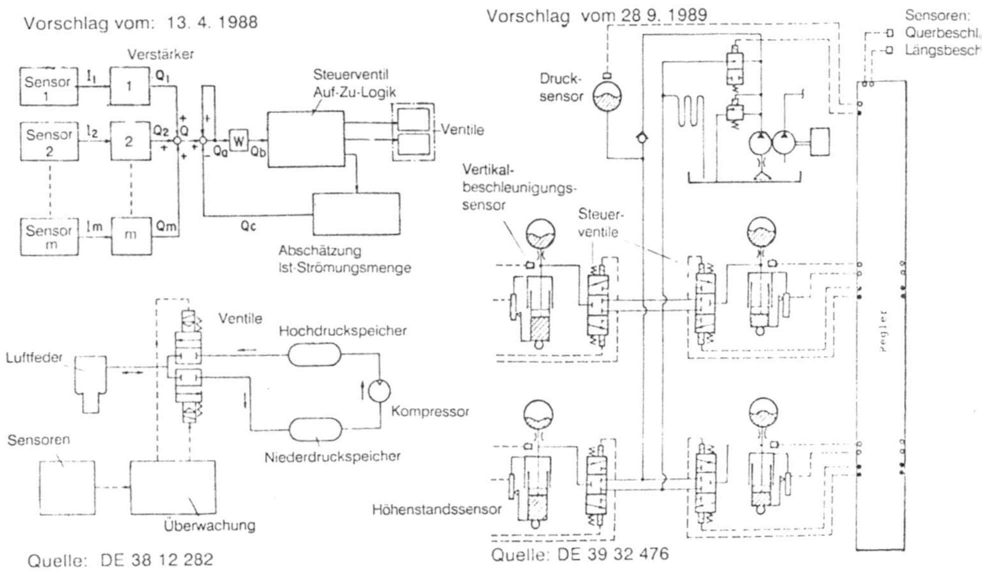

Bild 30: Volltragende aktive Federung nach Fuji Jukogyo 1988

3.4.2 Teiltragende aktive Federungssysteme

Das Schalten von Zusatzvolumina sowie die Verwendung von Dämpfungselementen zwischen den Federzylindern und den Federspeichern sowie die Weiterverwendung von vorverdichteter Luft oder das Umpumpen von Hydraulik aus einem Federzylinder in den anderen zeigt bereits, daß ein wesentlicher Nachteil der aktiven Federung - zumindest der bisher besprochenen volltragenden Systeme - im Energieverbrauch liegt. Diese Erkenntnis hat bei allen Entwicklern dazu geführt, daß die volltragenden Systeme nicht weiterverfolgt worden sind, sondern daß nach einiger Bearbeitungszeit auf sog. teiltragende aktive Federungssysteme übergegangen worden ist. Das bedeutet, daß zusätzlich eine die statische Radlast tragende Stahlfeder in die Radstationen integriert worden ist. Durch die Hilfsenergie müssen dann nur noch die Radlastschwankungen ausgeglichen werden. Die vorgeschlagenen Lösungen seien im folgenden wieder kurz skizziert.

Die Fa. Mitsubishi hat bereits 1985 teiltragende Lösungen für die aktive Federung vorgeschlagen, allerdings als Luftfederungen. Die in [14] skizzierten Lösungen sind in den Bildern 31 und 32 zusammengefaßt. Im Prinzip sind diese Federsysteme denen der volltragenden Lösungen ähnlich. Deshalb sollen sie nicht näher diskutiert werden. Es werden, wie oben bei den

Vorschlag vom: 22.5.1985

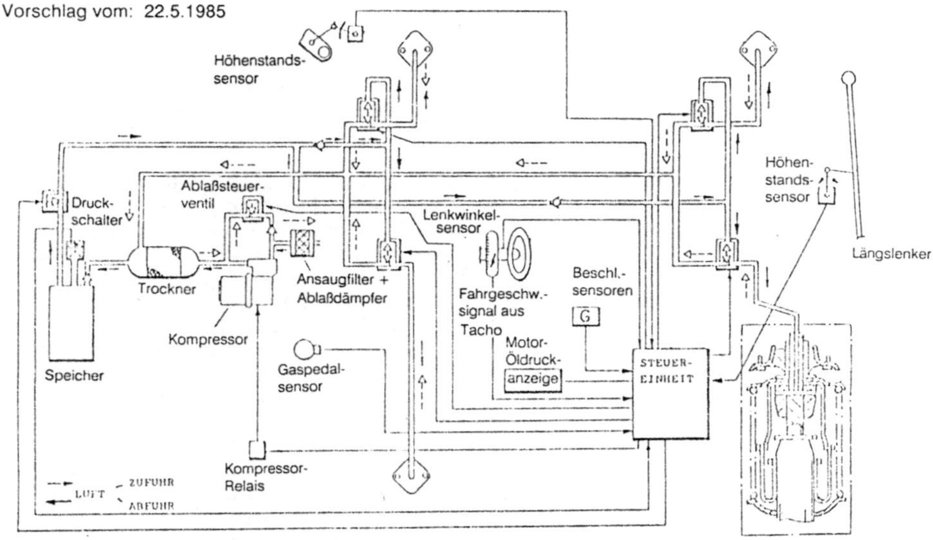

Quelle: DE 35 18 435

zusätzlich: Bremspedalsensor

Bild 31: Teiltragende offene aktive Luftfederung nach Mitsubishi 1985

Vorschlag vom: 22.5.1985

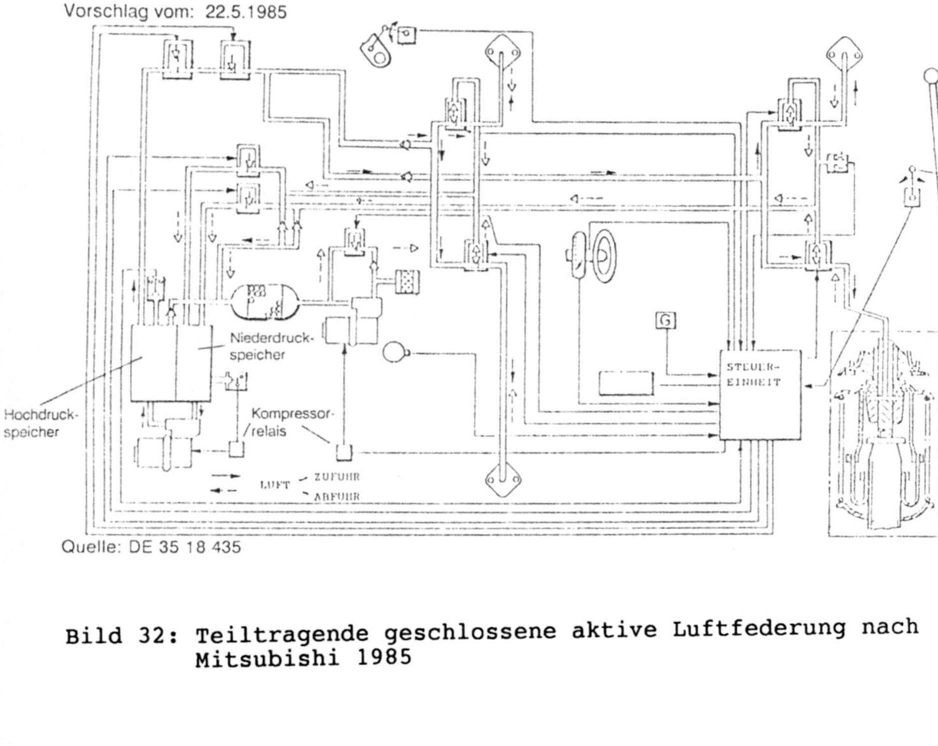

Quelle: DE 35 18 435

Bild 32: Teiltragende geschlossene aktive Luftfederung nach Mitsubishi 1985

volltragenden Federungen, auch hier bei den teiltragenden Federungen offene und geschlossene Luftfedersysteme diskutiert. Die als offenes System arbeitende Federung wurde in den vergangenen Jahren in einer Baureihe des Mitsubishi Galant in Serie eingesetzt.

Die 1986 von Mazda vorgeschlagene teiltragende Lösung ist eine erste Näherung zu einer aktiven Federung. Im Zusammenhang mit den schaltbaren Volumina wurde dieses System bereits erwähnt. Das in der Patentanmeldung [14] wiedergegebene Diagramm (Bild 33) zeigt jedoch, daß mit einer querbeschleunigungsabhängigen Wankbegrenzung gearbeitet werden soll. Im Unterschied zu anderen Firmen, schlagen die Mazda-Entwickler jedoch vor, bis zu einer vorzugebenden Querbeschleunigung Wankbewegungen zuzulassen, und erst bei höheren Querbeschleunigungen wird durch Schalten von Zusatzvolumina und durch Verstellung der Stoßdämpferkennlinien das Wanken verhindert. Es wurde bei Mazda 1986 damit offensichtlich eine deutlich andere Wirkungsweise der aktiven Federung verfolgt. Die oben diskutierten hydraulischen Lösungen von Mazda passen deutlich besser in die generellen Entwicklungstrends, zumal sie ebenfalls als teiltragende Systeme ausgeführt werden können.

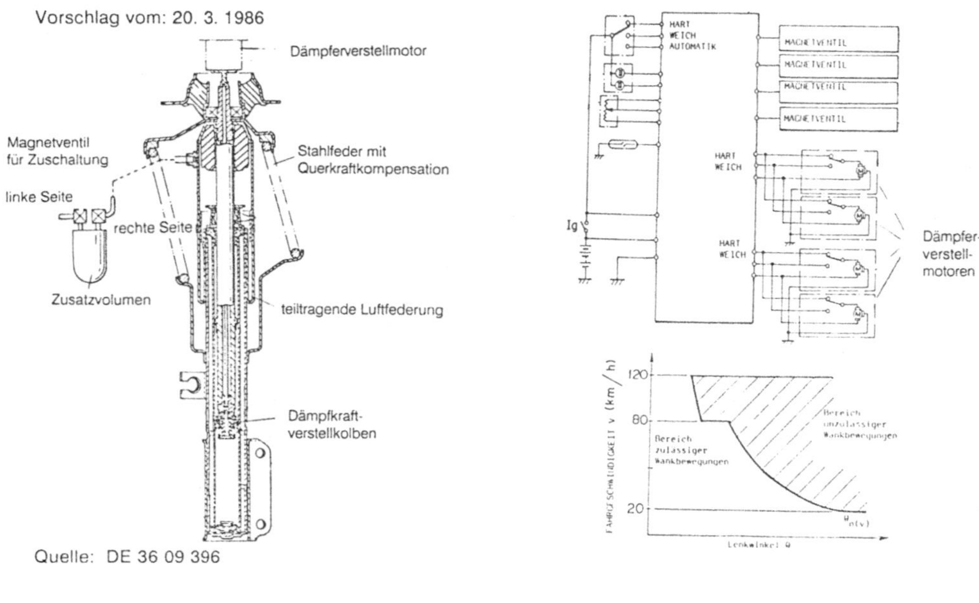

Bild 33: Teiltragende "aktive" Luftfederung nach Mazda 1986

Die Fa. Toyota hat im Dezember 1989 Patentanmeldungen zur teiltragenden aktiven Federung vorgenommen [37,38] (Bild 34). In einem im Prinzip "konventionellen" System erzeugt eine verbrennungsmotorgetriebene Ölpumpe den Hydraulikdruck, der durch mehrere Schalt- und Druckregelventile den Federbeinen zugeführt wird. Die Ventile sind in Bild 35 zusammengestellt. Mit drei Ventilen pro Rad ist der erforderliche Aufwand nicht unerheblich. Als Federspeicher werden Kolbenspeicher eingesetzt, die direkt am Federbein angebracht sind. Damit ist dieser Aufbau dem bereits bei Mazda zu erkennenden System ähnlich, allerdings werden bei Toyota keine Zusatzfedern geschaltet. Die Stahlfeder sorgt am Federbein für den Querkraftausgleich. Die Federbeine haben eine Leckölrückführung. Das weist auf besondere Bemühungen bei der Reibungsoptimierung der Kolben- und Kolbenstangenführung hin. Als Sensoren werden Höhenstandssensoren, Drucksensoren, Beschleunigungs- und Lenkwinkelsensoren eingesetzt.

Den nächsten Entwicklungsschritt bei Toyota zeigt Bild 36, in dem der Schaltplan und die verwendete Sensorik einer Patentanmeldung vom April 1990 zusammengefaßt worden ist [39]. Auch aus diesem Bild wird deutlich, daß sich Toyota sehr stark hydraulisch gesteuerten Ventilen zuwendet. Die Magnetventile werden nur noch zum Vorsteuern verwendet. Das beweist die erhebliche Neudefinition der aktiven Federung bei Toyota, denn die Ansätze der volltragenden Lösungen sahen sehr viel anders aus.

Die von Fuji Jukogyo im Juni 1990 angemeldete teiltragende aktive Federung [40] unterscheidet sich von der früheren Patentanmeldung vor allem in der Sensorik (Bild 37). Es werden Beschleunigungen im Fahrzeugaufbau (längs und quer), Beschleunigungen an den einzelnen Rädern und die Relativwege zwischen Radaufhängung und Fahrzeugaufbau gemessen. Der Relativweg selber und die daraus differenzierten Signale werden

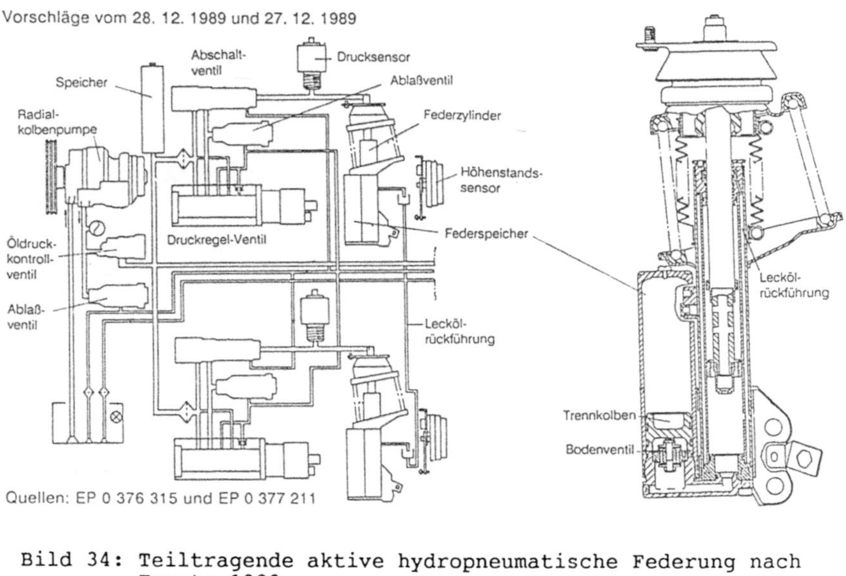

Bild 34: Teiltragende aktive hydropneumatische Federung nach Toyota 1989

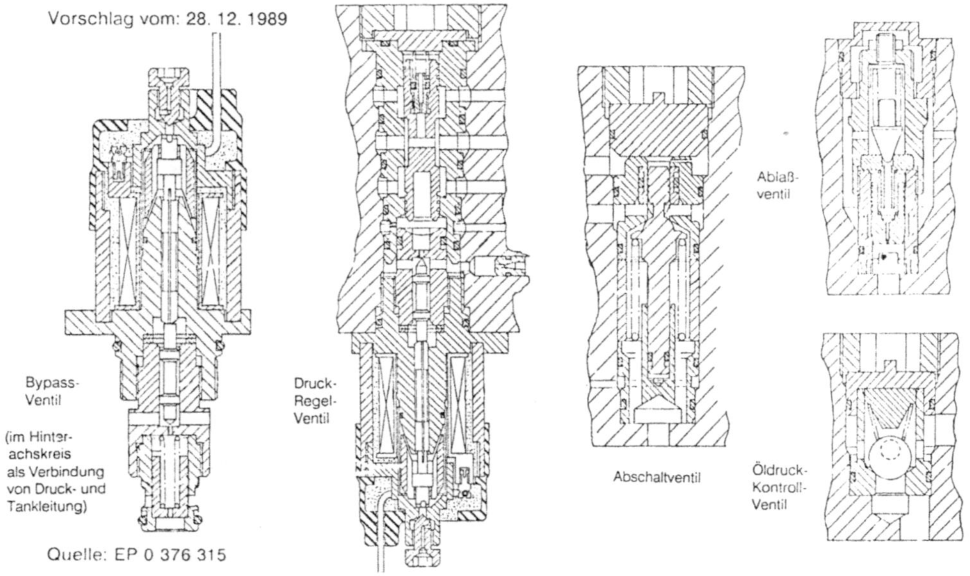

Bild 35: Ventile der aktiven hydropneumatischen Federung von Toyota 1989

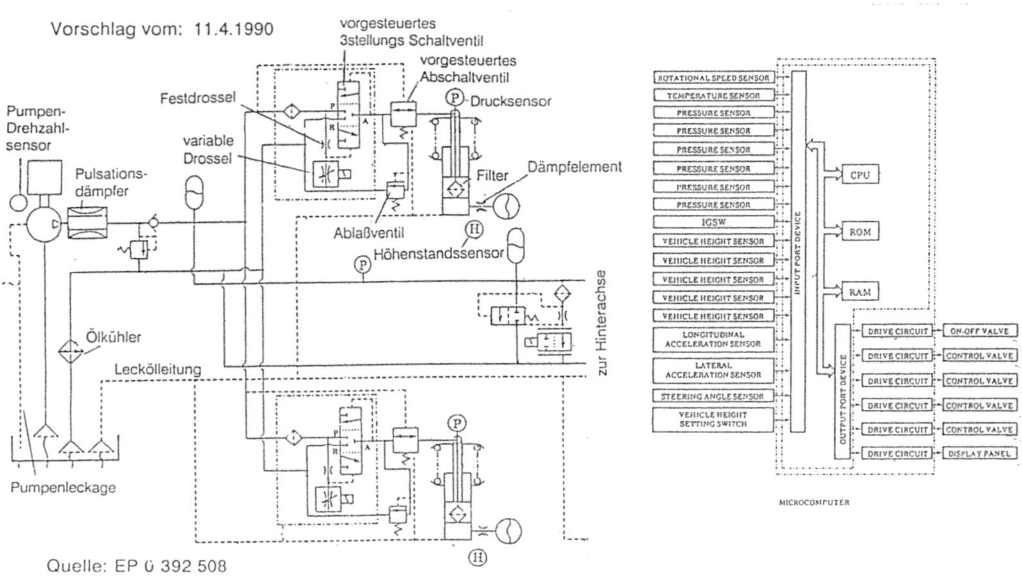

Bild 36: Teiltragende aktive hydropneumatische Federung nach Toyota 1990

Vorschlag vom: 21. 6. 1990

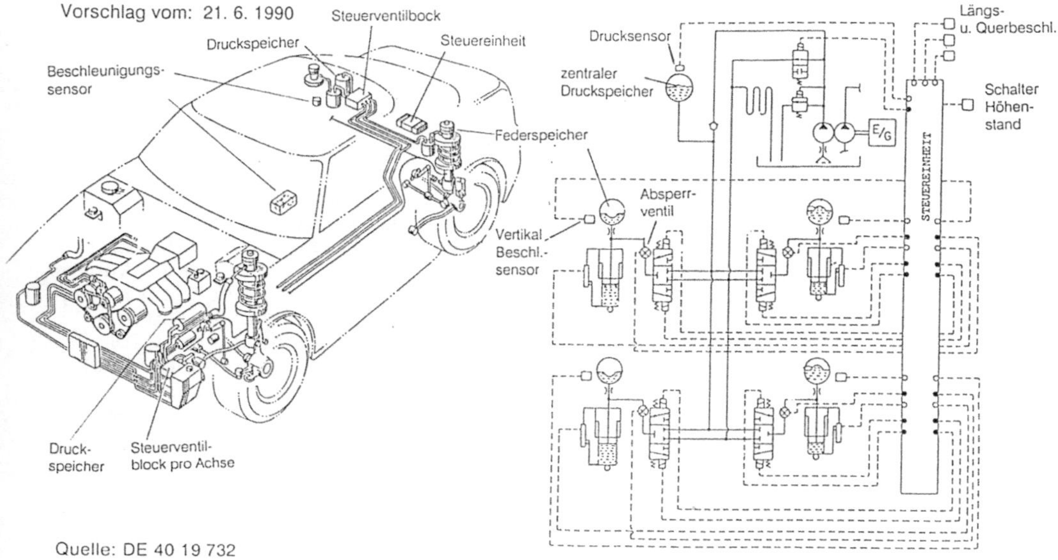

Quelle: DE 40 19 732

Bild 37: Teiltragende aktive Federung nach Fuji Jukogyo 1990

Vorschlag vom: 21. 6. 1990

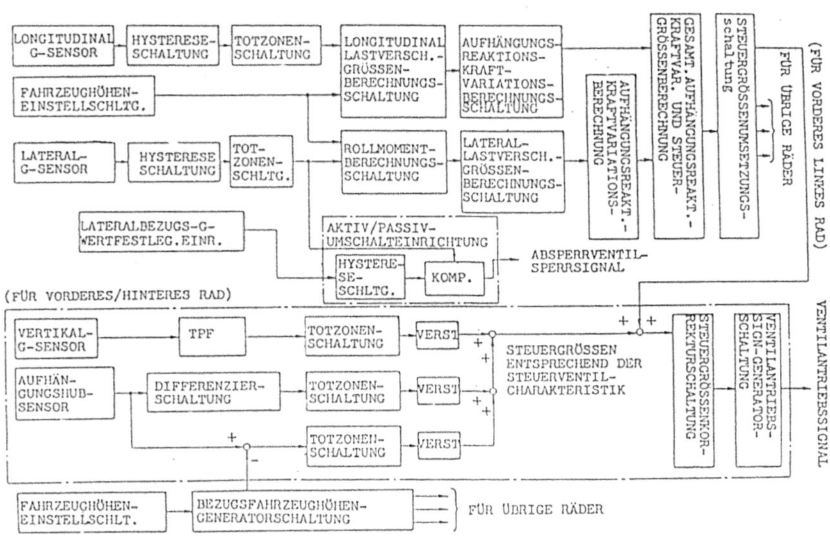

Quelle: DE 40 19 732

Bild 38: Blockschaltbild der aktiven Federung von Fuji Jukogyo 1990

in der Regelung weiterverarbeitet. Als Ventile werden Proportionalventile und Absperrventile vorgeschlagen. Das System kommt ohne Lenkwinkelsensorik aus. Die einzustellenden Kräfte in den Federzylindern werden aus den Beschleunigungen, Geschwindigkeiten und Federwegen berechnet (Bild 38).

Das heute auf dem Markt wahrscheinlich wichtigste System stammt von der Fa. Nissan. Da in dieser Vortragsreihe ein eigener Nissan-Beitrag enthalten ist, soll an dieser Stelle mehr der Vollständigkeit halber auf dieses System eingegangen werden. Aus der Patentliteratur ist ein ganz konsequenter Weg der Fa. Nissan zu diesem System der aktiven Federung zu erkennen. In Bild 39 ist das in der Patentanmeldung vom März 1988 [41] enthaltene Grundprinzip wiedergegeben worden. Auch bei Nissan wird die aktive Federung ohne Lenkwinkelsensorik realisiert. Aus Längs-, Quer- und Vertikalbeschleunigungen wird eine Fahrzeugebene aufgespannt, die zum Regeln der Hydraulikdrücke in den Federzylindern herangezogen werden kann. Die wohl wichtigsten Teile der Anlage sind die Druckregelventile an den Radstationen (rechts in Bild 39). Diese elektrisch vorgesteuerten Ventile arbeiten als Durchflußsysteme. Sie sorgen dafür, daß der Druck in den Federzylindern bei normaler Fahrt gerade so groß ist, daß gemeinsam mit der Stahlfeder die statische Radlast getragen werden kann. Durch Modulation des Spulenstromes der Vorsteuerstufe kann der Druck im Federzylinder verringert oder gesteigert werden. Die in Bild 39 gezeigte Bauart des Druckregelventiles hat einen permanenten Ölumlauf erforderlich gemacht, ohne daß sich dieser Umlauf bei ungestörter Geradeausfahrt auf die Federungsqualität auswirken konnte. Diese Ventilleckage wirkt sich sehr ungünstig auf den Kraftstoffverbrauch aus. Um bei dem Druckregelventil eine Überdeckung der Steuerkanten zu erreichen, wurde in einer weiteren Patentanmeldung [42] aus dem September 1988 eine andere Bauart des Druckregelventiles vorgeschlagen (Bild 40). Diese Bauart ist im Nissan Infinity eingesetzt wurden. Im Unterschied zum alten Ventil wird bei dem neuen Ventil nicht mehr mechanisch vom Proportionalmagneten über Kolben und Federn auf den hydraulikunterstützen Hauptschieber gedrückt, sondern es wird über eine variable Drosselstelle eine reine Druckregelung am Steuerschieber realisiert. Der Durchfluß-Ölverbrauch läßt sich damit reduzieren, d.h. die Verluste in der Hydraulikversorgung lassen sich vermindern.
Daß diese Maßnahme den Nissan-Entwicklern nicht genügt hat, zeigt die Entwicklung einer speziellen Pumpenanordnung für die aktive Federung. Für den amerikanischen Markt wird für die Versorgung der aktiven Federung eine Radialkolbenpumpe eingesetzt, die aus zwei kuppelbaren Teilen besteht. Wird wenig Energie benötigt, dann fördert nur eine Pumpe. Steigen die Anforderungen, wird automatisch die zweite Pumpe zugeschaltet. Diese Zusammenhänge sind in [43] näher erläutert worden. Hier sei darauf nicht weiter eingegangen.

Vorschlag vom: 16.3.1988

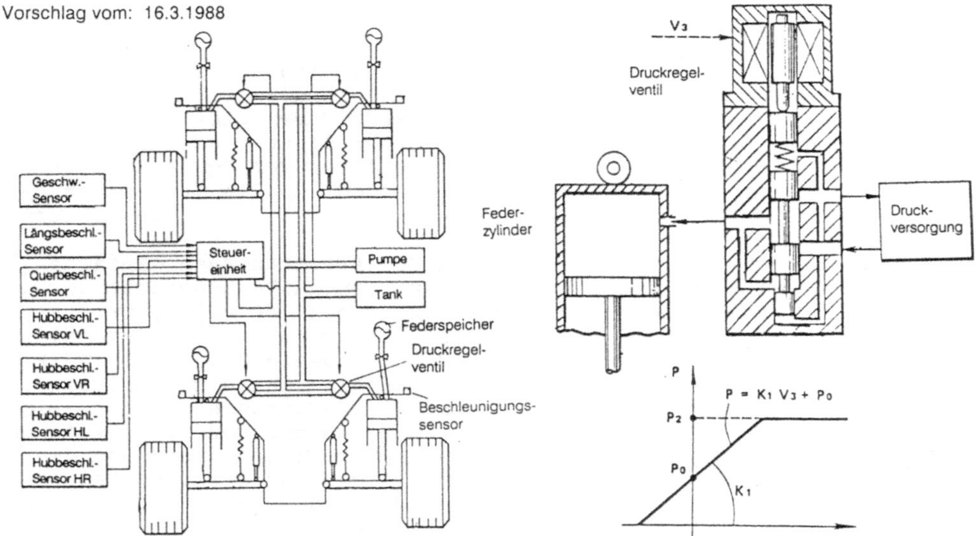

Quelle: EP 0 283 004

Bild 39: Teiltragende aktive Federung nach Nissan 1988

Vorschlag vom: 29. 11. 1988

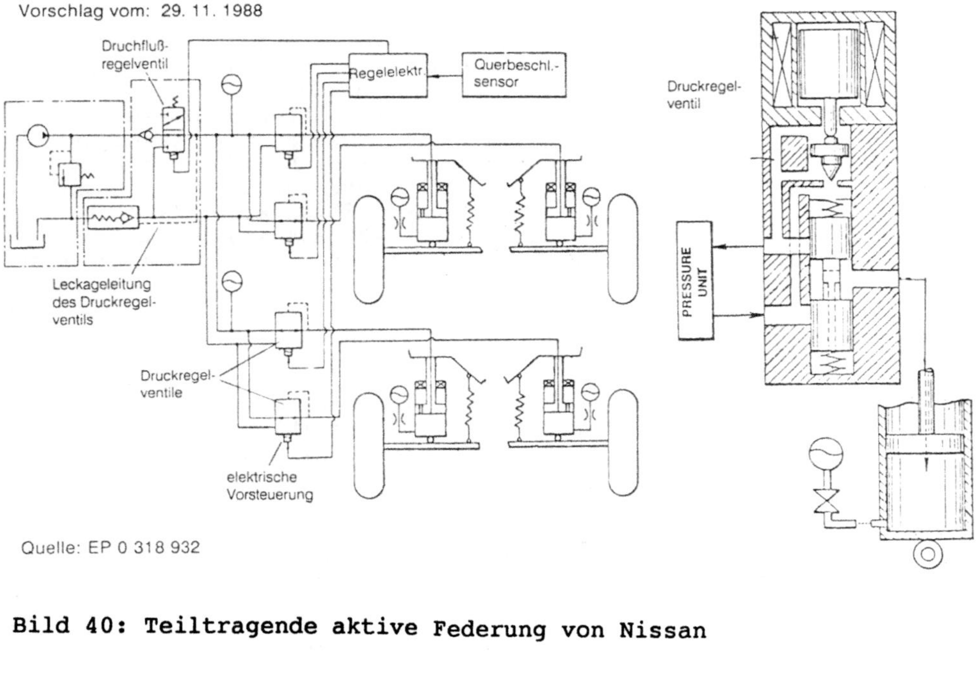

Quelle: EP 0 318 932

Bild 40: Teiltragende aktive Federung von Nissan

4. Zusammenfassung

Mit dieser Zusammenstellung der Aktivitäten auf dem Gebiet der aktiven Federung sollte gezeigt werden, wie intensiv an diesem Thema weltweit gearbeitet wird. Dabei gibt die Betrachtung der Patentsituation naturgemäß nur einen beschränkten Einblick, zumal auch nur ein Teil der verfügbaren Patente ausgewertet wurde. Es zeigt sich jedoch, daß in den vergangenen fünf Jahren auf diesem Gebiet sehr viel Arbeit investiert worden ist.
Man kann erkennen, daß zu Beginn der Arbeiten nach einfachen Lösungen zur Stabilisierung des Fahrzeugaufbaus gesucht worden ist. Die damals formulierten Lösungen: Stabilisatorverstellungen, Schalten von Volumina, Verschieben von Fluiden, haben jedoch nicht befriedigen können. Deshalb wurde in weiteren Arbeiten versucht, das überhaupt Machbare zu realisieren. Das hat zu volltragenden aktiven Federungen geführt. Die nähere Beschäftigung mit diesen Systemen hat vor allem Aufwandsprobleme gezeigt. Sowohl der apparative Aufwand und die damit verbundenen Kosten, als auch die erforderlichen Leistungen für den Betrieb solcher Federungssysteme haben die Entwickler nach anderen Lösungen suchen lassen.
Es scheint heute eine gemeinsame Entwicklungsrichtung zu geben: Es werden teiltragende hydropneumatische Federungen mit elektrisch gesteuerten Proportional- oder hydraulischen angesteuerten Druckregelventilen eingesetzt. Diese Ventile sorgen für eine Ausregelung der Wankbewegung, des Anfahr- und Bremsnickens und in einem gewissen Umfang gleichen sie Fahrbahnunebenheiten aus.
Als Sensoren werden Federwegaufnehmer, Drucksensoren und Beschleunigungssensoren eingesetzt. Die Fahrgeschwindigkeit wird i.a. ausgewertet, die Verarbeitung des Lenkwinkels geschieht nur gelegentlich. Die meisten Anstrengungen werden derzeit darauf gerichtet, den Energieverbrauch zu vermindern und die Ausfallsicherheit zu garantieren. Bei der Logikentwicklung werden Vorschläge unter Verwendung von Fuzzy-Logic gemacht. Das bedeutet, die Systemdefinition kann als abgeschlossen betrachtet werden, jetzt geht es bereits um eine wirtschaftliche Realisierung (Systemkosten und Verbrauch) mit möglichst großem Kundennutzen.

5. Schrifttum

[1] Asami, K.; Ohashi, K; Onuma, T.; Buma, S. — Rear wheel suspension controller. Toyota Jidosha Kabushiki Kaisha. EP 0 186 183 vom 23.12.1985

[2] Asami, K.; Ohashi, K.; Onuma, T.; Buma, S. — Rear wheel suspension controller. Toyota Jidosha Kabushiki Kaisha. EP 0 186 202 vom 02.07.1986

[3] Asami, K.; Ohashi, K.; Onuma, T.; Buma, S. — Rear suspension controller. Toyota Jidosha Kabushiki Kaisha. EP 0 187 310 vom 23.12.1985

[4]	Asami, K. Ohashi, K. Onuma, T. Buma, S.	Rear suspension controller Toyota Jidosha Kabushiki Kaisha EP 0 188 289 vom 16. 1.1986
[5]	Richard, D.	Dispositif anti-roulis hydraulique Automobiles Peugeot/ Citroen EP 0 190 978 vom 6. 2.1986
[6]	Girard, P.	Dispositif de correction d'assiette d'un vehicule automobile Automobiles Peugeot/ Citroen EP 0 354 113 vom 31. 7.1989
[7]	Kozaki, T. Ishikawa, H. Yasui, H. Shimamoto, M. Hibino, K. Katsuhiko, T. Suzuki, M.	Lagesteuervorrichtung, Fahrzeugaufhängung hiermit und Lagedetektor hierfür Nippondenso Co. Ltd. DE 39 24 918 vom 27. 7.1989
[8]	Shibata, N. Susuki, T. Fujii, T. Arai, J. Kato, H.	Spring-constant variable stabilizer device Mitsubishi Jidosha Kogyo Kabushiki Kaisha EP 0 270 327 vom 30.11.1987
[9]	Shibahata, Y. Fukunaga, Y. Nakamura, K. Tsubota, Y. Irie, N. Kuroki, J.	Stabilizer for an automotive vehicle Nissan Motor Co.,Ltd EP 0 152 914 vom 13. 2.1985
[10]	Heiland, H. Kindermann, S.	Regelungseinrichtung zur Beeinflussung der Radaufstandskräfte eines Fahrzeugs Bayerische Motoren Werke AG DE 37 05 520 vom 20. 2.1987
[11]	Leiber, H. Klinkner, W. Haid, R.	Stabilisator für Kraftfahrzeuge Daimler-Benz AG DE 37 40 244 vom 27.11.1987
[12]	Gonska, W. Lang, R. Walz, U.	Simulation aktiver Wankbeeinflussung VDI Bericht Nr. 816, 1990 S. 559 - 568
[13]	Kabayashi, K. Takizawa, S. Tanaka, T. Harara, M. Taniguchi, Y. Suzumura, M. Kumagai, N. Tatemoto, M.	Fahrzeugfederung Mitsubishi Jidosha Kogyo K.K. DE 35 18 435 vom 22. 5.1985

[14] Yoshimura, T. Radaufhängung für ein Fahrzeug
Mazda Motor Corp.
DE 36 09 396 vom 20. 3.1986

[15] Edahiro, T.
Takehara, S.
Morita, T.
Kumada, H.
Aufhängungsvorrichtung eines Fahrzeuges
Mazda Motor Corp.
DE 40 01 186 vom 17. 1.1990

[16] Hiromoto, S.
Narioka, M.
Nakayama, O.
Vehicular anti-roll system for stabilizing the orientation of a vehicle body
NHK Spring Co., Ltd.
EP 0 355 715 vom 17. 8.1989

[17] Oehlerking, C. Ventilvorrichtung zur wahleisen Herstellung oder Unterbrechung einer Leitungsverbindung zwischen zwei mit unterschiedlichem Druck gefüllten Kammern
Volkswagenwerk AG
DE 37 23 033 vom 11. 7.1897

[18] Enke, K. Vorrichtung zur Stabilisierung des Fahreugaufbaus gegen Kurvenneigung
Daimler-Benz AG
DE 20 48 323 vom 1. Okt. 1970

[19] Lachaize, H.G. Anti-roulis hydro-pneumatique
Automobiles Peugeot
EP 0 201 425 vom 5. 5.1986

[20] Tuczek, F. Hydropneumat. Fahrzeugfederung mit gasseitiger Niveauregelung
Tuczek, Franz, Dr.-Ing.
DE 36 44 931 vom 8. 2.1986

[21] Bufler, E. Pneumatische oder hydropneumatische Federung eines Kraftfahrzeuges
Volkswagenwerk AG
DE 36 18 055 vom 28. 5.1986

[22] Zetsche, D.
Reber, U.
Lückel, J.
Verfahren und Vorrichtung zum Aufrichten von Fahrzeugen entgegen einer Kurvenneigung
Daimler-Benz AG
DE 28 44 413 vom 12.10.1978

[23] Williams, D.
Wright, P.
Vehicle suspension arrangements
Group Lotus Car Companies PLC
EP 0 142 947 vom 23.10.1984

[24] Williams, D.
Wright, P.
Vehicle suspension arrangements
Group Lotus Car Companies PLC
EP 0 190 944 vom 7. 2.1986

[25] Lachaize, H. — Dispositif de suspension hydropneumatique semi-active et vehicule automobile equipe de ce dispositif
Automobiles Peugeot/Citroen
EP 0 328 840 vom 30.12.1988

[26] Doi, S.; Sugiura, N.; Hayashi, Y.; Yamamoto, Y. — Active Suspension apparatus
Kabushiki Kaisha Toyota Chuo Kenkyusho
EP 0 162 449 vom 21. 5.1985

[27] Kurosawa, R. — Vehicle active suspension system incorporating accelaration detecting means
Toyota Jidosha Kabushiki Kaisha
EP 0 193 744 vom 5. 2.1986

[28] Yasulke, O.; Arai, Y.; Owa, N.; Doi, S. — System for vehicle body roll control detecting and compensating steering oppositely to vehicle turning direction
Toyota Jidosha Kabushiki Kaisha
EP 0 234 552 vom 24. 2.1987

[29] Yonekawa, T.; Buma, W.; Aburaya, T.; Takeda, O.; Doi, S. — Electronic controlled fluid suspension system
Toyota Jidosha Kabushiki Kaisha
Kabushiki Kaisha Toyota Chuo Kenkyusho
EP 0 306 004 vom 31. 8.1988

[30] Tanaka, T.; Chikamori, S.; Harara, M.; Takeuchi, S.; Suzumura, M.; Tatemoto, M.; Kumagai, N.; Abe, H. — Fahrzeugfederung
Mitsubishi Jidosha Kogyo K.K.
DE 35 02 337 vom 24. 1.1985

[31] Tanaka, T.; Harara, M.; Taniguchi, Y.; Takizawa, S.; Tatemoto, M. — Kraftfahrzeugaufhängung
Mitsubishi Jidosha Kogyo K.K.
DE 38 30 129 vom 5. 9.1988

[32] Watanabe, K.; Takehara, S.; Shimoe, H.; Taniguchi, H. — Vehicle suspension system
Mazda Motor Corp.
EP 0 255 720 vom 4. 8.1987

[33] Kamimura, S.; Edahiro, T.; Takehara, S.; Morita, T. — Vehicle suspension system
Mazda Motor Corp.
EP 0 374 900 vom 20.12.1989

[34] Shibata, M.; Takehara, S.; Morita, T. — A vehicle suspension system
Mazda Motor Corp.
EP 0 398 308 vom 16. 5.1990

[35] Kamimua, K.; Sano, T.; Oshita, S.; Mine, A.; Hiwatashi, Y.; Konno, T.
Überwachungsverfahren und -System für eine aktive Fahrzeugaufhängung
Fuji Jukogyo K.K.
DE 38 12 282 vom 13. 4.1988

[36] Kamimura, K.; Mine, A.; Hiwatashi, Y.
Vorrichtung zum Regeln eines aktiven Radaufhängungssystems für ein Kraftfahrzeug
Fuji Jukogyo K.K.
DE 39 32 476 vom 28. 9.1989

[37] Komazawa, O.; Isogai, S.; Buma, S.; Onuma, T.; Yonekawa, T.; Hattori, K.
Pressure control system for suspension
Aisin Seiki Kabushiki Kaisha
Toyota Jidosha Kabushiki Kaisha
Kabushiki Kaisha Toyota Chuo Kenkyusho
EP 0 376 315 vom 28.12.1989

[38] Kokubo, K.; Hamada, T.; Tagawa, S.; Suzumura, N.; Buma, S.; Aburaya, T.; Onuma, T.; Sato, K.; Yonekawa, T.; Kawanishi, M.; Ikemoto, H.; Ohashi, K.
Pressure control system for suspension
Aisin Seiki Kabushiki Kaisha
Toyota Jidosha Kabushiki Kaisha
EP 0 377 211 vom 27.12.1989

[39] Ikemoto, H.; Buma, S.; Aburaya, T.; Yonekawa, T.; Onuma, T.; Watanabe, T.; Hamada, T.
A hydraulic active suspension system for a vehicle performing vehicle height feedback control
Toyota Jidosha Kabushiki Kaisha
Aisin Seiki Kabushiki Kaisha
EP 0 392 508 vom 11. 4.1990

[40] Kaminura, K.; Mine, A.; Hiwatashi, Y.
Vorrichtung zur Steuerung aktiver Radaufhängungen von Fahrzeugen
Fuji Jukogyo K.K.
DE 40 19 732 vom 21. 6.1990

[41] Fukushima, N.; Fukunaga, Y.; Akatsu, Y; Hano, S.; Satoh, M.
Actively controlled suspension system with anti-roll control
Nissan Motor Co., Ltd.
EP 0 283 004 vom 16. 3.1988

[42]	Tsukamoto, M.	Actively controlled suspension system for automotive vehicle with fail-safe system in response to failure of electric circuitry Nissan Motor Co., Ltd. EP 0 318 932 vom 29.11.1988
[43]	Sato, M. Fukushima, N. Fukunaga, Y. Akatsu, Y. Fujimura, I. Fukuyama, K.	Pressure supply network for active suspension system and control therefore Nissan Motor Co., Ltd. EP 0 394 706 vom 30. 3.1990

Nissan Hydraulic Active Suspension

von N. Fukushima, K. Fukuyama

1. Introduction

Active suspensions have become a central focus of passenger car chassis development today because they hold out the potential for achieving dramatic improvements in performance over conventional passive control systems. The latter have mainly controlled vehicle motions by switching the spring and damper rates according to the condition of the vehicle.

Research on active suspensions dates back approximately twenty years and was originally aimed at application to railway vehicles [1]. The first serious attempt to apply an active suspension to the automobile was a mechanical system developed by Automotive Products Co. which was based on a hydropneumatic suspension [2]. Subsequently, Lotus developed an active suspension incorporating an electro-hydraulic servo system. The Lotus suspension has been tested in sports cars and also installed in racing cars [3].

More recently, Nissan and Toyota successively announced hydraulic active suspensions for certain passenger car models [4] [5] and thus ushered in an era of active suspension use in production vehicles.

This paper first discusses the types and features of typical active suspensions developed to date and then describes the Nissan hydraulic active suspension installed in the Infiniti Q45 sedan. The construction of the system is presented along with an analysis of its performance characteristics, the design method used, and the system's contribution to improvements in vehicle dynamics.

2. Types and Features of Hydraulic Active Suspensions

Three typical types of hydraulic active suspensions that have been developed to date are classified in Fig. 1.

Type A, a system under development at Lotus, is characterized by its direct linkage of a double-acting cylinder and a high-response control valve. While the control capability of the system is quite high, the control valve must provide fast response in order to absorb vibrational inputs from the road surface. As a result, the system necessarily consumes a large amount of energy especially on rough road surfaces where unsprung resonance is

Type	Configration	Features
A (Lotus)	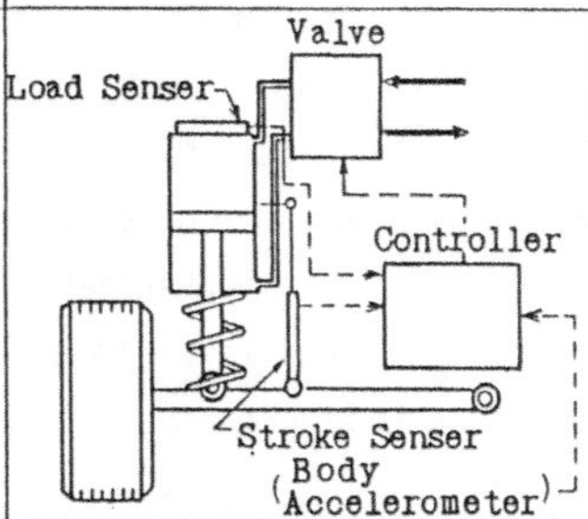	·Directy Linked ·Cylinder and Valve ·High Response Servo Valve
B (Nissan)	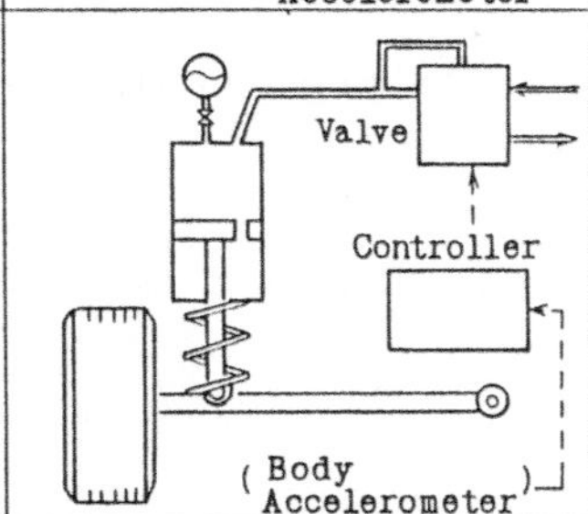	·Feedback Type Pressure Control Valve ·Conpact Accumulator for Reducing Pressure Fluctuations
C (A.P.)	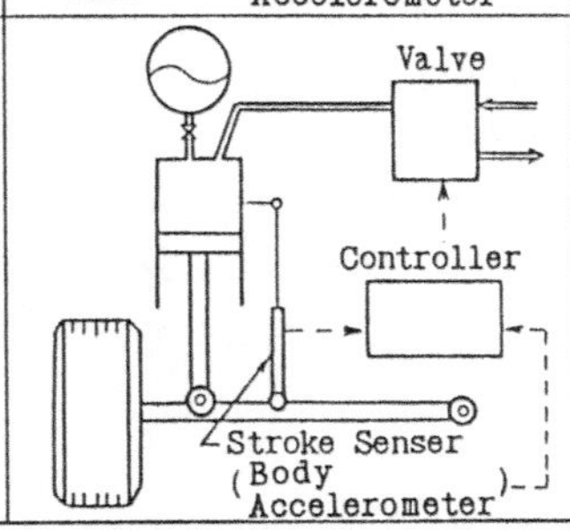	·Improved Hydro Pneumatic Suspension

Fig.1 Configuration of Typical System

conspicuous.

Type C was a hydropneumatic suspension developed by Automotive Products and was constructed as a hydropneumatic suspension. It employed a flow control valve to accomplish active control by filling the accumulator and sending the hydraulic fluid to the cylinder. Because of this method of operation, it consumed a great deal of energy in controlling bounce, roll and other sprung motions that occur during travel on an undulating road surface or in slalom-like driving.

Type B has been developed by Nissan with the specific aim of suppressing the increase in energy consumption seen with the other two types. One of its major features is the combination of a pressure control valve with a small accumulator and a hydraulic cylinder. Vibrational inputs from a rough road surface are absorbed by the accumulator, which reduces the flow rate required of the system as a whole. Control of sprung vibrations is accomplished by active damping control and the passive damping action of the hydraulic system to reduce the required hydraulic fluid flow rate when traveling on undulating road surfaces. Thus, the large energy consumption that becomes a problem in the type A and C systems under certain driving conditions is avoided. In terms of overall energy consumption, type B can be characterized as an energy-saving active suspension system.

The following discussion will describe the type B system featured in the Infiniti Q45 as a representative example of active suspension systems.

3. Construction of Hydraulic Control System

3.1 Required control system function

One major feature of active suspension control is that the active element added to the system necessarily becomes an element that transmits road surface inputs, as seen in Fig. 2. Consequently, the actuator used in an active suspension must be capable of both generating the necessary force to control sprung motions and counterbalancing vibrational inputs from the road surface. In developing the control system for the active suspension, this was both the most critical and the most difficult issue that had to be addressed.

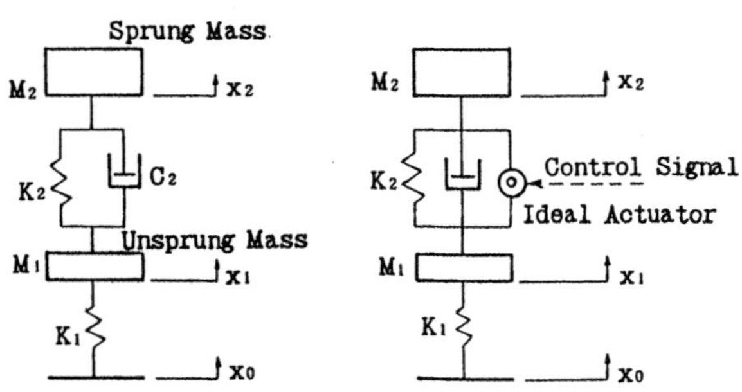

(a) Passive Suspension (b) Active Suspension

Fig.2 Suspension Model

A great deal of theoretical research has been conducted on active suspensions and there are many reports in the literature of analyses involving the use of an ideal actuator [6] [7]. What is meant by an ideal actuator is one that generates force according to control inputs but does not produce any reactive force against vibrational inputs from the road surface. The function required of the control system of an active suspension therefore differs from that required of an ordinary servo system.

3.2 Hydraulic control system configuration

In actuality, the hydraulic control system is configured such that it includes dampers, in addition to an ideal actuator. A detailed system configuration is shown in Fig. 3.

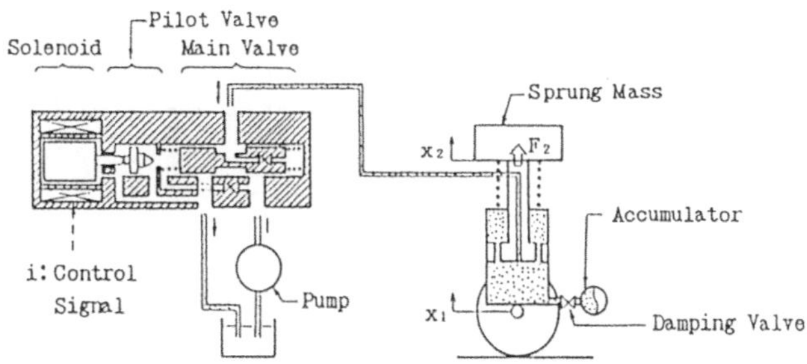

Fig.3 Electrohydraulic Pressure Control System

As indicated in the figure, high-pressure hydraulic fluid is sent from the pump and introduced through the main valve, from where it is sent to the wheel actuator. When the spool is in a neutral position, the valve is completely closed. Movement of the spool to the right opens the port on high-pressure side. Conversely, when the spool moves to the left, the return-side port is opened.

The cylinder pressure is fed back and applied to the right end of the spool, while control pressure produced by the solenoid and pilot valves is applied to the left end. When the two pressure levels are unbalanced, the spool moves accordingly, changing the cylinder pressure. As a result, the spool returns to its neutral position and the cylinder pressure is thus regulated so that it is equal to the control pressure.

The accumulator and hydraulic cylinder are connected by means of a damping valve. As will be explained in detail in the following section, the passive damping action of the hydraulic active suspension is produced by a system which combines this damping valve with the accumulator and the pressure control valve. This results in an ideal frequency-dependent damping characteristic.

3.3 Basic characteristics of hydraulic control system

This section explains two typical characteristics of the active suspension control system. One is the response characteristic of the force F2 generated by the cylinder in relation to the control current, i. The other is the characteristic of the force F2 generated by the cylinder in relation to the velocity, $\dot{x}1 - \dot{x}2$, which corresponds to road surface inputs. Experimental data on these two characteristics are shown in Fig. 4. The parameter denoted as Po in the figure indicates the biased hydraulic pressure.

The i-F2 characteristic shows sufficient responsiveness to control the pitch, roll and bounce motions of the vehicle body. The characteristic of F2 in relation to $\dot{x}1 - \dot{x}2$

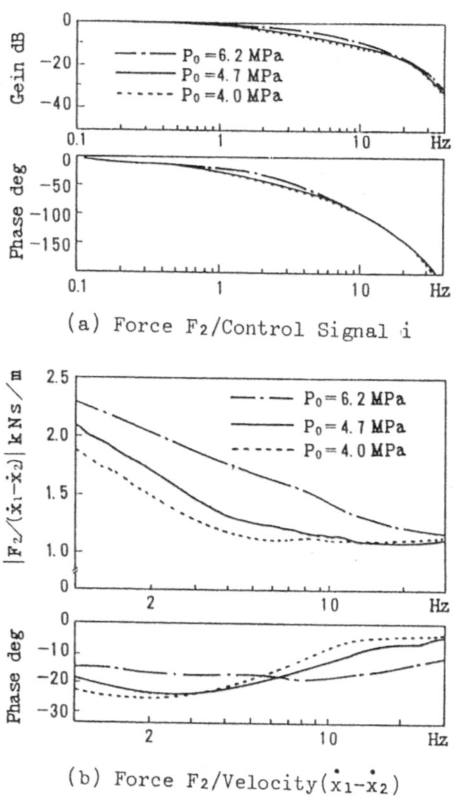

Fig.4 Frequency Response of Electrohydraulic System

shows a damping tendency, the value of which becomes smaller at higher frequencies. This result indicates that the transmission of road surface inputs to the body is reduced in the high frequency region.

3.4 In-vehicle configuration

The layout of the system when installed in a vehicle is shown in Fig. 5. All of the major components were newly developed for the hydraulic active suspension.

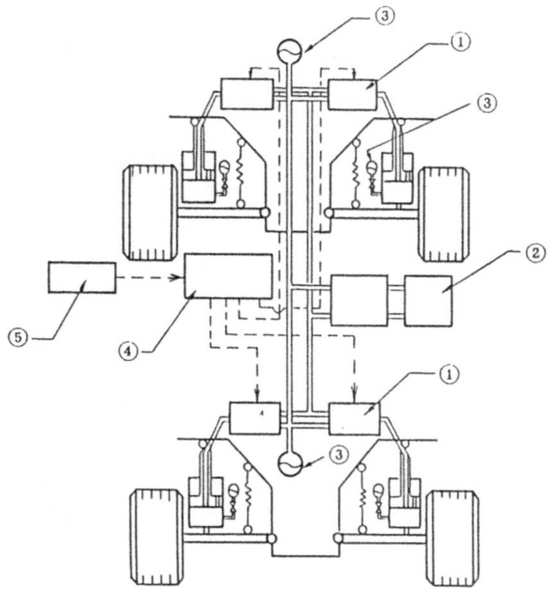

① **Feedback Type Pressure Control Valve**
② **Radial Plunger Pump : 7 cylinders, 10 MPa**
③ **Accumulator : Free Piston Type**
④ **Controller : Built in High Speed 16 bit CPU**
⑤ **Accelerometer : Ball Detection Type**

Fig.5 Schematic Diagram of Active Suspension System

4. Analysis and Design of Hydraulic Active Suspension

This section explains the procedure followed in designing the hydraulic active suspension. First, an analytical explanation is given of the three major functional features of the system -- skyhook damper control, frequency-dependent damping mechanism and roll/pitch control. The concept applied in determining their control constants is also explained. After that, an explanation is given of the performance characteristics of the mechanical suspension used in conjunction with the hydraulic active suspension and of the sharing of the performance load between the two systems.

4.1 Skyhook damper control and frequency-dependent damping mechanism

The combination of skyhook damper control and the frequency-dependent damping mechanism is notably effective in damping both the sprung and unsprung resonances of the vehicle and in reducing the transmission of road surface inputs to the body. The following explanation indicates how this is accomplished.

4.1.1 Skyhook damper control

It has been noted that a skyhook damper, which produces damping force in proportion to the absolute vertical velocity of the vehicle body, is a rational approach to reducing body vibration [6]. This concept has been incorporated in the hydraulic control system of the Nissan active suspension.

The equivalent models shown in Fig. 6-(c) and (d) were used in analyzing the characteristics of a passive damper and the skyhook damper. When a passive damper is employed, the vertical vibration characteristic of the body in relation to road surface inputs is given by

$$\frac{x_2}{x_1} = \frac{2\,j\,\omega_2\,\zeta_2\omega + \omega_2^2}{-\omega^2 + 2\,j\,\omega_2\zeta_2\,\omega + \omega_2^2} \tag{1}$$

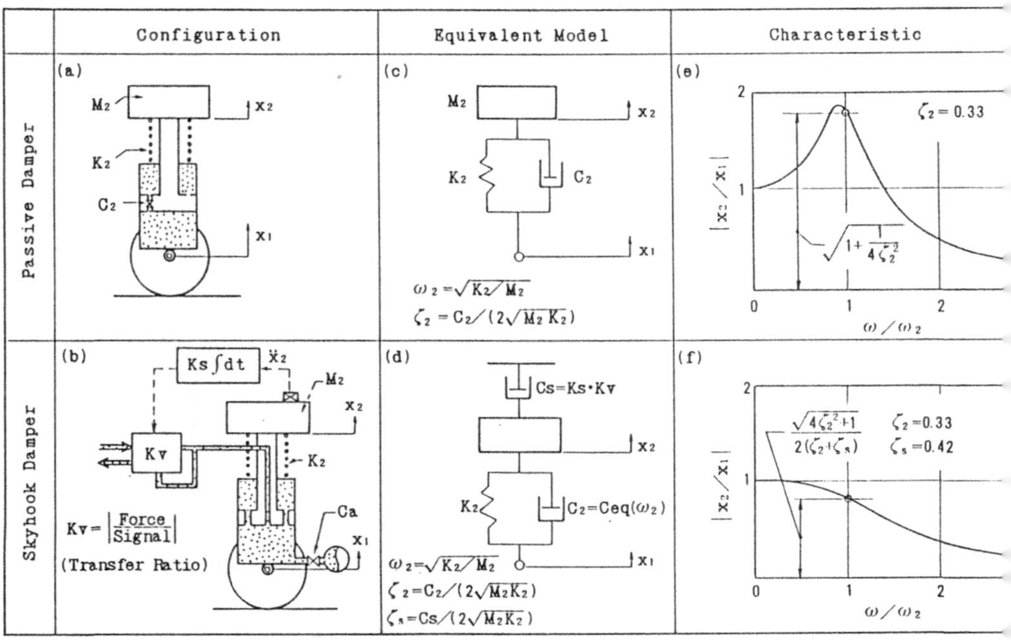

Fig.6 Configuration and Characteristics of Skyhook Damper

The vibration transmission ratio at the resonant point is

$$\left|\frac{x_2}{x_1}\right|_{\omega=\omega_2} = \sqrt{1+\frac{1}{4\zeta_2^2}} \tag{2}$$

and it always has a value greater than 1.

With the skyhook damper, on the other hand, the vibration characteristic is given by

$$\frac{x_2}{x_1} = \frac{2\,j\,\omega_2\,\zeta_2\,\omega + \omega_2^2}{-\omega^2 + 2\,j\,\omega_2(\zeta_2+\zeta_s)\,\omega + \omega_2^2} \tag{3}$$

The vibration transmission ratio at the resonant point is

$$\left|\frac{x_2}{x_1}\right|_{\omega=\omega_2} = \frac{\sqrt{4\zeta_2^2+1}}{2(\zeta_2+\zeta_s)} \tag{4}$$

Therefore,

$$\zeta_s \geq \sqrt{\zeta_2^2 + 1/4} - \zeta_2 \tag{5}$$

This makes it possible, then, to reduce the vibration transmission ratio to a value less than 1.

The skyhook damper system thus allows considerable design freedom for setting the damping ratio of active control, ζ_s , and that of the passive damper, ζ_2 . In the Nissan hydraulic active suspension, these two damping ratios are set at ζ_2 = 0.33 and ζ_s = 0.42. These values have been set so that they satisfy Eq. (5).

4.1.2 Frequency-dependent damping mechanism

In the control system shown in Fig. 3, the pressure control valve functions as a damping element against road surface inputs. As a result, the mechanism by which the suspension generates damping force is formed as shown in Fig. 7-(a). Using the equivalent model shown in (b) in the figure, the transmissibility characteristic can be found as

$$\frac{F_2}{\dot{x}_1 - \dot{x}_2} = C_v \cdot \frac{j\,C_a\,\omega + K_a}{j(C_v + C_a)\,\omega + K_a} \tag{6}$$

It is seen in Fig. 7-(c) that the calculated result thus obtained agrees well with the experimental data, which indicates that the system has been modeled accurately.

The equivalent damping constant of this system, $C_{eq}(\omega)$, can be calculated with the following expression by letting $H(\omega)$ represent the right side of Eq. (6).

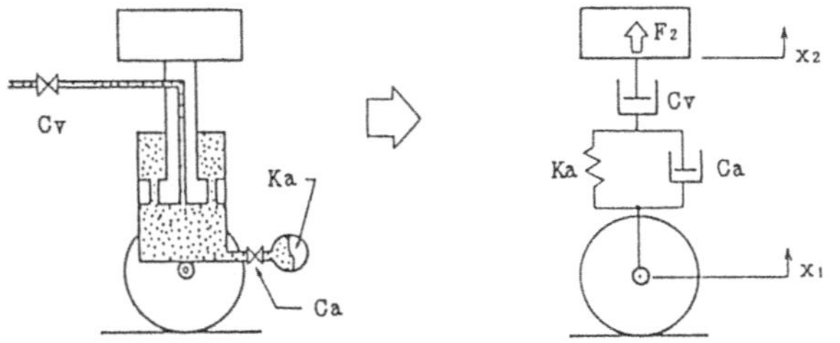

(a) Damping System (b) Equivalent Model

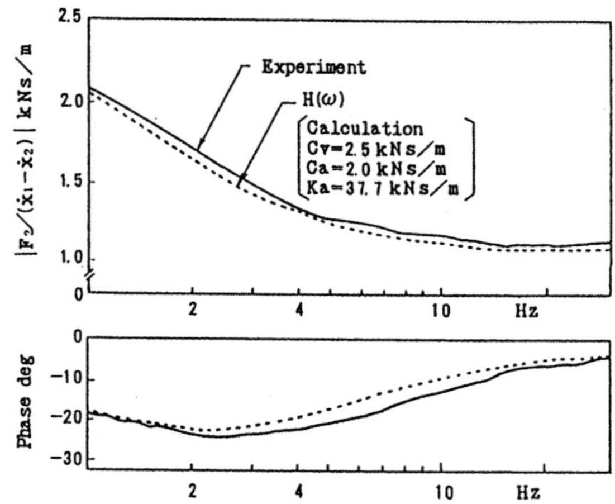

(c) Comparison between Experiment and Calculation

Fig.7 Frequency Dependent Damping Characteristics

$$Ceq(\omega) = |H(\omega)| \cos(\angle H(\omega)) \tag{7}$$

Equation (7) is dependent on the design parameters of the hydraulic system. This means that the sprung and unsprung damping ratios, ζ_2, ζ_1 , can be adjusted according to the hydraulic system design parameters. Further, their values can be set independently to match vehicle performance requirements. In the Nissan hydraulic active suspension, the 0.33 value of ζ_2 , together with the effect of the skyhook damper, provides sufficient damping to attenuate sprung resonance. In addition, ζ_1 has been set at 0.17 so as to minimize the transmission of vibration from the road surface within the range where the tires can maintain good road surface contact.

4.1.3 Effect of skyhook damper and frequency-dependent damping mechanism

A calculation model was made by adding the skyhook damper in Fig. 6-(b) and the frequency-dependent damping mechanism in Fig. 7-(c) to the suspension model in Fig. 2-(a) having two degrees of freedom. The resulting model was used to calculate the vibration characteristics of a vehicle in relation to road surface inputs. The results obtained are compared in Fig. 8.

We will define two typical indexes of ride comfort: α indicates the extent to which sprung resonance is damped and β indicates the extent to which the transmission of road surface inputs to the body is isolated. In both cases, a smaller value means better ride quality. The two indexes are given by the following equations.

$$\alpha = \left| \ddot{x}_2 / \dot{x}_0 \right|_{\omega=\omega_2} \qquad (8)$$

$$\beta = \frac{1}{2\omega_1} \int_0^{2\omega_1} \left| \ddot{x}_2 / \dot{x}_0 \right| d\omega \qquad (9)$$

Figure 9 compares the performance of an active suspension and a passive suspension with respect to the indexes α and β With the passive suspension, a trade-off is required between α and β In contrast, the skyhook damper of the active suspension works to reduce α and simultaneously the frequency-dependent damping mechanism is effective in reducing β. As a result, the performance characteristic of the active suspension shifts to the lower left region of Fig. 9, surpassing the limits of the passive suspension.

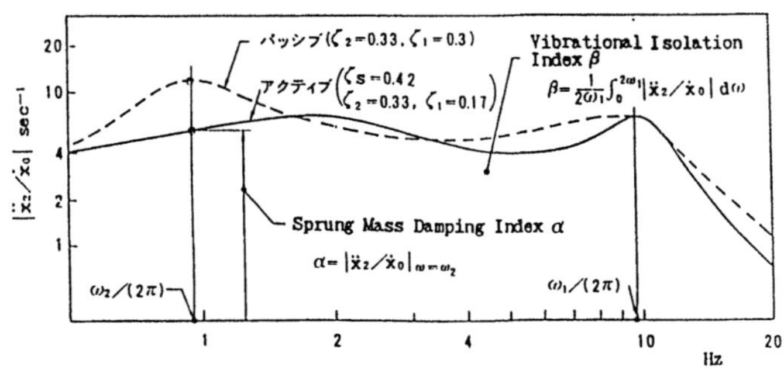

Fig.8 Comparison of Transmissibility (Calculation)

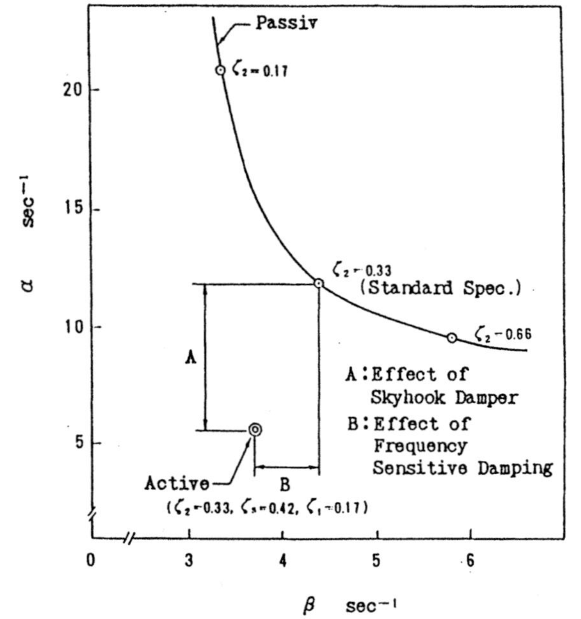

Fig.9 Improvement of Ride Comfort
(Calculation)

4.2 Roll and pitch control

Body roll resulting from the effect of lateral acceleration, such as what occurs during cornering, is suppressed by generating a counter roll moment, referred to here as roll control. This is accomplished by increasing the hydraulic pressure at the outside wheels of a turn and reducing it at the inside wheels so as to produce a counter force that is proportional to the output of lateral accelerometers.

Pitch control is also effected in the same way. A counter pitching moment is generated that is proportional to the output of a longitudinal accelerometer. This works to suppress dive and squat motions during braking and rapid acceleration.

Since roll and pitch control is used in combination with skyhook damper control, the model shown in Fig. 10 was prepared so that the entire control system could be analyzed. While this model focuses on roll, bounce and lateral motions, a similar model can also be created for pitching.

4.2.1 Roll control response in relation to crosswind inputs

Using the model in Fig. 10, a crosswind input was applied to the vehicle body in the form of a sine wave and the roll rate response was calculated. The calculated results are shown in Fig. 11. Since this analysis did not include yaw motion, the conditions were slightly different from those of real-world driving. Nonetheless, the results clearly indicate the effects of roll control and skyhook damper control. It is seen that roll control is effective in suppressing body roll during cornering by counterbalancing the force of inertia (centrifugal force), although it produces the opposite effect in relation to a crosswind. On the other hand, skyhook damper control works to suppress body roll even in a crosswind. It suppresses roll motion sufficiently to more than offset the increased body roll that is induced when roll control is applied in a crosswind.

4.2.2 Control of transient steer characteristics

Yaw stability generally declines at higher driving speeds because of the reduced gripping power of the tires and the increased inertial force of the vehicle owing to the occurrence of yaw motion. To overcome this problem, the Nissan hydraulic active suspension provides transient control over lateral load shifts that occur during roll control, which works to improve high-speed stability.

The specific method used is a very simple one in which the lateral accelerometer for the front wheels is installed aft of the lateral accelerometer for the rear wheels. Typical experimental results obtained with this control procedure are shown in Fig. 12. These

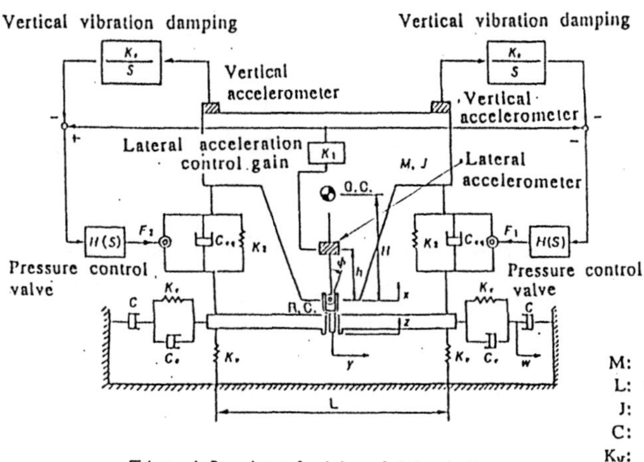

Fig. 10 Analytical Model

M: vehicle mass
L: tread
J: roll moment of inertia
C: tire cornering power/vehicle speed
K_v: vertical spring rate of tires
K_e: lateral stiffness of tires

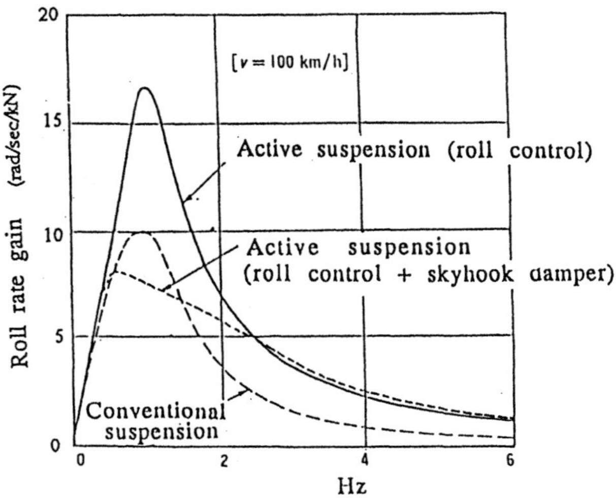

Fig. 11 Body Roll Response in Relation to Crosswind Input

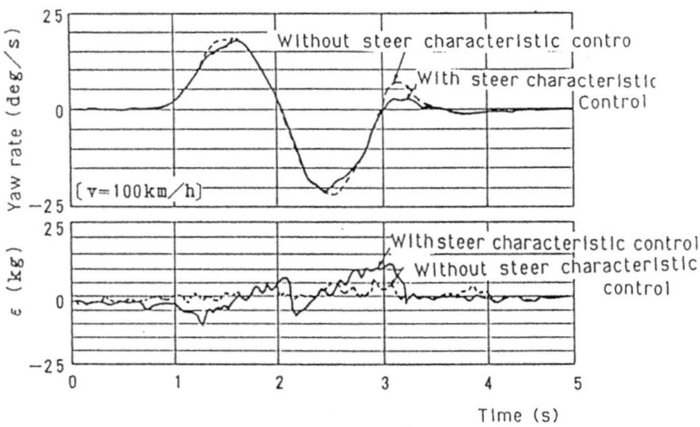

Fig. 12 Effects of Steer Characteristic Control

data are for a sudden lane change that was executed at a speed of 100 km/h. The notation É√in the figure indicates the amount of change in transient steer characteristics and is given by

$$\varepsilon = |\triangle W| \cdot \left(\frac{\triangle W_f}{\triangle W} - 0.6\right) \qquad (10)$$

where $\triangle W_f$ is the lateral load shift at the front wheels and $\triangle W$ is the total lateral load shift for both the front and rear wheels.

A comparison with the results obtained when the same lateral accelerometer was used for both the front and rear wheels indicates that the above-mentioned control procedure was effective in reducing yaw rate overshoot. This is attributed to the fact that it caused ϵ to shift to the positive, i.e., understeer, side at the time of convergence.

4.3 Characteristics of mechanical suspension and sharing of performance load between the two suspensions

When a production vehicle is equipped with the hydraulic active suspension, it is necessary to retune the mechanical suspension system to achieve a good match between the two systems. The procedure for matching active control and a mechanical suspension is outlined in the flowchart in Fig. 13. The aim of this matching procedure is to improve yaw stability at high-speed without substantially altering the steer characteristics.

The procedure is explained here following the order in the flowchart. The effects of roll and pitch control are clarified in the first step. At the front end, the travel of the outside wheels of a turn is reduced by the application of roll/pitch control. As a result, a larger effect is achieved by applying negative camber according to the steer angle than by applying it on the bound side as has been done traditionally. At the rear, the reduction of roll motion makes it impossible to attain improved stability through the use of roll steer. Consequently, it is necessary to provide for a sufficiently large compliance steer characteristic.

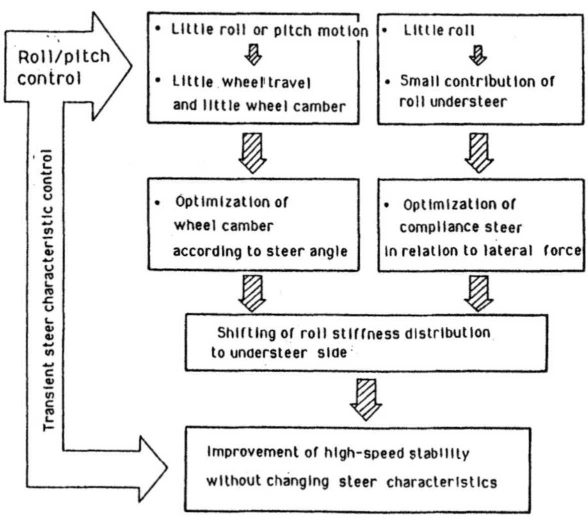

Fig. 13 Procedure for Matching Active Control and Mechanical SuspensionCharacteristics

The second step concerns the optimization of the performance required of the mechanical suspension. The third step indicates the direction taken in tuning the mechanical suspension. The fourth step indicates the final performance objective, including the addition of transient steer characteristic control.

In this example the mechanical suspension is adapted to active control in order to obtain the final performance objective. Depending on the nature of that objective, it may be necessary to tune both the active control method and the characteristics of the mechanical suspension.

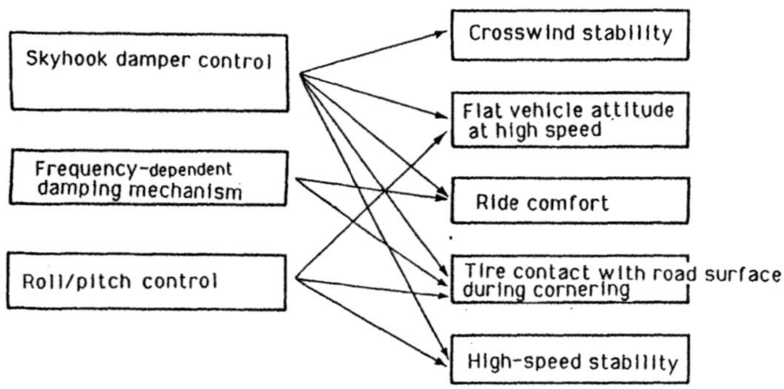

Fig. 14 Contribution of Each Control Function to Improved Vehicle Dynamics

5. Improvement in Vehicle Dynamics Obtained with Hydraulic Active Suspension

5.1 Contribution of each control function to improved performance

Figure 14 outlines the respective contributions of skyhook damper control, the frequency-dependent damping mechanism and roll/pitch control, the three major control features of the Nissan active suspension, to improvements in handling, stability and ride. The fact that skyhook damper control influences all of the performance parameters in the figure is indicative of its key role in the hydraulic active suspension.

5.2 Steering performance

5.2.1 Steer characteristics

Figure 15 compares the change in steer characteristics for an active suspension vehicle and one equipped with a mechanical suspension. The vehicles were gradually accelerated from a very low speed while turning in a circle, 15 m in radius, at a fixed steering wheel angle. As was expected, the active suspension vehicle displayed performance on a par with its mechanical suspension counterpart.

5.2.2 Frequency response characteristic

Figure 16 compares the yaw rate response of the two vehicles in relation to a steering input of ± 30 degrees when traveling at a speed of 100 km/h. The active suspension vehicle shows a smaller increase in the peak gain of the yaw resonance frequency, indicating better yaw stability.

Figure 17 shows a similar comparison for the roll rate response. The results for the active suspension vehicle show effective suppression of body roll at a roll resonance frequency of 1 Hz and phase improvement is also seen. While the reduction in the steady-state gain is attributed to the effect of roll control, the reduced gain seen at the resonance point is also due in part to the roll damping effect of the skyhook damper.

5.3 Ride comfort and tire contact with road surface

Figure 18 compares the vertical vibration of the floor that was measured when the two vehicles were driven on a level road surface at a speed of 100 km/h. The active suspension car shows a lower vibration level in nearly every frequency range and the measured data validate the calculated results presented in Fig. 8. The reduced vibration

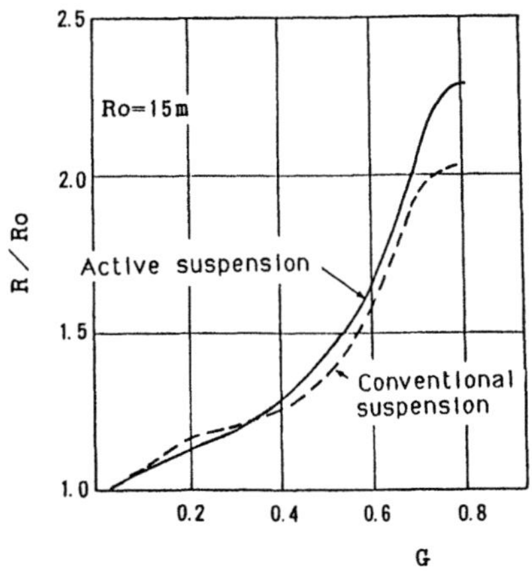

Fig. 15 Steer Characteristics

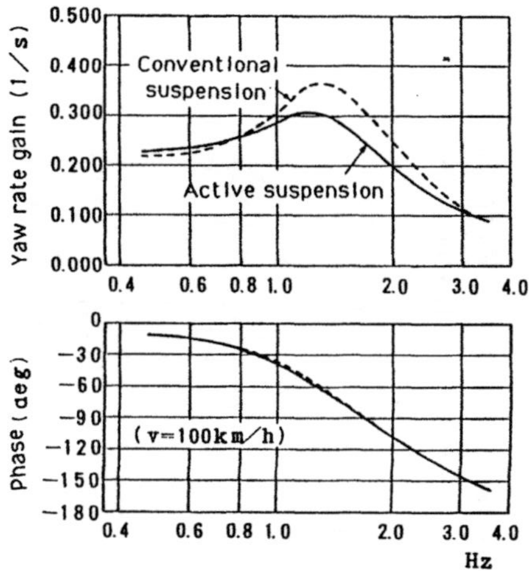

Fig 16 Frequency Response of Yaw Rate

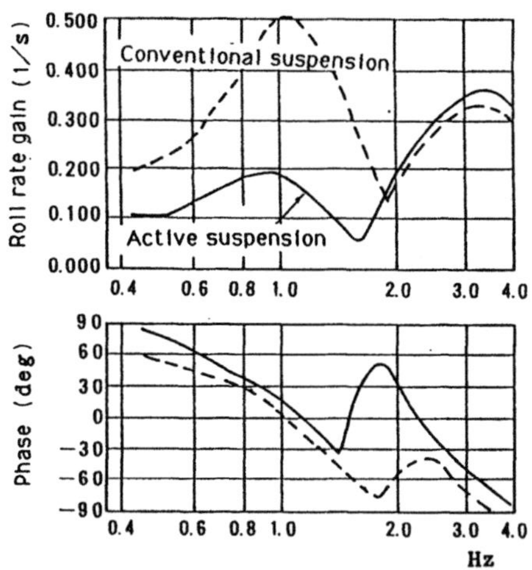

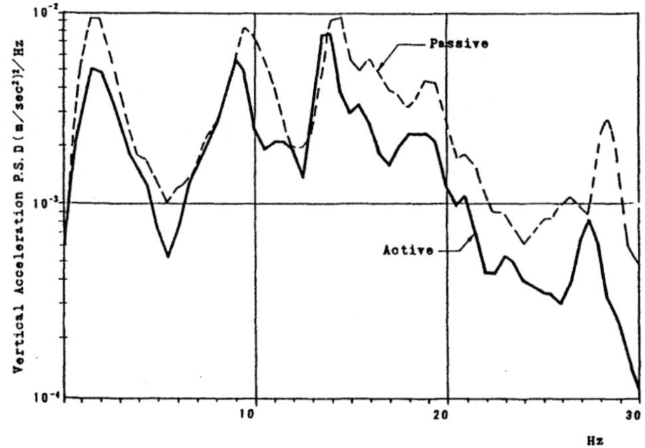

Fig. 18 Body Vibration on a Level Road Surface

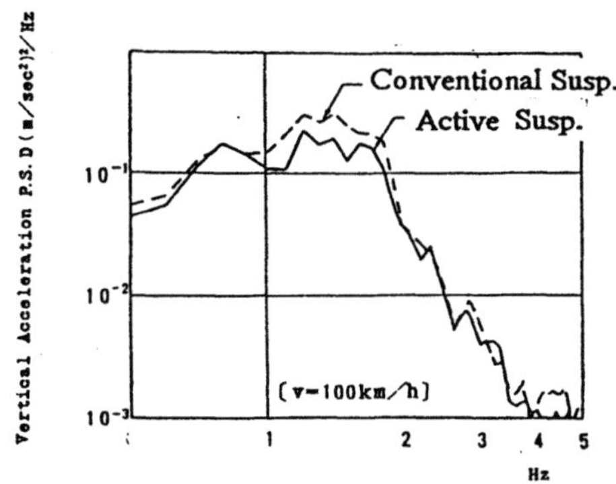

level at sprung resonance frequencies of 1~2 Hz is attributed to the effect of skyhook damper control. At higher frequencies, the reduction is attributed to the effect of the frequency-dependent damping mechanism. These results indicate that the Nissan hydraulic active suspension provides a soft, pliant ride together with a flat, stable vehicle attitude.

Figure 19 compares the body vibration that was measured in the two vehicles when they were driven at high speed over an undulating road surface which tends to cause sprung resonance. Although this figure shows only the results for vertical vibration, similar tendencies were also observed for pitching. The low level of vibration seen at low frequencies where sprung resonance typically occurs indicates that there was little change in tire contact with the road surface. This result clearly shows the effectiveness of the active suspension in improving the road surface contact of the tires. In real-world driving, tire contact with the road surface becomes an issue of concern during cornering. By effectively suppressing body roll, the Nissan hydraulic active suspension assures sufficient suspension travel in the bound direction at the outside wheels of a turn and this also contributes to improved tire contact with the road surface.

5.4 Crosswind stability

The results of a crosswind stability test indicated that there was a large difference in roll rates between the two vehicles, while virtually no difference was seen in their yaw rates. Measured data on the roll rates of the vehicles are given in Fig. 20. The results for the active suspension vehicle show that skyhook damper control was noticeably effective in mitigating body roll even in a crosswind, as mentioned earlier in 4.2.1. This damping effect contributed to the improved crosswind stability seen for the active suspension vehicle.

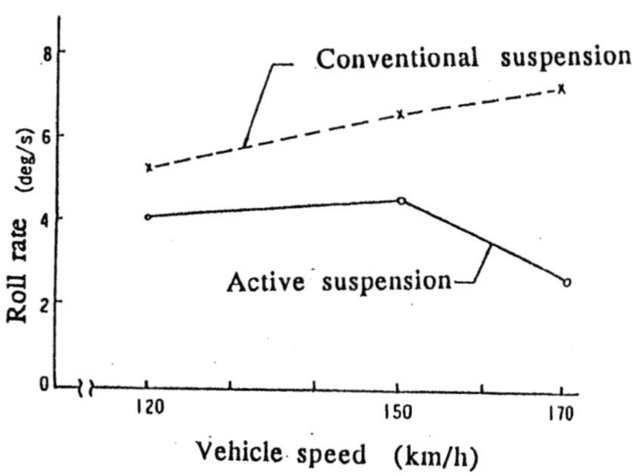

Fig. 20 Crsswind Stability

6. Conclusion

The results of theoretical analyses, simulations and experimentation show that the Nissan hydraulic active suspension mounted in the Infiniti Q45 achieves vehicle dynamic performance that was previously unobtainable with conventional suspensions. This performance results from skyhook damper control, a frequency-dependent damping mechanism and roll/pitch control, the three major functional features of the suspension system, and from the good matching achieved between active control and the characteristics of the mechanical suspension.

This hydraulic active suspension system has been well received among customers and is taking its place among advanced suspension technologies for passenger car use. However, as a product, it still represents a new technology. In future work, the authors intend to further refine and improve the system to make it better suited for tomorrow's driving needs.

References

[1] Hedlick, J.K., "Railway Vehicle Active Suspension," Vehicle System Dynamics, 10, (1981), p. 267.

[2] Packer, M.B., "Active Ride Control--A Logical Step from Static Vehicle Attitude Control," SAE paper 780050.

[3] Wright, P.G. and Williams, D.A., "The Application of Active Suspension to High Performance Road Vehicles," I Mech E Paper, C 239, (1984), p. 123.

[4] Kawarazaki, Y., et al., "Development of the Nissan Hydraulic Active Suspension," pre-print of SAE-Japan (in Japanese), 892 (1989-10).

[5] Yonekawa, T., "Vehicle Dynamics of Active Suspension Control, pre-print of SAE-Japan (in Japanese), 901 (1990-5).

[6] Karnopp, D., "Active Damping in Road Vehicle Suspension System," Vehicle System Dynamics, 12, (1983), p. 291.

[7] Thompson, A.G, "Optimal and Suboptimal Linear Active Suspension for Road Vehicles," Vehicle System Dynamics, 13, (1984), p. 61.

Die geplante Zuverlässigkeit – Strategien bei der Konzeption aktiver Fahrwerkselemente

von H.-J. Schröder, D. K. Busch

Zusammenfassung

Eine Vielzahl von elektronischen Baugruppen begegnet uns heute im modernen Automobil. In jüngster Zeit halten Elektroniken zur Steuerung und Regelung des Fahrwerks Einzug. Sie sind Teil eines Systemverbundes der Komponenten verschiedener Zulieferanten einschließt. Nur durch saubere Konzeption und frühe Zusammenarbeit aller Beteiligten können diese Baugruppen überzeugen und eine positive Bewertung durch den Endkunden erfahren.

Mit den Strategieen und Besonderheiten einer in diesem Sinne betriebenen Entwicklung beschäftigt sich der vorliegende Aufsatz.

1. Einleitung

Bei der Entwicklung heutiger Kraftfahrzeuge sind, außer den Ansprüchen des Designs und den wachsenden Bedürfnissen nach Resourcenschonung und Sicherheit, auch steigende Ansprüche an das technische Niveau des angebotenen Produkts zu verzeichnen.

Eine Vielzahl von Sonder- und Komfortfunktionen haben Einzug in das Automobil gehalten. Zahlreiche Hilfs- und Steuerungssysteme bleiben der bewußten Aufmerksamkeit verborgen und treten nur im Falle eines Defektes mit entsprechenden Warn- und Hilfsmeldungen an den Fahrer des Fahrzeuges heran.

Andere Systeme gelangen auf Grund ihres spürbaren Eingriffs in die funktionalen Abläufe der Fahrphysik jedoch deutlich in den Vordergrund. Dabei spielt Elektronik eine zunehmende Rolle, zumal auch solche Teile des Fahrzeuges von elektronischen Systemen gesteuert werden, deren Funktion noch bis vor wenigen Jahren eine Domäne mechanischer Abstimmung war.

Besonders erwähnenswert sind hier natürlich ABS-Anlagen und in neuerer Zeit Systeme zur Verbesserung des Fahrwerkverhaltens.

Ein Einfluß auf die dabei auftretenden dynamischen Prozesse, ist durch die Vielzahl von Einflußgrößen sowie die nötigen kurzen Reaktionen für den Menschen als Teil des Regelkreises nur bedingt möglich. Gerade in kritischen Situationen muß die Aufmerksamkeit des Fahrers in vollem Umfang dem Verkehrsgeschehen zur Verfügung stehen.

Die vom ABS bereits seit längerem bekannten Eigenschaften der schnellen und genauen Auswertung von Umweltparametern und der daraus abgleiteten Entscheidungen, werden mehr und mehr auch auf Fahrwerkssysteme ausgedehnt. Intelligente Dämpfersteuerungen in Zusammenwirkung mit Niveauregelsystemen können zu einer signifikanten Entlastung des Verkehrsteilnehmers führen und so ihren Beitrag zu noch größerer Sicherheit des Automobils leisten.

Neue Entwicklungen, insbesondere im Bereich der Leistungshalbleiter, die es ermöglichten, auch Prozesse mit hohem Energiebedarf weitgehend verlustarm zu kontrollieren, bereiteten den Weg zur Beeinflussung hydraulischer und pneumatischer Hilfssysteme.

Erst die gesteigerte Leistungsfähigkeit heutiger Microcontroller ermöglichte die Realisierung der erforderlichen komplexen Regelalgorithmen und erbrachte neue Möglichkeiten detaillierter Diagnose. Durch Eigendiagnostik und Plausibilitätsüberprüfung wurde eine erhebliche Verbesserung der Sicherheit und Zuverlässigkeit der gesteuerten Anlagen erzielt.

Durch höhere Integrationsdichten der Halbleiterbauelemente sowie gesteigerte Zuverlässigkeit aller passiven und aktiven Bauteile wachsen Verfügbarkeit und Preiswürdigkeit der notwendigen elektronischen Baugruppen und machen den Einsatz dieser Technik auf breiter Front möglich.

Das Ganze ist jedoch bekanntlich mehr als die Summe seiner Teile, und so ist die Zuverlässigkeitssteigerung auf dem Bauelementesektor an sich noch kein ausreichender Faktor auf dem Weg zu einer gesteigerten Verfügbarkeit. Nur ein engagiertes und durchdachtes Produktkonzept stellt den Erfolg für eine Weiterentwicklung sicher.

2. Die Systemfindung

2.1. Marktbeobachtung und Innovation

Grundvoraussetzung für die Entwicklung leistungsfähiger und zuverlässiger Komponenten für moderne Kraftfahrzeuge ist sicherlich eine genaue Beobachtung der Entwicklung der Märkte.

So ist es von nicht unerheblicher Bedeutung, welche Produkte heute durch den Verbraucher eine breite Akzeptanz erfahren. Dabei ist zu beobachten, daß Vernunftentscheidungen gepaart mit dem Reiz technischer Innovation das Verbraucherverhalten auf dem Gebiet des Automobilkaufes kennzeichnen.

Hinzu treten Einflüsse durch legislative Maßnahmen, die dazu geeignet sind, das Verbraucherverhalten nachhaltig zu beeinflussen. So ist heute bereits ein bemerkenswert großer Anteil unserer Autobahnen Geschwindigkeitsbegrenzungen unterworfen. Auch in den Städten gewinnt der Gedanke der Verkehrsberuhigung an Bedeutung.

Das intelligente Produkt Automobil ist gefordert. Es muß seinem Besitzer ein Höchstmaß an Funktionalität, Verfügbarkeit, technischer Perfektion und Sicherheit bieten.

Dabei stellt jedoch innovatives Verhalten der Hersteller im allgemeinen ein Vorgriff auf die Bedürfnisse des Verbrauchers dar, denn erst durch den Blick auf das Realisierte gewinnt man die Idee für das Wünschenswerte.

So war die breite Einführung von ABS-Systemen von Leistung und Erfolg dieser Anlagen im schmalen Marktsegment der Hochklassefahrzeugen abhängig.

Eine adäquate Entwicklung zeichnet sich heute auf dem Gebiet der Fahrwerkssteuer- und Regelsysteme ab. Die Einführung solcher Anlagen, die eine logische Ergänzung zur ABS-Anlage darstellen, erfolgt auch zuerst auf dem Gebiet besonders hochwertig ausgestatteter Automobile.

Bild 1. zeigt eine Stückzahlprojektion für Anlagen zur Dämpfkraft- und Niveauverstellung bis zum Jahr 2000:

Die hier gezeigte Projektion läßt eine günstige Entwicklung erwarten, setzt allerdings voraus, daß das Vertrauen des Verbrauchers in das Produkt weiter wächst.

Um so wichtiger ist es, durch geeignete konzeptionelle, entwicklungstechnische und fertigungsrelevante Maßnahmen die Zuverlässigkeit und damit dieses Vertrauen sicherzustellen und zu steigern.

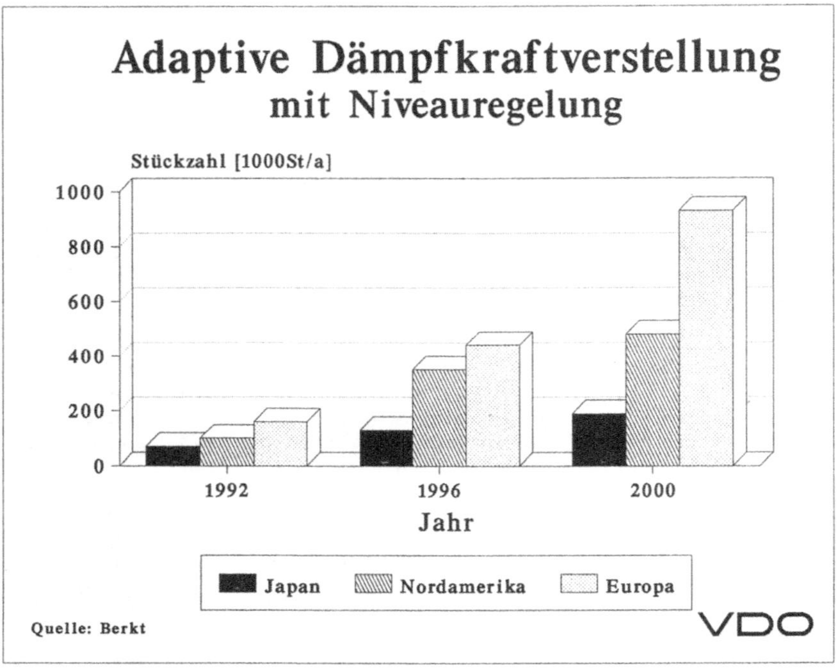

Bild 1: Entwicklung des Einsatzes von Fahrwerksregelanlagen.

Nur so kann einer weiteren Verbreitung solcher Anlagen Vorschub geleistet werden, und nur so kann es zu einer Amortisation der investierten Entwicklungskosten kommen.

Hierfür ist insbesondere der enge Dialog zwischen dem Automobilhersteller und seinen Zulieferbetrieben erstrebenswert und nötig.

2.2 Auftraggeber und Zulieferant als Partner

Die Einführung hochkomplexer Systeme sowie die Verantwortung für die langfristige Bindung von Entwicklungsresourcen bei Automobilherstellern und Zulieferanten verlangt das Beschreiten neuer Wege bei der Durchsetzung neuer und kreativer Ansätze.

Noch vor wenigen Jahren gab es zwei Wege der Interaktion:

o Der Auftraggeber äußerte detailliert in Form eines Pflichtenheftes seine Wünsche bezüglich eines neuen Produktes. Die Vorgaben waren vollständig und umfassend. Der Zulieferant erzeugte das gewünschte Produkt in der Lösung der ingenieurwissenschaftlichen Teilprobleme. Ein Zugriff auf die systematische und funktionale Integration fehlte in der Regel.

o Der zweite Weg bestand darin, daß ein Produkt in bereits vermarktungsfähiger Version vom Zulieferanten angeboten wurde. Der Hersteller konnte sich auf diesem Wege für eine Auswahl am Markt befindlicher Komponenten entscheiden.

Beide Wege existieren sicherlich bis zum heutigen Tag und haben ihre Berechtigung.

Ein wesentlicher dritter Weg zeichnet sich jedoch ab. Er wird gekennzeichnet durch eine aktive Partnerschaft von Hersteller und Zulieferant, deren Zusammenarbeit letztlich das gewünschte Produkt hervorbringt.

Hinzu kommt, wie am Beispiel der Fahrwerksbeeinflussung deutlich wird, häufig noch ein weiterer Spezialist in Gestalt eines zweiten Zulieferanten für mechanische Komponenten. Hier kann durch Zusammenarbeit von Systemfachleuten, Elektronik- und Softwareanbietern sowie Herstellern mechanischer, hydraulischer und pneumatischer Komponenten ein deutlicher Synergieeffekt erzielt werden.

Bild 2 zeigt die Aufgabenverteilung der Systembeteiligten:

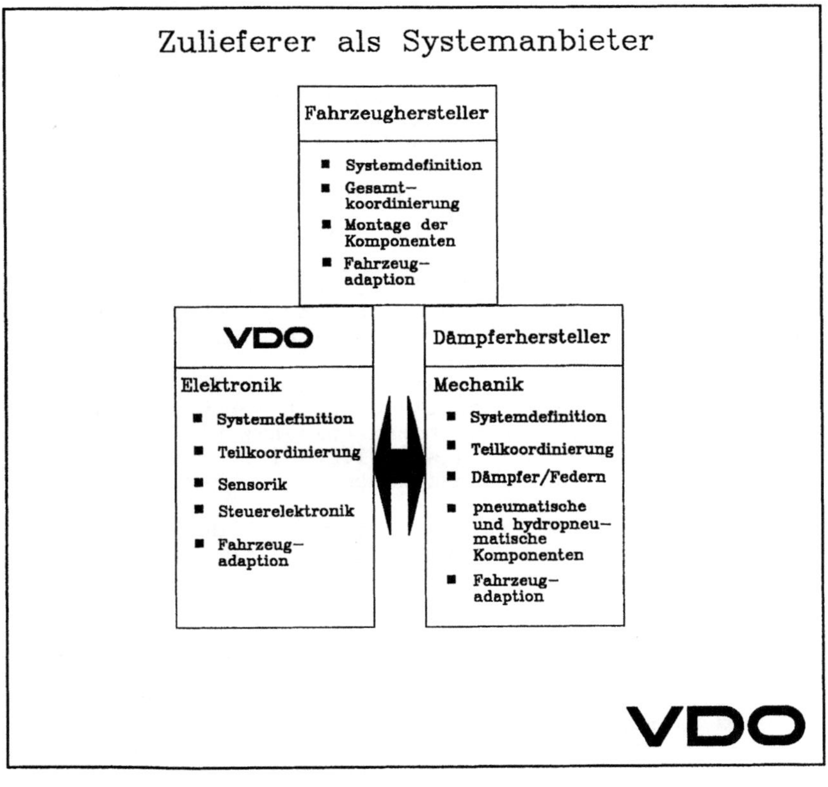

Bild 2: Zulieferer als Systemanbieter

Das Haus VDO hat hier in den letzten Jahren tragfähige Konzepte für Fahrwerks- und Niveauregelungen konzipiert. In Kooperation mit Fahrwerkszulieferanten, Dämpferproduzenten und Automobilherstellern, können so die Anforderungen an das Produkt von Morgen früh erkannt und in die technische Wirklichkeit überführt werden.

Nur durch Mitverantwortung aller an der funktionellen aber auch zuverlässigkeitsrelevanten Konzeption, kann das bestmögliche Produkt an den Verbraucher weitergegeben werden.

2.3. Vom System zum technischen Konzept

Am Anfang aller Bemühungen um ein zuverlässiges und qualitativ hochstehendes Produkt, steht die Frage nach den systembedingten Anforderungen.

Von Beginn an müssen die Bedingungen unter denen ein Projekt durchgeführt werden soll, mit diesen Anforderungen in Einklang gebracht werden. Bild 3 zeigt eine Übersicht der Aktivitäten, die zur Realisierung des Produktes erforderlich sind.

Am Anfang ist es unerläßlich sich über die technischen und wirtschaftlichen Ziele genaue Klarheit zu verschaffen. In welcher Fahrzeugklasse soll das Produkt eingesetzt werden, welche Jahresstückzahlen sind zu erwarten, mit welcher Laufzeit ist zu rechnen? Wie hoch ist definitiv der Kostenrahmen, in dem sich die geplante neue Anlage bewegen kann?

Welche Systemreaktionszeit ist erforderlich, welche Fahrzeugtypen werden damit ausgerüstet, welche Energieform soll umgesetzt werden (hydraulisch, pneumatisch, elektromotorisch, elektromagnetisch)?

Sind diese grundsätzlichen Fragen geklärt, kann das Konzept weiter mit Details gefüllt werden. Fragen nach der notwendigen Sensorik zur Aufnahme von Umweltfaktoren sind zu klären. Auch die Möglichkeiten der Mitnutzung bereits vorhandener Sensordaten sind hier zu untersuchen.

Auf welche Weise ist das System durch den Nutzer beeinflußbar, wieviele Verstellmöglichkeiten bei einer adaptiven Dämpfersteuerung soll es geben?

Je intensiver diese Zieldiskussion geführt wird, desto eher ist ein zielgerichteter und geradliniger Entwicklungsablauf zu erwarten. Darüber hinaus muß in dieser Phase der terminliche Ablauf für das Projekt abgesteckt werden. Er allein entscheidet über eventuell vertretbare Risiken beim Einsatz neuer Technologien und gibt den Rahmen für das technisch Machbare vor.

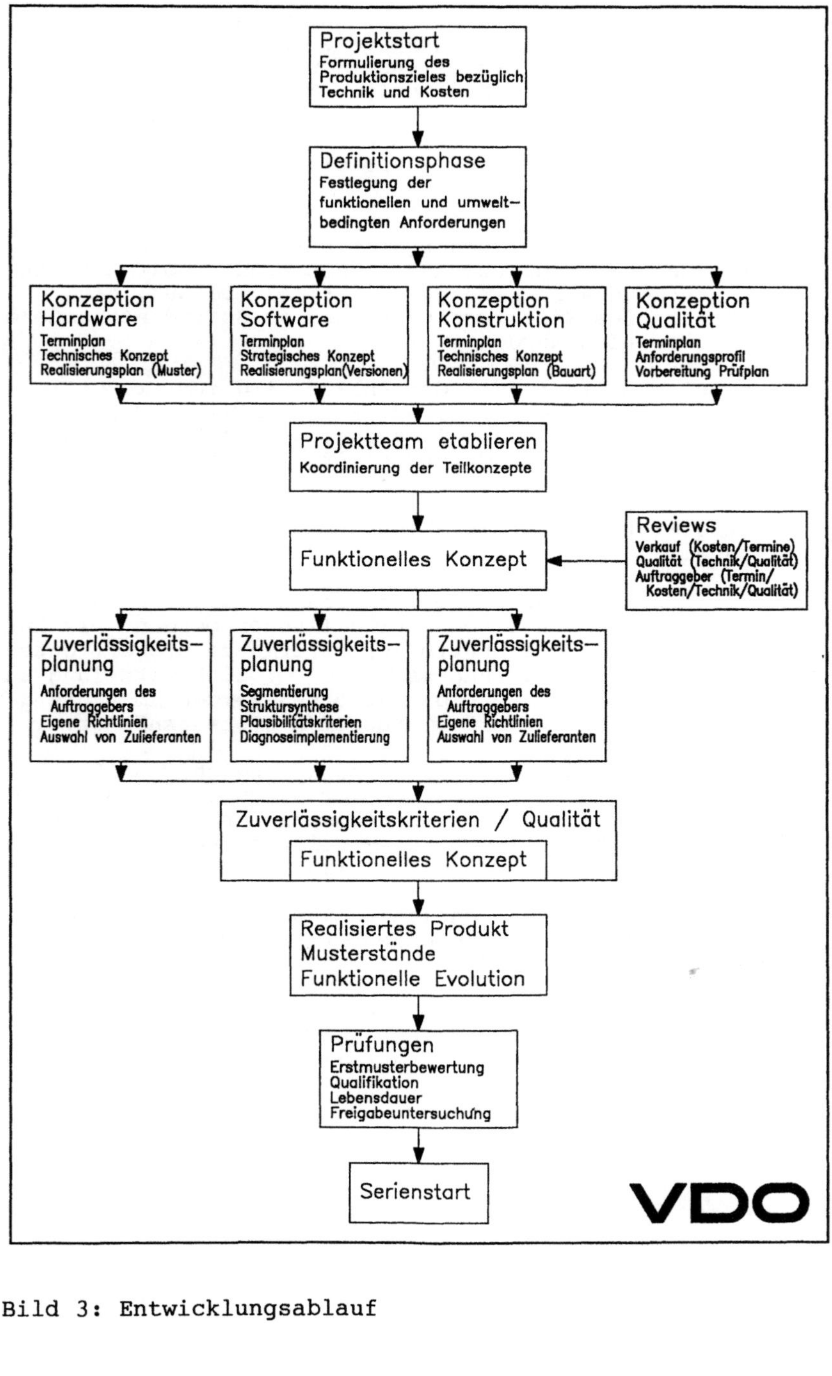

Bild 3: Entwicklungsablauf

Ist nach sorgfältiger Planung die Definitionsphase abgeschlossen, ist es die Aufgabe der verschiedenen an der Realisierung beteiligten Resorts ihre eigenen technischen und terminlichen Vorstellungen zu konkretisieren. Wir wollen hier auf die Konzeption eines elektronischen Steuergerätes eingehen. Es soll hierbei jedoch nicht vergessen werden, daß zur gleichen Zeit entsprechende Überlegungen für Sensorik und die erforderlichen Aktoren anzustellen sind.

Ein elektronisches Steuergerät besteht aus Bauteilen, die auf einer Leiterplatte angeordnet sind. Somit muß ein entsprechendes Schaltungskonzept, ein Layout, ein Gehäuse, eine Steckverbindung und verschiedenes andere mehr entworfen werden.

Die Leistungsfähigkeit der Anlage wird zum großen Teil durch die implementierte Software bestimmt. Der Grund liegt in der einfachen Tatsache, daß komplexere Steuergeräte heute nahezu durchweg mit Microcontrollern ausgerüstet sind. Der Einsatz von ASIC-Bausteinen ist bedingt durch die Vielfalt der Funktionsvarianten bei gleichzeitig mittleren Stückzahlen nur von Fall zu Fall sinnvoll.

Erste Schritte zur Sicherstellung der späteren Zuverlässigkeit können schon hier vollzogen werden. Die Entscheidung über die Controllerperformance sichert gute Ausnutzung der Leistungsmerkmale bei Sicherstellung ausreichender Reserven. Diese Reserven werden im Laufe der Programmerstellung erfahrungsgemäß stets benötigt.

Ausreichender Spielraum im Programmspeicher heißt aber auch klar strukturierten Code erzeugen zu können, da es nicht zu Notlösungen und Codekomprimierung auf Kosten der Übersichtlichkeit kommt. Dies hilft später auch entscheidend bei der Prüfung und Fehlersuche.

Von Fall zu Fall muß entschieden werden, ob an die Verwendung einer Hochsprache zur Erzeugung des Codes gedacht werden kann.

Zur Sicherstellung der Softwarequalität sind soweit verfügbar CASE-Tools einzusetzen wie beispielsweise PROMOD.

Bild 4 zeigt im Auszug einer mit PROMOD erzeugte Struktur für eine Dämpfersteuerung mit Niveauregulierung:

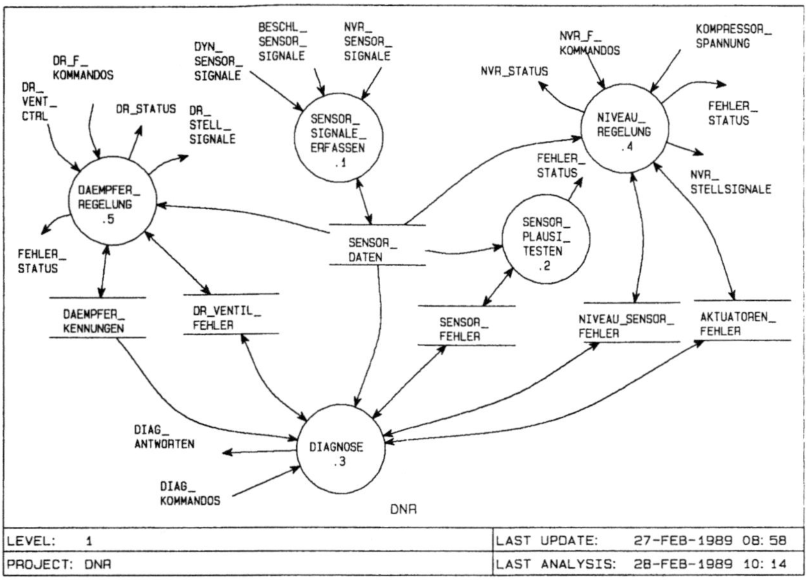

Bild 4: Vorstrukturierung des Codes mit PROMOD

Dies erlaubt während der Festlegung der Funktionsabläufe eine sichere Kontrolle der inneren logischen Stimmigkeit der Anforderungen. Eine dem Zeitverhalten der Anlage angemessene Prüfung liegt jedoch auch hier nach wie vor in der Hand des Entwicklers. Eine genaue und frühzeitige Strukturierung ist demnach auch in diesem Fall anzustreben.

Hardwareseitig müssen die Auslegungen der verschiedenen Leistungsendstufen ermittelt werden. Verstärkerschaltungen, Filter und Regelschaltungen sind zu planen und grob zu skizzieren. Überschlägige Berechnungen eventuell notwendiger Reserven sind auch hier anzustellen.

Darüber hinaus ist frühzeitig ein Konzept zur schaltungstechnischen Absicherung der EMV sowie zur Vermeidung von Störabstrahlungen durch die Anlage selbst zu entwerfen.

Da häufig bereits Informationen über die Bauform sowie über Art und Umfang der umzusetzenden Energien vorliegen, kann auch bereits ein Plan zur Darstellung des Gerätes aus konstruktiver Sicht erfolgen.Thermische Anforderungen müssen berücksichtigt werden, und konstruktive Maßnahmen zur Kühlung sind vorzusehen oder entsprechend anzupassen. Schon in diesem frühen Stadium müssen Arbeitsvorbereitung und Qualitätswesen an der Entscheidung zur technischen

Vorgehensweise beteiligt werden. Hier können entscheidende Hinweise aus Erfahrungen und aktuellen Untersuchungen eingebracht werden und zur Vermeidung simpler Verstöße gegen bestimmte Designrichtlinien führen.

Besonders Konstruktion und Arbeitsvorbereitung sind gefordert, technische Lösungen genau abzustimmen und Wege für eine möglichst kostengünstige und qualitativ hochstehende Fertigung zu finden. Die bislang gefundenen Lösungen müssen im Anschluß an diese Phase innerhalb eines Teams abgestimmt und koordiniert werden. Bild 5 zeigt nochmals die Zusammensetzung eines solchen Teams:

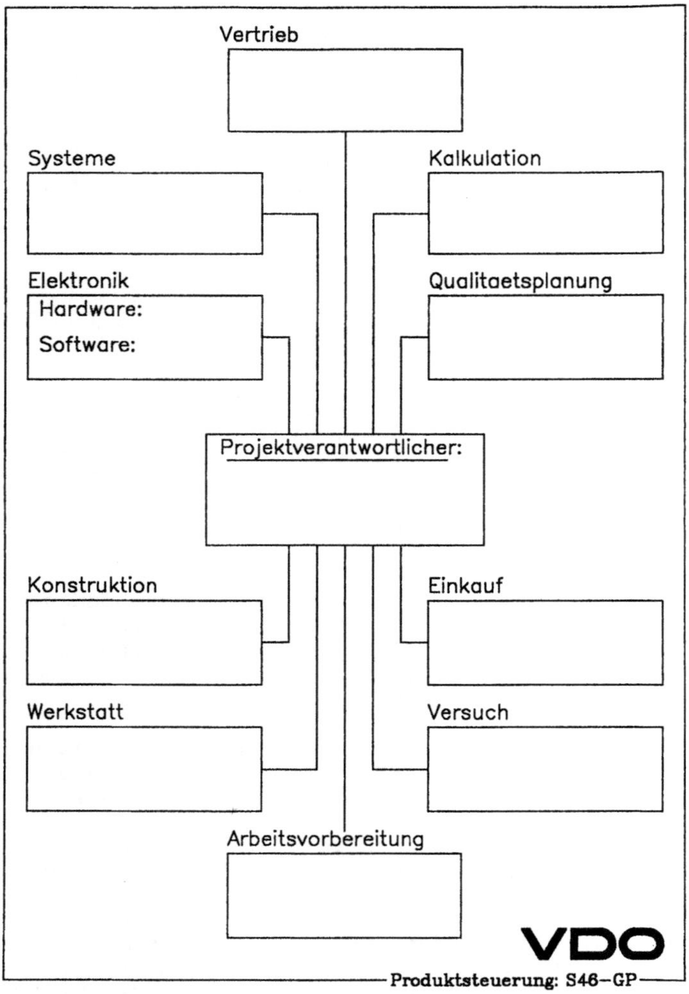

Bild 5: Zusammensetzung eines Projektteams

An diesem Projektteam sind alle bisher genannten Bereiche beteiligt. Ein Teamleiter ist vor allen Dingen mit der terminlichen und sachbezogenen Kontinuität des Projektes betraut. Das Team bildet aus den Teilergebnissen, die teilweise bereits abgestimmt sind, ein tragfähiges Konzept, das in Absprache mit dem Auftraggeber die Grundlage für die weitere Entwicklung des Produktes darstellt.

3. Warum Fahrwerksbeeinflussung

3.1. Zielkonflikt Komfort und Sicherheit

Die Entwicklung von Komponenten zur Fahrwerksbeeinflussung hat mindestens so lange Tradition, wie der Versuch unternommen wird, gleichzeitig Komfort- und Sicherheitsansprüchen des Fahrzeuglenkers gerecht zu werden.

Die Abstimm- und Optimierungsmaßnahmen, die hierfür in Frage kamen, ließen sich lange Zeit nur auf rein mechanischem Wege realisieren.

Die ersten Systeme, die nicht ausschließlich mit den statisch festgelegten Parametern des herkömmlichen Fahrwerks auskommen mußten, arbeiteten mit hydropneumatischen Elementen zur Niveauveränderung.

So wichtig und hilfreich dies auch war, ein Eingriff in die Fahrdynamik konnte auf diesem Wege nicht direkt erfolgen. Die unabhängig voneinander festgelegten Reaktionen des Fahrzeuges als schwingendes Gebilde auf Zug- und Druckkräfte der Fahrbahnanregung stellten weiterhin lediglich einen Kompromiß dar.

Als Hauptangriffspunkt für eine Beeinflussung dieses Gebildes wurde schon bald der Schwingunsdämpfer erkannt, der die Vertikalanregung des Fahrzeuges reduzieren muß.

Er bestimmt dabei, zusammen mit der Fahrzeugfederung, das Übertragungsverhalten zwischen Rad und Aufbau, deren Massen ein vereinfachtes Fahrzeugmodell darstellen.

Dieses Modell wird zur Beurteilung der Vertikaldynamik in Abhängigkeit von Anregungen durch die Fahrbahn herangezogen.

Anhand eines so vereinfachten Modells, läßt sich der in Bild 6 gezeigte Einfluß des Dämpfungsmaßes auf die Verstärkung bzw. Abschwächung der Radlastschwankungen und Aufbaubeschleunigungen frequenzabhängig darstellen:

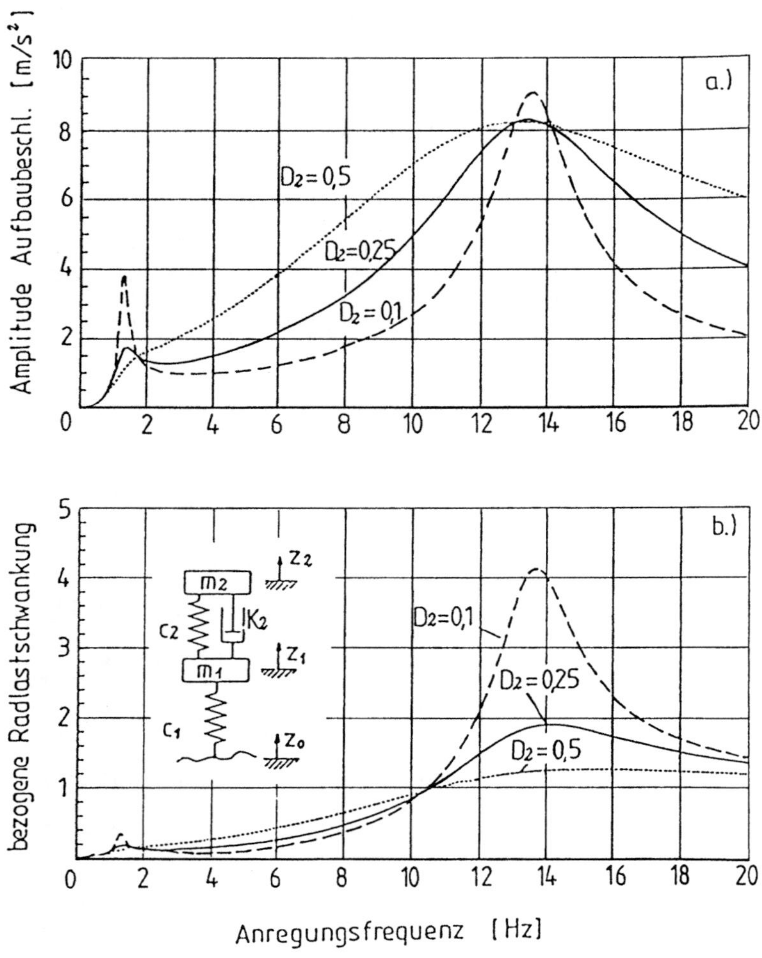

Bild 6: Übertragungsverhalten des Zweimassenmodells
a) der Aufbaubeschleunigung
b) der Radlastschwankungen

Dabei sind m_1 und m_2 die Massen von Rad und Aufbau. Die Reifenelastizität wird durch die Federkonstante c_1 beschrieben. Die Aufbaufederkonstante wird durch c_2 und der von den Schwingungsdämpfern hervorgebrachte Dämpfungsfaktor durch k_2 symbolisiert.

Die Federn filtern hierbei Fahrbahnanregungen, der Dämpfer unterdrückt Schwingungsüberhöhungen im Bereich der Eigenfrequenzen des Fahrzeuges.

Die hierdurch zu erreichenden Ziele zeigt Bild 7:

Stabilisierung des Aufbaus gegenüber dem Fahrwerk zur Vermeidung störender Einflüsse der Vertikalbeschleunigung auf die Fahrzeuginsassen.

Reduzierung der Radlastschwankungen zur Sicherung der Bodenhaftung bei Beschleunigung und Kurvenfahrt.

Aufrechterhaltung der Lenkfähigkeit auch bei hohen fahrbahnbedingten Vertikalanregungen.

Schutz der Fahrbahn vor Schäden durch hohe Radlastschwankungen.

Bild 7: Ziele einer Dämpfersteuerung

Um all diesen teilweise widersprüchlichen Zielen gerecht zu werden, ergibt sich die Notwendigkeit, die Schwingungsdämpfer des Fahrzeuges in ihrer Wirkung variabel zu gestalten, um angepaßte Kennlinienverläufe des Dämpfungsmaßes zu ermöglichen.

Auf diese Weise kann ein Kompromiß zwischen den aus Sicherheitsgründen möglichst geringen Schwankungen der Radlast und der aus Komfortgründen möglichst weichen Dämpfung erreicht werden.

Ungleichmäßige Beladung, Anhängerbetrieb und nicht zuletzt langfristige Beschleunigungskräfte in Kurven zeigen jedoch, daß mit diesen Maßnahmen allein noch kein Optimum für die Fahrwerkseinstellung zu erreichen ist.

Um hier zu einer befriedigenden Lösung zu gelangen, war es notwendig, eine automatische Niveauregulierung zu implementieren, die den beschriebenen Problemen entgegenwirkt.

Bild 8 zeigt die Vorteile und Zielsetzungen einer solchen Anlage:

Belastungsunabhängige Radwege

Weitgehende Sturzkonstanz bei Einzelradaufhängung

Gleichbleibende Bodenfreiheit

Verbesserte Leuchtweiteregelung

Optimierter Fahrkomfort durch niedrige, belastungsunabhängige Aufbauanregung

Reduzierter Kraftstoffverbrauch durch c_W-Wert Verbesserung

Geringerer Reifenverschleiß

Bild 8: Ziele der automatischen Niveauregulierung

Diese Ziele wurden durch Ausstattung der Fahrzeugdämpfer mit pneumatischen oder hydropneumatischen Elementen erreicht.

Dies schließt den Kreis zu den Anfängen dieser Technik und eröffnet eine neue gestalterische Dimension in der Konzeption moderner Fahrzeuge.

3.2. Elemente des Systems

Konzeptionell mußten alle an der Einführung eines solchen Systems interessierten Partner schon weit im voraus die benötigten Komponenten der späteren Anlage planen. Dies ist besonders schwierig, da in einer frühen Entwicklungsphase bestimmte Probleme noch nicht evident sind.

Bild 9 zeigt als Prinzipdarstellung die Elemente, aus denen sich eine Dämpfer- und Niveauregelung zusammensetzt:

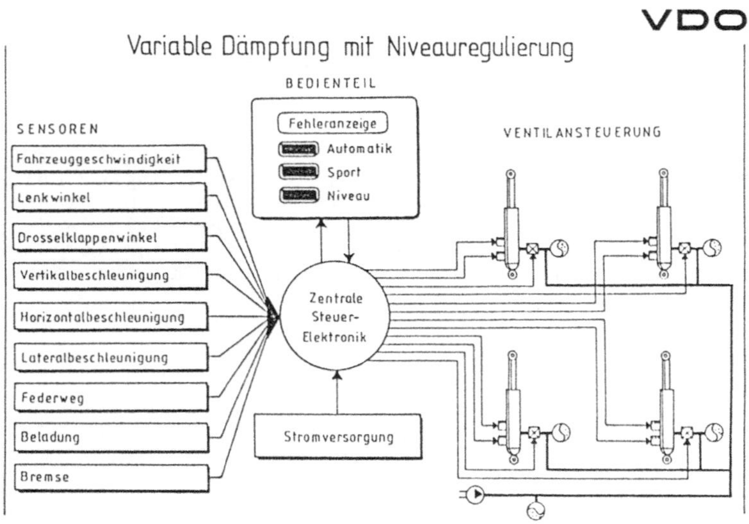

Bild 9: Systemaufbau der Dämpferregelung mit Niveauregelung

Auf der linken Seite der Abbildung erkennt man die notwendigen physikalischen Größen, die zur Veränderung von Dämpfercharakteristik und Fahrzeugniveau herangezogen werden.

Die von den Sensoren erfaßten Meßgrößen werden zusammen mit Benutzeranforderungen über das Bedienpanel der Steuerelektronik zugeführt und dort verarbeitet.

Die Vielzahl der erfaßten Größen erlaubt eine außerordentlich weitreichende gegenseitige Überprüfung dieser Werte. Diese Überwachung wird als Plausibilitätsprüfung bezeichnet und trägt wesentlich zur Steigerung der Gesamtzuverlässigkeit des Systems bei. Ein eventuell fehlerhafter Sensorwert kann auf diese Weise erkannt und - nachdem des Gesamtsystem einen sicheren Zustand angenommen hat - gegebenenfalls gespeichert werden.

Auf der rechten Seite sind die Dämpferelemente mit den dazugehörigen Einrichtungen zur Niveauregelung zu erkennen. Die Dämpfungscharakteristik wird durch Zuschalten von Bypassventilen zum Hauptölstrom im Dämpfer verändert. Jeder der gezeigten Dämpfer verfügt über zwei solcher Ventile. Damit lassen sich bis zu vier Kennungsverläufe realisieren.

Möglich wurde die Entwicklung eines solchen Systems vor allem auch dadurch, daß die Komponenten in der nun benötigten Form bereits konventionelle Vorläufer besaßen.

Verstellbare Dämpfer bauen auf den langjährigen Erfahrungen eingeführter und zuverlässiger Seriendämpfer auf. Steuerelektronik und Sensoren weisen zwar neue Technologien in den Fertigungsprozessen und Bauteilen auf, beruhen jedoch in ihrer Konzeption auf intensiver Kenntnis der speziellen Anforderungen an Elektroniken für Kraftfahrzeuge.

3.3. Vom Dämpfer zur Feder - ein Ausblick.

Mit dem im letzten Abschnitt dargestellten System lassen sich selbstverständlich nur rein adaptive Fahrwerksregelungen realisieren.

In Bild 10 ist der Verlauf der Kraft über der Dämpfergeschwindigkeit aufgetragen:

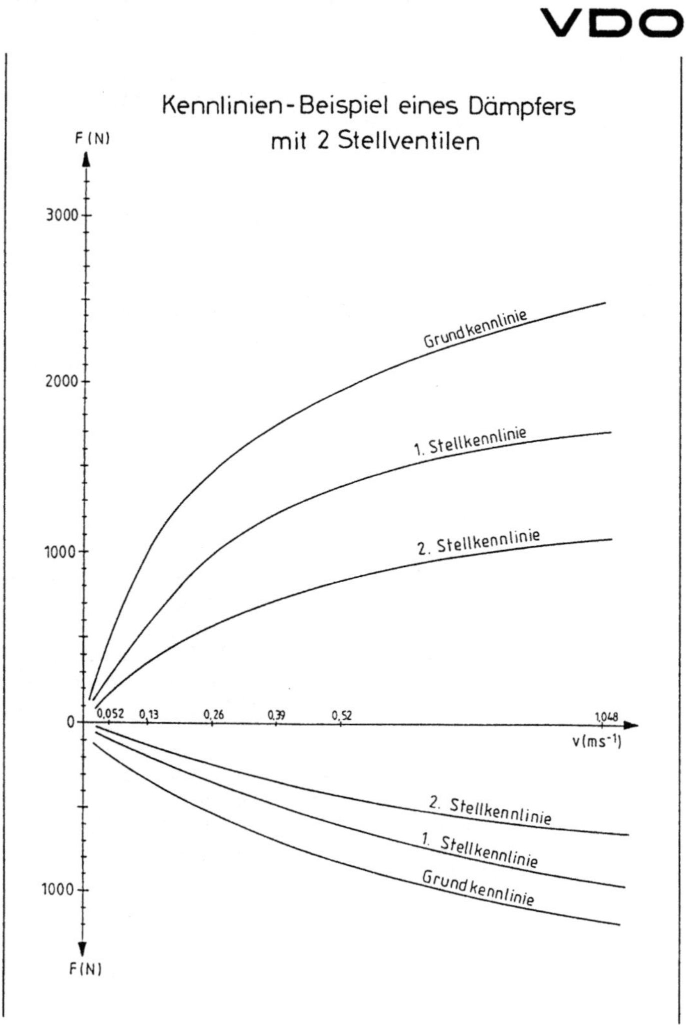

Bild 10: Kraft-Geschwindigkeitsdiagram eines adaptiven Systems

Es liegt auf der Hand, daß eine Steigerung der damit erzielbaren Ergebnisse noch möglich ist. Ziel der Fahrwerksbeeinflussung ist ja letztlich, den Nutzer des Fahrzeuges weitgehend von den Unbilden der Fahrbahnoberfläche zu entkoppeln, ohne dabei einen Sicherheitsverlust zu erleiden.

Dies läßt sich in letzter Konsequenz jedoch nur mit einem Fahrwerk erreichen, bei dem Dämpfer und Federn keine voneinander getrennten Elemente mehr darstellen. Abhängig von der Straßenbeschaffenheit die durch entsprechende Sensorik ermittelt wird, müßte ein solches System zu jedem Zeitpunkt die genau passende Charakteristik für Feder und Dämpfer parat haben.

Letztlich müßte am Ende einer solchen Entwicklung ein System stehen, das aktiv den von außen auf das Fahrzeug wirkenden Kräften Energieen entgegensetzt, die diese für den Nutzer neutralisieren.

Wenn auch solche aktiven Fahrwerke schon in Versuchsträgern realisiert werden konnten, so bleiben sie für einen Serieneinsatz in nächster Zukunft noch unrealistisch. An den Plänen zu ihrer Realisierung muß jedoch heute gearbeitet werden.

4. Herausforderung Fahrwerk

4.1 Automobil und Schaltungstechnik

Elektronikbaugruppen für Kraftfahrzeuge unterscheiden sich erheblich von üblicher Gebrauchselektronik. Zwar steht auch hier, wie überall, die technische Realisierung der Funktion im Mittelpunkt, es sind jedoch bedingt durch den Einsatzort einige Randbedingungen zu beachten, die der recht aggressiven Umgebung am Einsatzort Fahrzeug Rechnung tragen.

Es haben sich daher im Laufe der Zeit eine Vielzahl von Methoden und Mitteln ausgebildet, die den solchermaßen hart geforderten elektronischen und elektromechanischen Baugruppen zu Zuverlässigkeit, langer Lebensdauer und hoher Funktionalität verhelfen.

Bild 11 zeigt einen Ausschnitt aus einer Schaltung für eine Dämpfersteuerungselektronik, an dem einige Maßnahmen zum Schutz der Elektronik erläutert werden können:

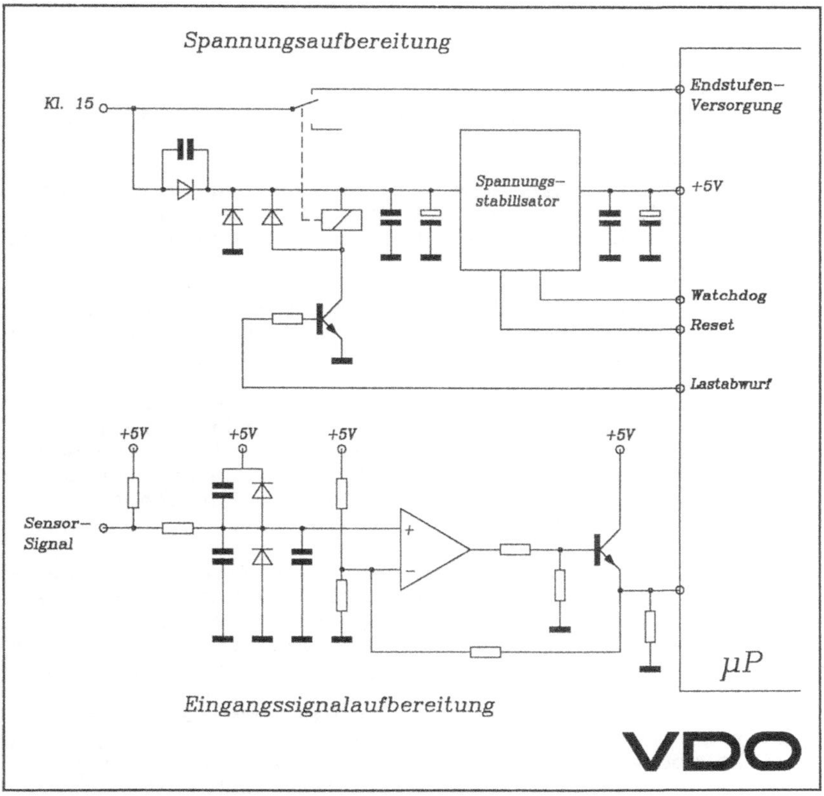

Bild 11: Typischer Aufbau einer Schaltung für den Einsatz im Kraftfahrzeug

An erster Stelle der Anforderungsliste steht immer der Schutz vor unbeabsichtiger Verpolung der Anlage. Dies wird üblicherweise durch den Einsatz von Dioden erreicht, die einen Stromfluß nur in der zulässigen Richtung erlauben.

Ist der dabei auftretende Energieverlust zu groß, was immer dann der Fall ist, wenn große Ströme von einer Steuerelektronik zur Verfügung gestellt werden müssen, wird dies durch Zuschalten eines Relais erreicht.

Eine weitere Bedrohung für empfindliche Bauteile in Steuerelektroniken stellen Überspannungen dar, die beispielsweise beim plötzlichen Abtrennen der Fahrzeugbatterie während laufendem Motor oder beim sogenannten Jumpstart - einer Starthilfe mit überhöhter Spannung - entstehen können.

Diesen Effekten wirkt der Einsatz von Varistoren oder Suppressordioden entgegen, die überschüssige Energie aufnehmen und die Bordspannung auf ein unschädliches Maß reduzieren.

Diese Schutzelemente sollten möglichst an einem zentralen Ort im Fahrzeug angeordnet sein, so daß dieser Mehraufwand nicht bei der Konzeption und Fertigung der Einzelelektroniken entsteht.

Nachgeschaltete Elektrolytkondensatoren mit niedrigen ohmschen Verlusten puffern impedanzarm den zur Versorgung des Controllers eingesetzten Spannungsregler.

Selbstverständlich werden bereits bei der Auswahl der elektronischen Komponenten entsprechende Kriterien angewendet, die speziell auf die hohen Anforderungen des Automobils abgestimmt sind. Vor allem Temperaturbeständigkeit in einem besonders weiten Bereich spielt hier eine wichtige Rolle.

Hinzu tritt aber auch eine bestimmte Mindestspannungsfestigkeit für Halbleiterbauelemente. Die Bezeichnung "automotive" hat sich als Standard neben "industrial" und "MIL" etabliert und kennzeichnet die Spezifikation von Bauteilen für die im Fahrzeug üblichen Umweltbedingungen.

Trotz des Einsatzes spezieller Bauelemente ist es nötig alle Eingänge der Elektronik mit Clampdioden gegen schädliche Über- und Unterspannungen zu schützen. Besondere Kondensatoren an den Eingangsklemmen nehmen Energie statischer Entladungen auf, die vor allem beim Handling der Elektronik vor der endgültigen Montage auftreten.

Gegen zu hohe Ströme werden Widerstände vorgesehen und gegen das Kurzschließen von Ausgängen greifen Maßnahmen vom simplen Begrenzen des Stromes bis hin zur Auswertung von Strommessungen über den Microcontroller mit anschließendem sofortigen Abschalten des Ausganges innerhalb von Microsekunden.

Dieser Schutz der elektronischen Komponenten ist aber nur ein Teil des Konzeptes, das zur Funktionalität und Betriebsicherheit einer Steuerungselektronik beiträgt.

Abbildung 12 zeigt das vollständige Sicherheitskonzept einer Dämpfersteuerungselektronik:

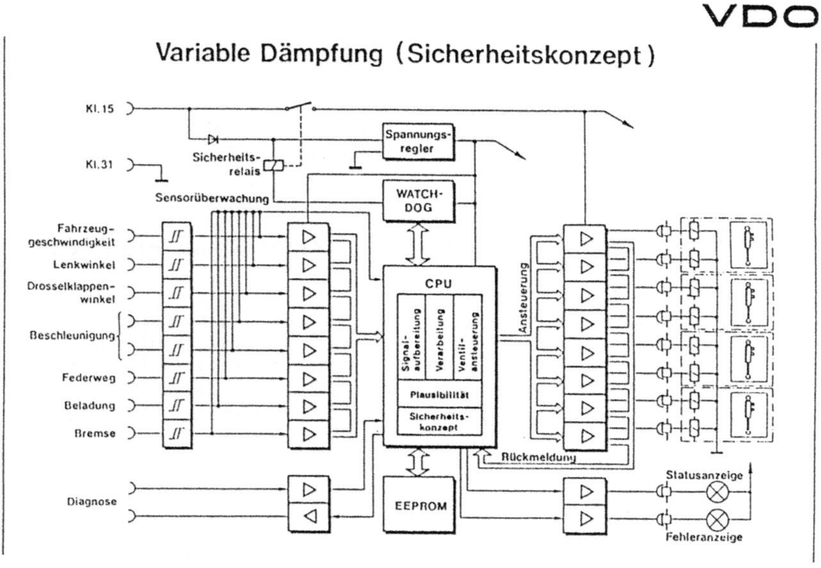

Bild 12: Sicherheitskonzept

Diese schematische Darstellung zeigt vor allem funktionsorientierte Elemente zur Verbesserung der Zuverlässigkeit.

Nur angedeutet sind Einrichtungen, die neben der direkten Erfassung der von den Sensoren übermittelten Meßwerte, deren elektrische und logische Glaubwürdigkeit prüfen.

Gegen einen - wie auch immer zustande gekommenen - Systemstillstand wird hier eine Watchdogschaltung eingesetzt, die die Abarbeitung des Programmes im Controller überwacht. Dabei kommen verschiedene Techniken zum Einsatz.

Einfach und effizient wirkt das Nachtriggern eines Monoflopelementes, das bei Ausbleiben des Impulses einen Reset für die Anlage auslöst. In der nächsten Stufe kann hier an den Einsatz eines Sicherheitsrechners gedacht werden, der bestimmte veränderliche Schlüsselsequenzen vom Hauptcontroller erwartet.

Hält sich dieser nicht an den vereinbarten Ablauf, kann ebenfalls ein Reset ausgelöst werden.

Diese Philosophie gipfelt in der Anordnung zweier gleichwertiger Controller in ABS-Systemen, um vollständige Erfassungs- und Verarbeitungsredundanz zu erzielen.

Ein wesentliches Element zur Kontrolle stellt das EEPROM dar, welches sich aber auch zur dauerhaften Speicherung bestimmter Parameter nutzen läßt. Treten Fehler auf, werden diese als bestimmter Code in diesem Speicher abgelegt, und können durch Anschluß eines Diagnosegerätes ausgelesen werden (s. 5.3).

4.2 Eigendiagnose und Plausibilität - Zuverlässigkeit nach Maß

Wie aus Bild 12 hervorgeht, ist das im Microcontroller ablaufende Programm zur umfassenden Überprüfung der korrekten Funktion der Anlage fähig. Die hierfür erforderlichen Informationen stehen entweder automatisch zur Verfügung, da sie aus den ohnehin notwendigen Ein- und Ausgangssignalen abzuleiten sind, oder werden durch eigens hierfür in der Elektronik befindliche Elemente zur Verfügung gestellt.

Die Hauptfunktion des Programmes ist natürlich, die notwendigen Schalt- und Regelvorgänge an denen das Fahrwerk beeinflussenden Aktoren vorzunehmen. Dies geschieht nach einer geeigneten Filterung der Eingangssignale, unter Anwendung der festgelegten Strategien. Aktoren können Dämpfer oder Niveauregelkomponenten sein.

Diese Funktion wird während des normalen Betriebes ausgeführt. Sobald über die Diagnoseleitung eine Diagnosekommunikation aufgebaut wird - dies ist aus Sicherheitsgründen nur bei Stillstand des Fahrzeuges möglich - übernimmt das Diagnoseprogramm die Steuerung der Anlage. Wir haben hier also zwei durchaus unterschiedliche Betriebsebenen vor uns, die sich gegenseitig ergänzen.

Unabhängig davon,welche der beiden Betriebsebenen abläuft, sind zwei Programmteile überlagert, die stets für die Sicherheit der Elektronik selbst und natürlich hauptsächlich für die des Nutzers sorgen. Plausibilitätsüberwachung und Sicherheitskonzept sind die Werkzeuge, die zuverlässigen Betrieb und sofortiges Abschalten der Anlage im Störungsfall gewährleisten.

Ein solches Abschalten führt zu sicheren Betriebsbedingungen, da die Ventile der Dämpfer dadurch stromlos werden. Sie sind in diesem Zustand geschlossen und sorgen für die straffste Fahrwerksabstimmung.

Die Plausibilitätsüberwachung prüft ständig die absolute und relative Größe bestimmter Eingangssignale. Die hierbei erzielten Ergebnisse werden nach Maßgabe des Sicherheitskonzeptes bewertet und nötigenfalls - nach vorherigem Abschalten - im Fehlerspeicher festgehalten. Auf diese Weise werden auch sporadische sonst nur schwer entdeckbare Fehlerzustände erkannt und dadurch auch wirklich behoben.

Darüber hinaus sind logische Verknüpfungen verschiedener Signalquellen überprüfbar, zum Beispiel können längsdynamische Anregungen nur bei Vorliegen eines Geschwindigkeitssignales auftreten.

Am Anfang der Konzeption wird hier auch die Tiefe dieser Kontrolle bestimmt. Die erreichbare Diagnostizierbarkeit kann jedoch zu einer "Überdiagnose" führen, die so empfindlich reagiert, daß ein vernünftiger Betrieb der Anlage nicht mehr möglich ist. Der praktikable Mittelwert aus Aufwand und Nutzen läßt sich leider nur sehr schwer planen und kann erst bei der realen Erprobung des Systems festgestellt werden.

4.3. Sicherheitsstrategien

Bei der Festlegung von Strategien, die einem echten Sicherheitsgewinn dienen, ist die Frage der Verfügbarkeit eines Systems aus den im letzten Abschnitt genannten Gründen sorgfältig abzuwägen.

Schon von Beginn der Konzeption ist ein gezieltes Augenmerk auf Möglickeiten zu richten, die zu einem Ausfall des Systems führen könnten.

Die Konsequenz aus entdeckten Fehlern muß letztlich immer das Streben nach dem sichersten denkbaren Zustand sein. Dieser ist wie bereits erwähnt bei Dämpferregelungen durch Abschalten der Systemfunktion zu suchen.

In einem Zukunftssystem wie in 3.3 liegt der Fall leider schon nicht mehr so einfach, da in solchen Anlagen aufgrund der notwendigen hohen Verfügbarkeit gegebenenfalls zusätzliche Maßnahmen, auch in der Hydraulik, erforderlich werden können. Diese Maßnahmen sind in einer System-FMEA (s. 5.2.) zu ermitteln. Für das Auftreten von Fehlern sind folgende Fälle denkbar:

o Stochastische Fehler

  Sie ergeben sich durch unvorhersehbare Fehler in der Elektronik selbst oder durch Störungen, die an das System herangetragen werden. Ihnen kann nur durch eine solide Konstruktion der Hardware, eine sorgfältige Auslegung der Peripherie sowie eine möglichst einfache Abschaltung bzw. Notlauffunktion begegnet werden.

Maßnahmen sind die Verwendung von Lastabwurfrelais, Watchdogschaltungen, bzw. Notlaufprogramme die eine sogenannte "Limp Home" Funktion ermöglichen.

o Systematische Fehler

Sie treten durch Fehler bei der Konzeption einer Anlage auf und es gibt drei Maßnahmen gegen sie:

Sorgfältige Konzeption

Simulation aller denkbaren Betriebszustände

Test

Wie wichtig eine sorgfältige Konzeption ist, wurde bereits diskutiert. Ebenso steht außer Zweifel, daß es nur über eine Simulation gelingen kann, die Mehrzahl der in der Realität vorkommenden Betriebszustände darzustellen.

In ihrer einfachsten Form begegnet uns die Simulation als Prüfstand, der die Funktionen einer Anlage nach einem vorbestimmten Muster überwacht. Zur echten Simulation fehlt die Einhaltung physikalischer Gesetze bei der Darstellung von Sensorsignalen sowie die statistische Zufälligkeit der Ereignisse, deren Verlauf jedoch durch die Reaktion des Steuergerätes ihrerseits beeinflußt wird.

Gelingt es eine solche Simulation mit entsprechender Protokollierung der Ergebnisse vorzunehmen, stellt sie abhängig von der Dauer des Versuchs ein wertvolles Hilfsmittel zur Ermittlung der Praxistauglichkeit eines Gerätes dar.

Die aus Simulation, Versuchsfahrt und Prüfstandergebnissen gesammelten Informationen müssen in das Sicherheitskonzept einer Anlage einfließen. Ob die richtigen Kriterien ausgewählt wurden, entscheidet letztlich aber nur ein umfangreicher Dauertest, der an einem realen Dauerläuferfahrzeug durchgeführt wird. Dieser Test erst zeigt, wie praxistauglich die im Vorfeld getroffenen Entscheidungen tatsächlich sind.

5. Vom Konzept zum Produkt

5.1. Erfüllung der Kundenspezifikation

Neben der rein funktionellen Planung für eine neue Steuerelektronik treten Einflußgrößen aus der Betriebsumgebung hinzu, deren Auswirkungen genau geprüft und so weit als möglich ausgeschaltet werden sollten.

Im allgemeinen findet die Entwicklung einer kraftfahrzeugtauglichen elektronischen Anlage vor dem Hintergrund einer Vielzahl technischer Forderungen statt, die von allen an der Entwicklung beteiligten Parteien aufgestellt werden.

Die Einhaltung dieser Anforderungen und Richtlinien ist um so leichter möglich, je früher das bereits erwähnte Entwicklungsteam diese berücksichtigt und die funktionellen Ziele vor diesem Hintergrund beleuchtet.

Folgende Kategorien werden zur Beurteilung einer elektronischen Anlage herangezogen:

- Temperaturanforderungen, Klimaanforderungen

  Hier gelten die bereits erwähnten "automotive"-Werte. Bei Bauteileauswahl und Design sind üblicherweise -40 °C bis 85 °C zu berücksichtigen. In extremen Fällen müssen bisweilen auch bis zu 125 °C ertragen werden. Außer diesen Temperaturanforderungen gelten in der Regel Normalwerte für den atmosphärischen Druck von etwa einem Bar sowie 50 % bis 60 % für die relative Luftfeuchtigkeit.

Von Fall zu Fall können auch sehr viel strengere Forderungen auftreten. Da jedoch gerade im Falle der Dämpfersteuerung und Fahrwerksregelung die benötigten Geräte im Inneren der Fahrgastzelle untergebracht sind, werden die genannten Werte nur selten überschritten.

- Spannungsanforderungen, Betriebsspannungen und Störspannungen

  Bei den Spannungsanforderungen an ein Steuergerät gilt es zu unterscheiden, zwischen den normalen, im Betrieb des Gerätes dauernd anliegenden Potentialen und den für gewisse Fristen oder kurzzeitig auftretenden Über- oder Unterspannungen.

Statische Überspannungen durch die Versorgung werden normalerweise nur für einige Minuten gefordert. Sie sind vor allen Dingen unter Berücksichtigung von zulässigen Verlustleistungen zu betrachten.

Versorgungsüberspannungen, die zu einer Beschädigung der Baugruppen führen würden, müssen über die schon erwähnten energiereduzierenden Elemente begrenzt werden.

Etwas anders liegt der Fall bei niederenergetischen Impulsen, die jedoch mit teilweise recht hohen Spannungen an den Eingangsklemmen der Elektronik auftreten können. Sie müssen entsprechend begrenzt werden und dürfen keine Fehlfunktion des Gerätes auslösen.

o Festigkeit gegen eingestrahlte Störungen

  Das Kraftfahrzeug befindet sich während seiner Betriebsphase ständig unter dem Einfluß elektromagnetischer Störfelder, die teils von außen auf das Fahrzeug einwirken (Rundfunk, Funkdienste der Post, CB-Funk), teils im Fahrzeug selbst entstehen (Funkeinrichtungen, leitungsgebundene Störer).

Bild 13 zeigt ein Meßprotokoll für eine Dämpfersteuerungsanlage, das während einer Striplinemessung aufgenommen wurde:

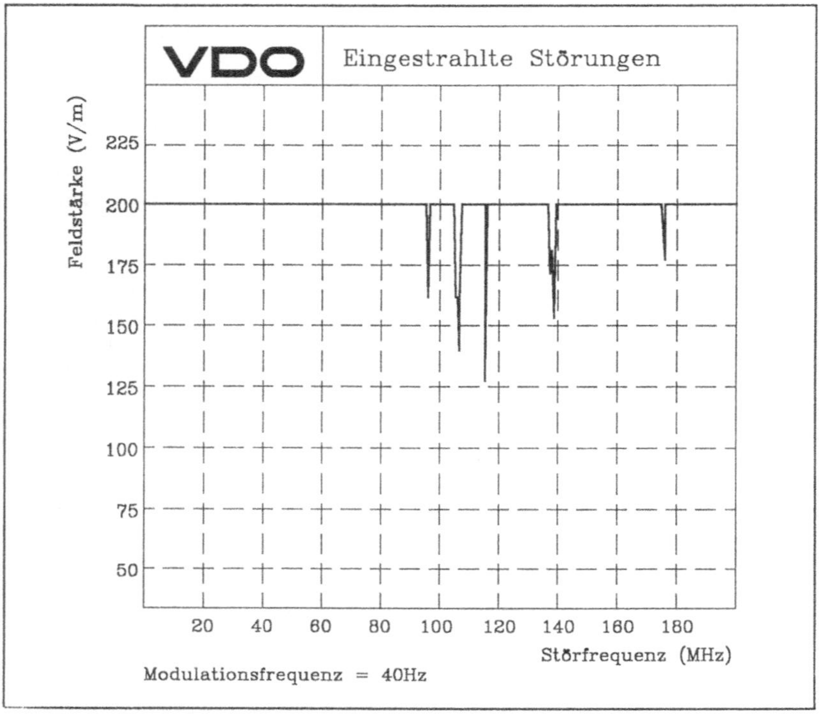

Bild 13: Meßprotokoll einer Striplinemessung

Den Einflüssen dieser Störer muß eine Steuerelektronik bis zu hin zu den vorgeschriebenen Grenzen (z.B. DIN 40839 Teil2, ISO 7637/2, VG 95370,95373) gewachsen sein. Hierzu sind während Designphase und Erprobung umfangreiche Grundlagenuntersuchungen erforderlich. Zwar existieren bereits gute Erfahrungswerte auf diesem Gebiet, jedes neue Design jedoch bringt eigene, neue Anforderungen mit sich.

Hinzu kommen Forderungen hinsichtlich galvanischer Kopplung oder Isolation des Gehäuses sowie als entscheidende Einflußgröße der Einbauort im Kraftfahrzeug. Hilfsmittel wie Striplinemessung und TEM-Zelle können die Gesamtfahrzeugmessung keinesfalls ersetzen.

An dieser Stelle ist auch wieder die Gesamtverantwortung aller Beteiligter existenziell, da nur der Verbund aller Teilgeräte, Sensoren, Aktoren und Steuergeräte eine zuverlässige Aussage über die Alltagstauglichkeit eines Systems zuläßt.

- Geringe Abstrahlung elektromagnetischer Störungen

  Hier geht es natürlich primär um die ins Bordnetz des Fahrzeugs abgegebenen Störungen. Hauptaugenmerk wird hier auf die Ursachenvermeidung gelegt. So ist vor allen Dingen der reibungslose Rundfunk- und Funkdienstempfang zu beachten.

Die von Steuerelektroniken eingespeisten Störpegel sind daher stets so klein zu halten, daß weder andere im Fahrzeug befindliche Elektroniken gestört werden noch der Empfang von Funkdiensten oder Rundfunk beeinträchtigt wird.

Die Amplitude der Abstrahlung wird nach einem Klassenschema beurteilt, welches die Maxima der abgegebenen Störungen in verschiedenen Frequenzbändern definiert. Bild 14 zeigt ein vereinfachtes Meßprotokoll einer solchen Untersuchung:

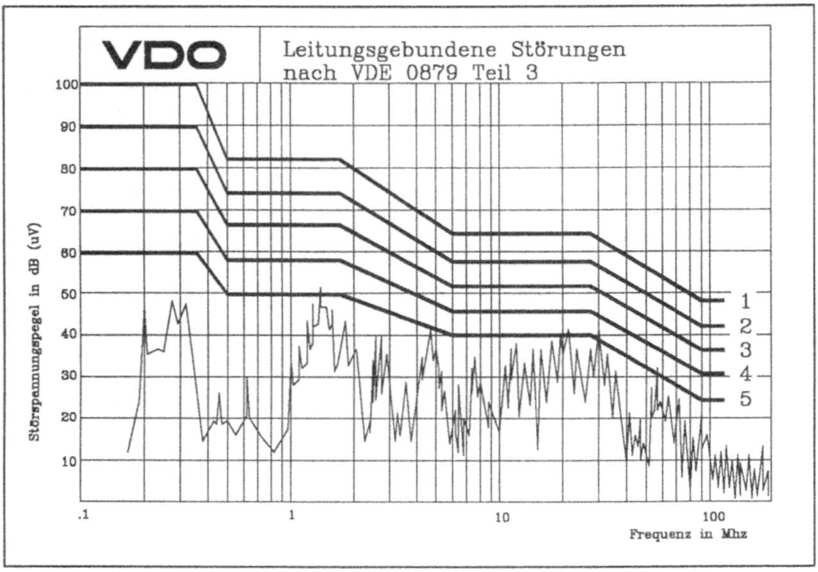

Bild 14: Abstrahlungsmesssung

5.2. FMEA und MTBF - Zuverlässigkeit nach Plan

Neben den bisher behandelten Werkzeugen zur Sicherstellung einer einwandfreien Entwicklung muß mit zunehmender Reife eines Projektes der Serientauglichkeit und späteren Lebensdauer wachsende Aufmerksamkeit gewidmet werden.

Was die Serientauglichkeit und praxisbezogene Fertigbarkeit des Produktes angeht, kann ein guter Qualitätsstandard nur durch eine detaillierte Untersuchung aller Einzelkomponenten der Anlage erreicht werden. Dies bezieht sich auf die konstruktiven Merkmale eines Gerätes, wie Schaltungsdesign, Layoutgestaltung, Montage mechanischer Baugruppen, ebenso wie auf die verwendeten Bauteile, die in dem betreffenden Produkt eingesetzt werden.

Konstruktive und designrelevante Merkmale lassen sich mit Hilfe der sogenannten FMEA (Fehler-Möglichkeits und -Einfluß Analyse) einer Überprüfung unterziehen, deren Schärfe einzig von den zuvor festgelegten Kriterien abhängt.

Bild 15. zeigt ein Beispiel für ein Arbeitspapier, das während einer solchen Untersuchung entstand:

F E H L E R - M Ö G L I C H K E I T S - und E I N F L U S S - A N A L Y S E

Konstruktions - FMEA [ ] Prozeß - FMEA [X] Produkt - / System - FMEA [ ]

Bestätigung durch betroffene Abteilung und / oder Lieferant	Name / Abt. / Lieferant	Name / Abt. / Lieferant
	Hr.Küchler S31-A Hr.Röder S31-QF/M Hr.Walther S31-AA2 Hr.Wernet S31-DM	Hr.Cremer S46-TS/K

Teile-Name :	Teile-Nummer :	
Modell / System / Fertigungsstelle	Techn. Änderungsstand :	
Erstellt durch : Hr.Stöckel S31-QF/M	Erstellt am : 10.07.90	Überarbeitet am

Systeme/Merkmale	Potentielle Fehler	Potentielle Folgen des Fehlers	D	Potentielle Fehlerursachen	DERZEITIGER ZUSTAND Qualitätssicherungs-Maßnahme	A	B	E	RPZ	Geplante Verbesserungsmaßnahme	Verantwortlich	VERBESSERTER ZUSTAND Durchgeführte Maßnahme	A	B	E	RPZ
Nieten Steckerleiste (proz. überwachtes Betriebsmittel)	Falsche Steckerleiste eingelegt (Anschlußzahl)	Funktionsfehler		Handling	Endprüfung	2	3	2	12							
	Stecker nicht / fehlerhaft genietet	kein mech. Halt weitere Fügearbeit unmöglich			Folgearbeitsgang	2	2	2	8							
		Lebensdauer begrenzt				2	3	10	60							
	Nietmaterial falsch	Niet reist		Logistikfehler	Sichtprüfung	2	3	6	36							
	mechanische Belastung der Leiterplatte beim Nietvorgang	Funktionsfehler Spätausfall		Parameter verstellt		2	3	8	48	Vorrichtung zur Wegüberwachung im Nietwerkzeug	Hr.Walther		2	3	4	24
	Nietergebnis zu fest oder zu lose	Lebensdauer begrenzt				2	3	10	60				2	3	4	24
Vormontage Kühlkörper Einlegen Federn in Vorrichtung	Feder nicht wie vorgesehen in Vorrichtung	interner Ausschuß		Handling	Folgearbeitsgang	3	2	2	12							
	nicht montiert															
	falscher Transistor gefügt	Funktionsausfall			Bauteilprüfung	3	3	2	18							
	Transistor falsch eingelegt	interner Ausschuß				3	2	2	12							

A = Auftreten B = Bedeutung E = Entdeckung RPZ = Risiko-Prioritäts-Zahl = A * B * E Druck-Datum : 25. September 1990 Disk-Nr. ---- / File : --------.txt

Bild 15: FMEA - Arbeitsergebnis

Dabei kann zwischen folgenden FMEA Einsatzbereichen unterschieden werden:

- o System-FMEA

  Zusammenspiel aller am System beteiligter Komponenten.

- o Konstruktions-FMEA

  Schaltungstechnik und Leiterplattendesign

- o Prozeß-FMEA

  Fertigbarkeit und Montierbarkeit der mechanischen Hauptkomponenten.

- o Software-FMEA

  Zur Zeit noch nicht erprobtes Hilfsmittel zur Prüfung des Programmcodes.

Grundlage all dieser Teildisziplinen ist die Abfrage von Fehlerwahrscheinlichkeiten unter den Kriterien "Auftreten", "Entdeckung" und "Bedeutung".

Die jeweils bis zehn reichenden Teilbewertungen werden multipliziert und bilden zusammen einen Faktor, der sich Risikoprioritätszahl oder auch RPZ-Faktor nennt. Ab einer bestimmten - vorher definierten Grenze - für diesen Faktor, ist eine Maßnahme einzuplanen, die zur Verbesserung der angenommenen Situation führt.

Soll dieses Hilfsmittel einen spürbaren Effekt haben, ist es wichtig, daß sowohl Fahrzeughersteller als auch Zulieferanten mit den aufgestellten Risikofaktoren und deren Bewertung einverstanden sind. Auch hier ist demnach eine enge Zusammenarbeit gefordert.

Die FMEA kann zwar eine Analyse der Gesamtsituation der Steuerelektronik und anderer Systemkomponenten liefern, den Ausfall einzelner Bauteile kann sie nur als Auslöser für einen möglicherweise auftretenden Fehler bewerten.

Geht es um die Ermittlung der Ausfallwahrscheinlichkeit der einzelnen Bauteile - oder umgekehrt deren Zuverlässigkeit über einen gewissen Zeitraum - so greift als Hilfsmittel die MTBF-Berechnung nach dem MIL-Handbook.

MTBF (Mean Time Between Failures) beziehungsweise MTTF (Mean Time To Failure - bei nicht zu reparierenden Systemen) ist der Erwartungsmittelwert aller Ausfallraten der verwendeten Bauteile.

Dabei sind diese für bestimmte Bauteilekategorien empirisch ermittelten Werte oftmals erheblich zu pessimistisch und im Einzelfall muß über die Ausfallwahrscheinlichkeit bestimmter Bauteile gesondert diskutiert werden.

In Bild 16 sehen wir eine typische Lebensdauerkurve für elektronische Steuergeräte:

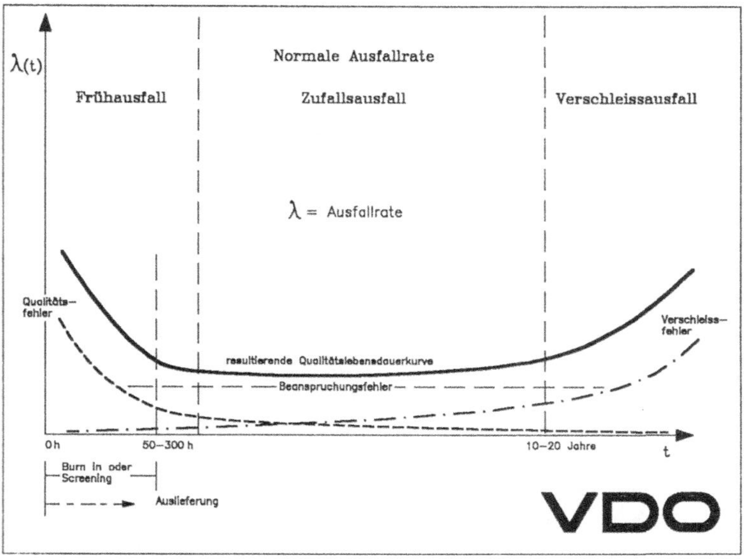

Bild 16: Lebensdauerkurve für elektronische Baugruppen

5.3. Fertigung und Serienbetreuung

Eine Entwicklung wird von verschiedenen Musterständen der Geräte oder Komponenten begleitet, die naturgemäß dem eigentlichen Serienteil immer mehr ähneln. Bereits zu einem frühen Zeitpunkt ist es für den Entwickler wichtig, neben den Tätigkeiten zur Dokumentation, auch Vorgehensweisen zu planen, die eine aussagekräftige und effiziente Prüfung der Anlage zulassen.

Das hierbei entstehende Dokument stellt die Kommunikationsbasis zwischen Entwicklung und Fertigung dar. Deshalb ist es auch sinnvoll, wenn sich Fertigungsfachleute an der Erstellung dieses Arbeitsmittels beteiligen, so lange die Entwicklung noch Freiräume zuläßt, die eine Adaption an betriebliche Gegebenheiten ermöglicht.

Eine solche Prüfanleitung ist auch Grundlage für die Erarbeitung einer Qualitätsprüfvorschrift, die die funktionellen Aspekte der reinen Systemprüfung mit den anerkannten Qualitätsrichtlinien verbindet, auf die sich Lieferant und Kunde verständigt haben.

Nach dieser Vorgabe werden dann die verschiedenen Stadien des neuen Produktes vom Qualifikationsmuster über Erstmuster bis hin zum Null-Serienteil geprüft. Aber auch für die späteren Fertigungsprüfungen müssen hier die notwendigen Abläufe und Gerätereaktionen niedergelegt sein.

Den eigentlichen Fertigungsprozeß gibt Bild 17 wieder:

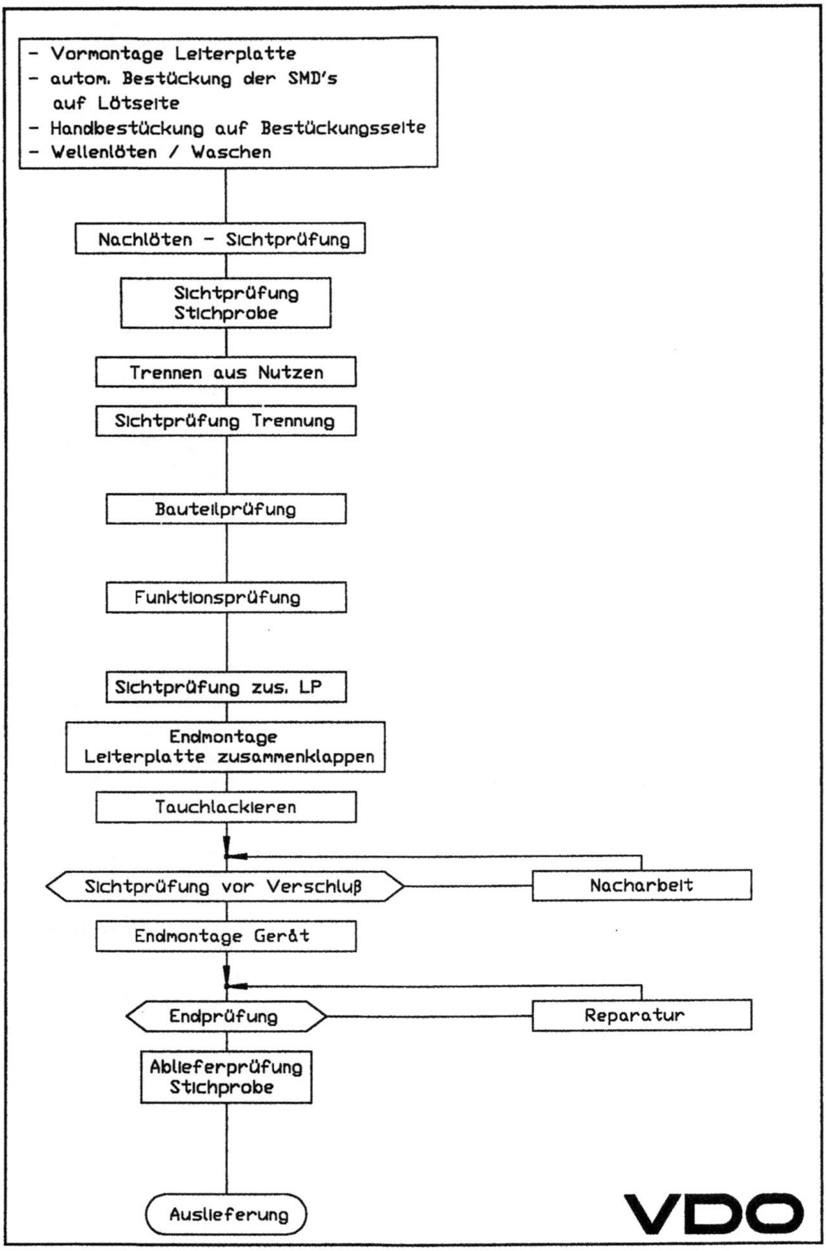

Bild 17: Fertigungsablauf

Zuverlässigkeit eines Produktes heißt aber nicht nur alles erdenkliche für eine qualitativ hochstehende Fertigung zu tun, sondern auch die laufende Serie zu unterstützen und in diesem Sinne den Systemgedanken über den Produktabverkauf hinaus auszudehnen.

Trotz aller erläuterten Maßnahmen kommt es leider immer wieder zu Feldausfällen ausgelieferter elektronischer Baugruppen. Hier ist eine eingehende Analyse der Geräte vorzunehmen, die insbesondere durch die Möglichkeiten der On- und Off-Board-Diagnose heutiger Steuerelektroniken erleichtert wird. Bild 18 zeigt die Benutzeroberfläche eines Diagnoseprogrammes:

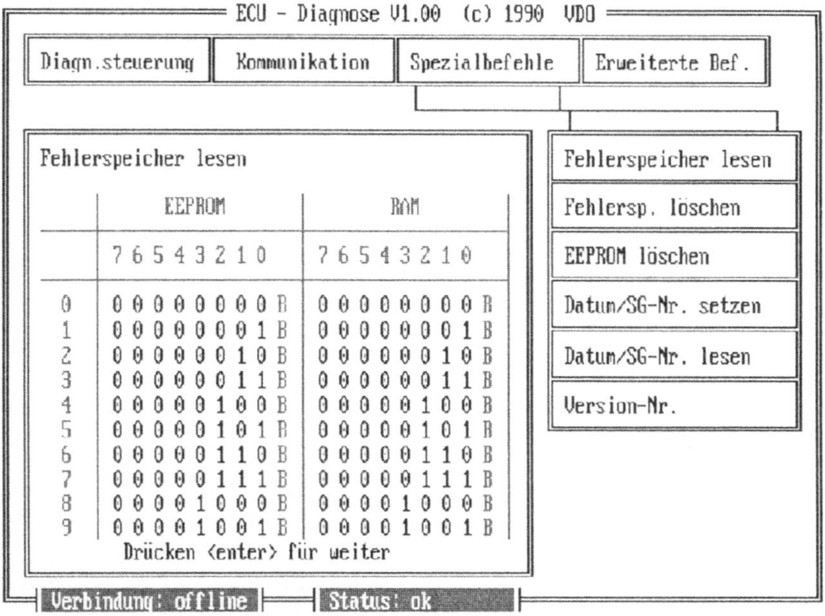

Bild 18: Benutzeroberfläche eines Diagnoseprogrammes

Mit Hilfe solcher Werkzeuge ist es heute schon häufig in der Werkstatt möglich, fehlerhafte Komponenten einwandfrei zu bestimmen. Dies führt zu einer Verringerung der scheinbaren Ausfälle und verhindert den Austausch von Baugruppen, die in Wirklichkeit noch funktionieren.

Kam es aber tatsächlich zu einem echten Ausfall, erlaubt eine solche Diagnose - im Zusammenhang mit der Analyse des geschädigten Teiles - eine konsequente Umsetzung in Verbesserungsmaßnahmen, die das Vertrauensverhältnis zwischen Fahrzeughersteller und Zulieferer aufrecht erhalten und fördern.

Brems- und Stoßdämpfer-Verbundregelsystem (B & SC) unter Einbeziehung von System-Diagnose und Wartungs-Instruktor (DWI)

von H.-Ch. Klein

Wechselwirkung zwischen Bremskraftverteilung, Kraftschlußbeanspruchung und Variation der Radaufstandskraft; Meß– und Simulationsergebnisse; Konzeption eines B & SC; Einführung eines interaktiven Zustandsbeobachters; Notwendigkeit eines computergestützten DWI–Systems; pros and cons.

1. Einleitung

Die Kraftschlußbeanspruchung f zwischen Reifen und Fahrbahn

$$f = \frac{\sqrt{F_t^2 + F_l^2}}{F_z} \qquad (1)$$

mit F_t = Radumfangskraft
F_l = Radseitenkraft
F_z = Radaufstandskraft

ist das wesentlichste Kriterium für die Kraftübertragung in der Radaufstandsfläche an deren Höhe alle drei orthogonalen Kraftterme beteiligt sind. Jede Regelstrategie, die auf eine optimale Nutzung des zur Verfügung stehenden Kraftschlußpotentials abzielt, muß also alle drei Kräfte sowohl mit deren Mittelwerten als auch Variationen berücksichtigen. Daß diese von den Antriebs– bzw. Bremsmomenten der vertikalen Schwingungsanregung und dem Lenkmanöver abhängen, bedarf keines Beweises [1 bis 4]. Bild 1 illustriert diese Zusammenhänge und deren Auswirkungen auf Fahrsicherheit und –komfort.

Im Bremsen–Engineering werden bis heute fast ausschließlich nur die statischen und stationären Kräfte bzw. Wirkungen berücksichtigt. Eine Einbeziehung, z.B. der sich kurzzeitig ändernden Radaufstandskräfte schien nicht erforderlich, da Auswirkungen auf den Bremsweg

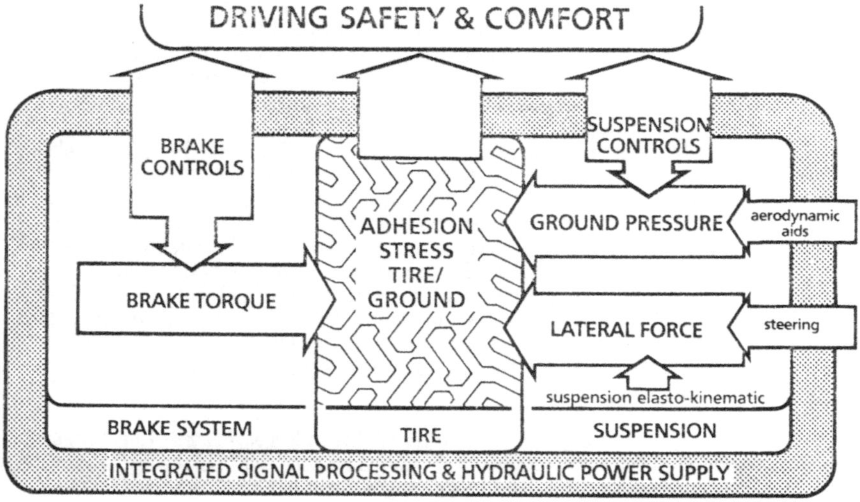

Bild 1: Wirkungen am Rad beeinflussen Fahrkomfort, Fahrzeug–handling und –Sicherheit

nicht zu erwarten sind, solange folgende Bedingung für die tangentiale Kraftschlußbeanspruchung f_t bei Geradeausbremsung

$$f_t = \frac{T_B}{R_D\,(F_z + \Delta F_z)} < f_H \qquad (2)$$

bzw. für die relative dynamische Radlaständerung gegenüber dem stationären Zustand

$$\frac{\Delta F_z}{F_z} > - \left(1 - \frac{f_{s\,tat}}{f_H} \right) \qquad (3)$$

erfüllt ist. (Bei dieser Betrachtung wurde der Einfluß der rotierenden Massen vernachlässigt.) Untermauert wird diese Vorgehensweise durch die Ergebnisse einer experimentellen Untersuchung [5] und durch eigene Simulationsrechnungen mit einem ADAMS–Vollfahrzeugmodell.

Die Situation ändert sich grundsätzlich, wenn o.g. Bedingungen nicht mehr erfüllt sind, das Maximum von $f(\lambda)$ überschritten und die ABV–Regelung aktiviert wird. Sowohl in [5] als auch in einer neueren Arbeit [6] wird darauf hingewiesen, daß defekte Stoßdämpfer, welche erhöhte dynamische Radlaständerungen zur Folge haben, erheblichen Einfluß auf die ABV–Regelung ausüben und zu deutlichen Bremswegverlängerungen führen können. In einem Fall wurde eine Verminderung der mittleren Verzögerung von 9,3 auf 8,0 m/s² festgestellt [6]. Simulationsrechnungen [7], welche neben der vertikalen auch eine horizontale Straßenanregung berücksichtigen, ergaben für recht moderate Anregungsbedingungen eine Verminderung der mittleren Verzögerung von 7,1 m/s² auf 6 m/s². Eine weitere grundlegende Klärung dieser Zusammenhänge ist notwendig. Unabhängig von den zu erwartenden Ergebnissen muß der Systementwickler aber bereits jetzt Überlegungen über mögliche Lösungen anstellen.

Mit der Großserieneinführung von ABV im PKW hat die Mikroelektronik ihre nicht mehr wegzudenkenden funktionellen Möglichkeiten, ihre Anpassungsfähigkeit und Zuverlässigkeit in schnellen Regelungen hydraulischer Systeme bewiesen und damit auch die Voraussetzungen für weitere Anwendungen geschaffen. So werden z.B. aus mechanisch und elektrisch verstellbaren Stoßdämpfern durch elektronisch angesteuerte schnell reagierende Ventile, Dämpferkraft-Regelungen. Diese sind zunächst als "stand-alone-Systeme" konzipiert mit dem Ziel, je nach Straßenzustand und Fahrmanöver entweder den Fahrkomfort zu optimieren oder die Horizontalkraftübertragung im Reifenlatsch zu maximieren [2, 7, 8].

Der mit der Einführung von mikroelektronik-gestützter Regelungen verbundene Technologieschub hat die Grenzen der Leistungsfähigkeit des Gesamtsystems Kraftfahrzeug gegenüber der mit konventionellen Technologien erreichbaren, deutlich angehoben. Ich bin der Auffassung, daß ein weiterer "technologischer Quantensprung" durch das organische Zusammenwachsen verschiedener stand-alone-Systeme zu einem "Verbund-System" ermöglicht wird. Dies vor allem durch

- o eine Mehrfachnutzung von Sensor-Signalen
- o einen Informations-Austausch auf allen relevanten Ebenen des Signal/Data-Processing
- o einen gemeinsamen Zustandsbeobachter
- o die Verwendung selbstlernender Algorithmen (künstliche Intelligenz AI)
- o ein fahrzeuggerechtes, sicheres Multiplex-Netzwerk
- o eine gemeinsame Servoenergie-Versorgung
- o ein integriertes Diagnose- und Wartungsinstruktorsystem

2. Zusammenhänge zwischen Brems- und Vertikaldynamik

Das Zusammenwirken von Brems- und Vertikaldynamik soll zunächst anhand von Fahrversuchs-Meßergebnissen betrachtet werden.

Als Meßfahrzeug stand ein serienmäßig mit Teves ABS MK II ausgerüsteter Pkw, der zusätzlich mit entsprechenden hochauflösenden Sensoren ausgestattet wurde, zur Verfügung. Folgende relativ einfach und genau zu messenden Größen wurden registriert:

- hydraulischer Bremsbetätigungsdruck p
- Fahrzeug Längsbeschleunigung $\ddot{x}$
- Winkelgeschwindigkeit der Räder ω_i

– vertikale Beschleunigung

der Radachsen $\ddot{z}_{1,i}$

des Aufbaus im Bereich

der Radaufhängungen $\ddot{z}_{2,i}$

(z.B. am Federbein–Dom)

i – Zählindex des betreffenden Rads

Das Referenzsignal für den vom Fahrzeug zurückgelegten Weg x wird von einem Peisler–Rad mit einem Präzisions–Inkrementalgeber – mit 1000 Pulsen/Umdrehung – abgenommen. Bei dem zur mobilen Meßdatenerfassung eingesetzten "Ereignisrecorder" handelt es sich um ein von uns neu entwickeltes Gerät, für ereignisgesteuertes Data Sampling [9]. Als "Ereignis" ist hierbei der 0–1–Übergang eines binären Signals definiert und als "ereignisgesteuertes Data Sampling" die Registrierung der IST–Werte aller aktivierten, analogen Datenkanäle im 12 bit Format, im Moment des Ereigniseintritts. Dieser Ereignisrecorder zeichnet sich aus durch eine mit Transientenrecordern nicht erreichbare Meßpräzision, Datenreduktion und Speicherökonomie sowie eine auf fahrdynamische Untersuchungen ausgerichtete, benutzerfreundliche Auswerte–soft–ware. Das hier benutzte Gerät verfügt über 8 Meßkanäle für inkrementale und 12 Meßkanäle für analoge Signaldaten, eine Abtastrate von 200 kHz und eine Speicherkapazität von 128.000 e–data–sets.

Eine weitere Besonderheit der Formatierung der Datenablage und Auswerte–soft–ware ist, daß sowohl die Meßwerte aller Eingangskanäle sowie deren zeitliche Ableitungen, als auch spezielle Relationen zwischen diesen, über jeder beliebigen Ereignis–Eingangsgröße direkt ausgegeben und dargestellt werden können. Als Beispiel dafür sei der für fahrdynamische Untersuchungen wichtige tangentiale Reifenschlupf eines gebremsten Rades

$$\lambda_{ti} = 1 - \omega_i \cdot R_{Ki}/\dot{x} \tag{4}$$

angeführt.

In Bild 2 ist der Ausdruck der Meßwerte eines Bremsvorgangs aus $\dot{x}$ = 22 m/s mit $-\ddot{x}/g$ = 0,85 auf ebenem, trockenem, griffigem Asphalt über der Zeit wiedergegeben. Eine Auswahl der gleichen Meßwerte sowie die gem. (4) errechneten aktuellen λ–Werte sind in Bild 3 über dem zurückgelegten Bremsweg dargestellt. Die Wahl von Zeitkoordinaten bietet Vorteile bei der Analyse zeitlicher Abläufe (z.B. Frequenzermittlung), der Übergang auf Ortskoordinaten erlaubt die Zuordnung auffälliger Meßresultate zu Fahrbahn–Positionen (z.B. Haftwertänderungen oder besonderen Vertikalanregungen).

Bereits aus einer oberflächlichen Betrachtung dieser Meßplots ergeben sich folgende Feststellungen:

1. Bei dem schnellen Bremsdruckaufbau ($t_a + t_s \approx$ 0,18 s) zeigen sich am Vorderrad 1 zwei deutliche Einbrüche im Radgeschwindigkeitsverlauf.

2. Diese liegen in etwa in Phase mit den negativen Anteilen einer gedämpften $\ddot{z}_{2,1}$–Schwingung von 0,5 s Periodendauer, welche offensichtlich von dem Brems–Nickvorgang des Aufbaus herrührt. In dem $\ddot{z}_{2,1}$–Plot ist auch noch ein dritter Bereich mit – wenn auch geringerer –, negativer $\ddot{z}_{2,1}$–Amplitude zu erkennen.

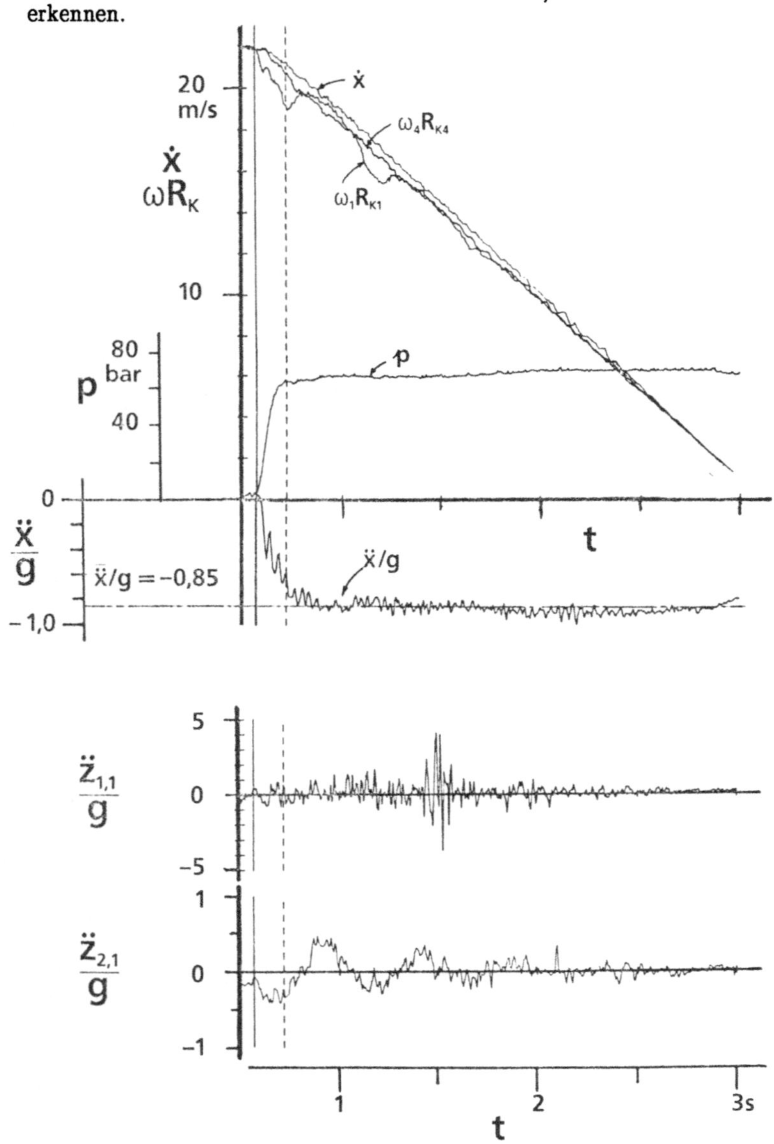

Bild 2: Meßwert–Ausdrucke eines Bremsvorganges auf ebener, griffiger Straße mit $z_B = 0{,}85$
Darstellung über der Zeitachse

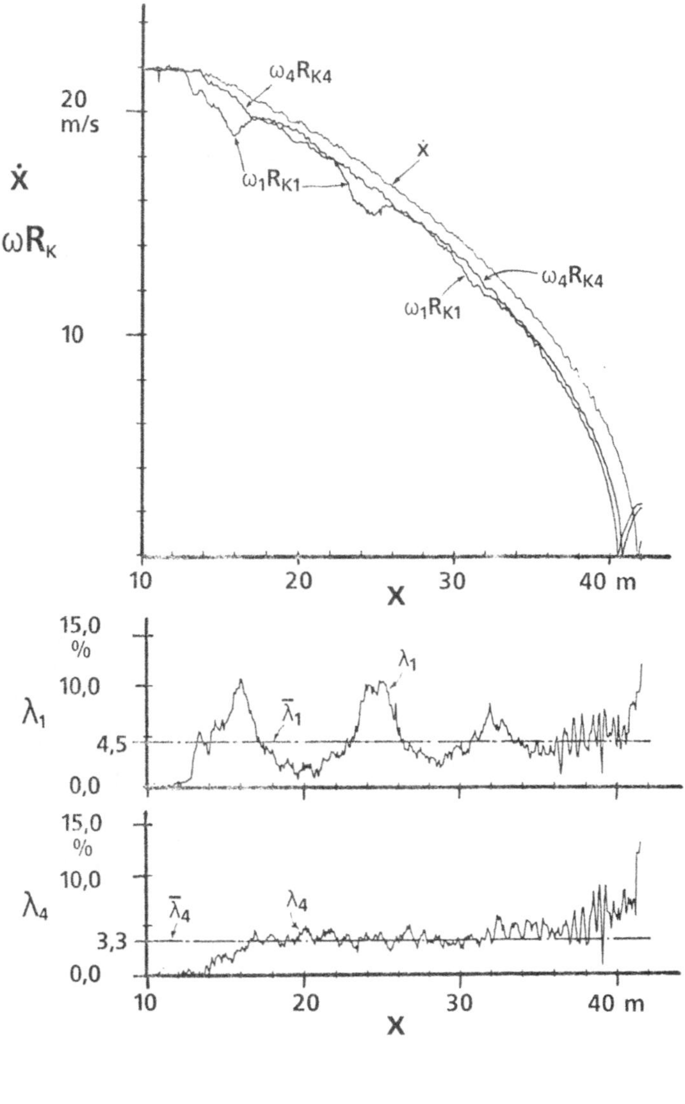

Bild 3: Meßwert-Ausdrucke eines Bremsvorganges auf ebener, griffiger Straße mit $z_B = 0,85$

Darstellung über Ortskoordinaten.
Die momentanen λ-Werte sind auf die Peislergeschwindigkeit des Fahrzeugaufbaus ($\dot{x}_2$) bezogen

3. Im λ_1–Plot bilden sich alle drei Radgeschwindigkeits–Einbrüche deutlich ab.

4. Der mittlere Reifenschlupf des Vorderrades liegt mit 4,5 % (für $-\ddot{x}/g = 0{,}85$!) erstaunlich niedrig, die Spitzenwerte erreichen, bedingt durch den Nickvorgang, über 10 %.

5. Der Nickvorgang, obwohl bereits 1,2 ... 1,5 s nach Bremsbetätigungsbeginn abgeklungen, erstreckt sich dennoch über eine Fahrstrecke von ca. 25 m und dies bei einem Bremsweg von 29,8 m!

6. Auf die vertikale Bewegung des Vorderrads und das Bremsverhalten der Hinterachse wirkt sich der Nickvorgang bei diesem Fahrzeug nicht aus.

7. Eine im $\ddot{z}_{1,1}$–Plot bei t = 1,5 s zu erkennende, von der Straße herrührende momentane Vertikalanregung, hat keine größeren Auswirkungen auf den Bremsvorgang (bei x = 29 m im λ_1–Plot eine geringe Störung).

Einzelne wichtige Parameter, wie z.B. die Kraftschlußbeanspruchung, sind im Fahrversuch nicht, oder nur mit nicht vertretbarem Aufwand, bestimmbar. In solchen Fällen können die Zusammenhänge meist durch Simulationsrechnungen mit noch relativ einfachen Modellen analysiert werden. Durch Modellanpassung und Parameterabgleich mit korrespondierenden Meßergebnissen läßt sich auch mit der Simulation eine hohe Aussagezuverlässigkeit erreichen.

In Tafel 1 sind die für ein häufiger von uns benutztes, simplifiziertes Viertelfahrzeug–Modell benötigten Beziehungen zusammengestellt.

Die Dynamik der Achslastverlagerung bei Bremsbeginn ΔF_{zB} kann in erster Näherung durch folgende inhomogene Differentialgleichung 2. Ordnung beschrieben werden:

$$\ddot{z} + 2\omega_N D_N \dot{z} + \omega_N^2 \cdot z = \vartheta_N(t) \qquad (5)$$

wobei die Werte für ω_N und D_N von denen für Hubschwingungen abweichen und in $\vartheta_N(t)$ neben dem Anstieg der Bremskraft B(t) auch Einflüsse der Radaufhängungsgeometrie bzw. die Lage des Nickpoles zu berücksichtigen sind.

REIFEN – FAHRBAHN CHARAKTERISTIK

$$f = \frac{a\lambda}{b + c\lambda + \lambda^{1,5}}$$

	Kurve A	Kurve B	Kurve C
λ_H	0,15	0,20	0,20
f_H	1,05	0,60	0,15
f_G	0,80	0,50	0,12
a	1,5056	1,1217	0,2243
b	0,0290	0,0447	0,0447
c	0,8530	1,1987	0,8248

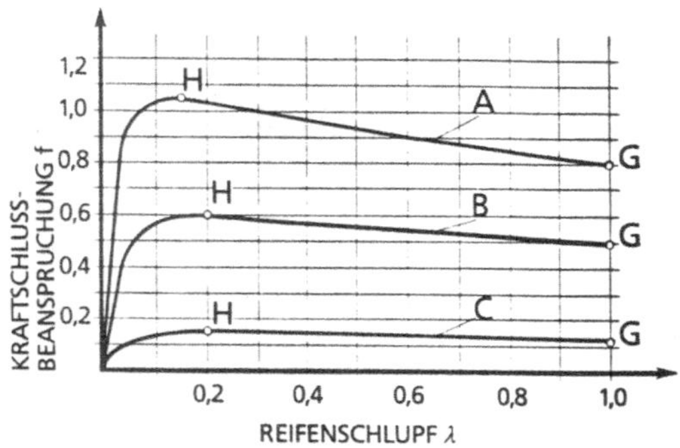

EINRADMODELL

$$\Theta \cdot \dot{\omega} + R_D \cdot F_{x0} + e_x \cdot F_{z0} - T_y = 0$$
$$F_{x0} = \mathrm{sgn}(\dot{v}) \cdot f \cdot F_{z0}$$
$$\lambda_t = 1 - \omega \cdot R_K / v$$
$$R_D = z_1 - z_0$$

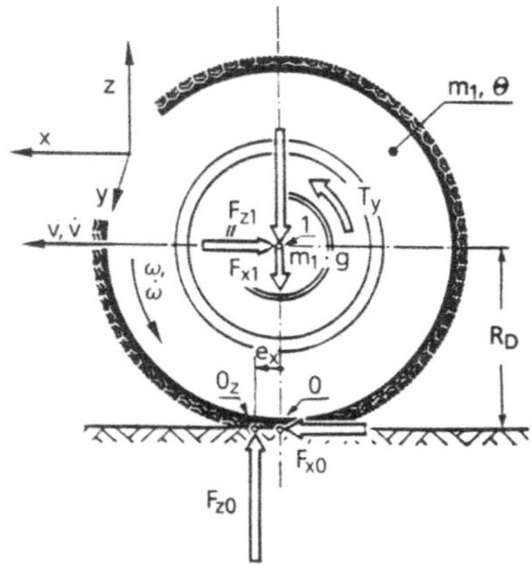

LINEARISIERTER 2-MASSEN-VERTIKALSCHWINGER

$$m_2 \cdot \ddot{z}_2 + K_2 (\dot{z}_2 - \dot{z}_1) + C_2 (z_2 - z_1) = 0$$
$$m_1 \cdot \ddot{z}_1 + K_1 (\dot{z}_1 - \dot{z}_0) + C_1 (z_1 - z_0) - K_2 (\dot{z}_2 - \dot{z}_1) - C_2 (z_2 - z_1) = 0$$

$$\Omega_{E1} = \sqrt{(C_1 + C_2)/m_1} \qquad \Omega_{E2} = \sqrt{C_2/m_2}$$

$$D_1 = \frac{K_1 + K_2}{2\sqrt{m_1 \cdot (C_1 + C_2)}} \qquad D_2 = \frac{K_2}{2\sqrt{m_2\, C_2}}$$

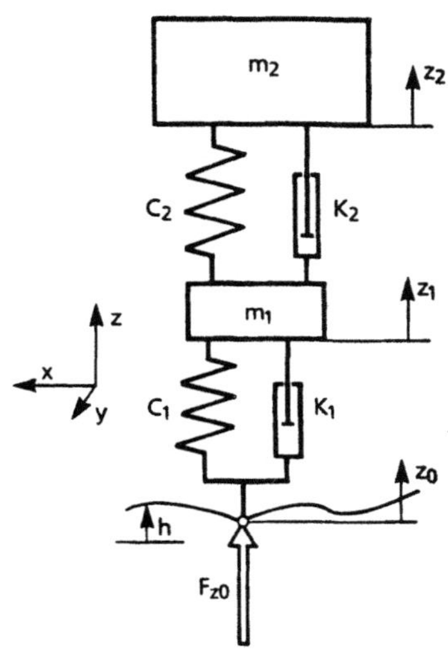

$$z_0 = h(x_0)$$

VIERTELFAHRZEUG

$$F_{x0} = M \cdot \dot{v} \qquad F_{z0} = F_{z0}(M, \dot{v}, v, z_0, t)$$
$$M = m_1 + m_2 \qquad F_{z0,0} = g \cdot M$$
$$\dot{v} = \ddot{x}_2 = \ddot{x}_1$$

TAFEL 1: VIERTELFAHZEUG – BASISMODELL OHNE QUERDYNAMIK FÜR $x_2 = x_1 = x_0$

Um den in Bild 3 wiedergegebenen λ_1–Verlauf auf Nickschwingungen zurückzuführen, soll durch Simulation die tangentiale Kraftschlußbeanspruchung des Rades 1 $f_{t,1}$ bestimmt werden:

$$f_{t,1} = \frac{|F_{x0,1}|}{F_{z0,1,0} + \Delta F_{z0,1}} \tag{6}$$

mit

$$F_{x0,1} = -\frac{1}{2}\ddot{x} \cdot M \cdot (1 - \phi) \tag{7}$$

$$F_{z0,1,0} = \frac{1}{2} g \cdot M \cdot (1 - \psi) \tag{8}$$

$$\Delta F_{z,0,1} = \frac{1}{2} \cdot M \left[(1-\psi)^2 + \psi_I^2 \right] \cdot (\ddot{z} - \vartheta_N) \tag{9}$$

$$\vartheta_N(t) = \frac{\chi \cdot \ddot{x}(t)}{(1-\psi)^2 + \psi_I^2} \tag{10}$$

Die Gleichungen (9) und (10) beruhen auf der Annahme, daß ΔF_{zB} an der Vorderachse vollständig durch die Tragfedern/Stoßdämpfer übertragen wird und an der Hinterachse keine, oder nur eine zu vernachlässigende Vertikalbewegung stattfindet. Für den Verlauf von $f_{t,1}$ ergeben sich damit, für verschiedene Bremspedalbetätigungsgeschwindigkeiten, die in Bild 4 dargestellten Übergangsfunktionen. Deutlich ist aus diesen zu erkennen, wie bei schneller Bremspedalbetätigung eine periodische Überhöhung von $f_{t,1}$ gegenüber dem stationären Wert auftritt. Die Höhe derselben ist von der Betätigungsgeschwindigkeit und der wirksamen Dämpfung abhängig.

Bekanntlich wird die Bremskraftverteilung nach dem stationären $B_h - B_v$ – Diagramm ausgelegt. Dabei wird vorausgesetzt, daß sich die der Fahrzeug–Längsverzögerung $\ddot{x}$ proportionale Achslastverlagerung auch eingestellt hat, d.h. der Term $\ddot{z}$ in Gleichung (9) Null ist. Da dies nicht der Fall ist, was aus der Integration von (5) folgt, nimmt die Kurve für $f_v = f_h = z_B$ (d.h. $\rho = 1$) im $b_h - b_v$ – Diagramm, abhängig von den Nickbedingungen einen anderen Verlauf. In Bild 5a ist beispielhaft der zeitliche Verlauf der

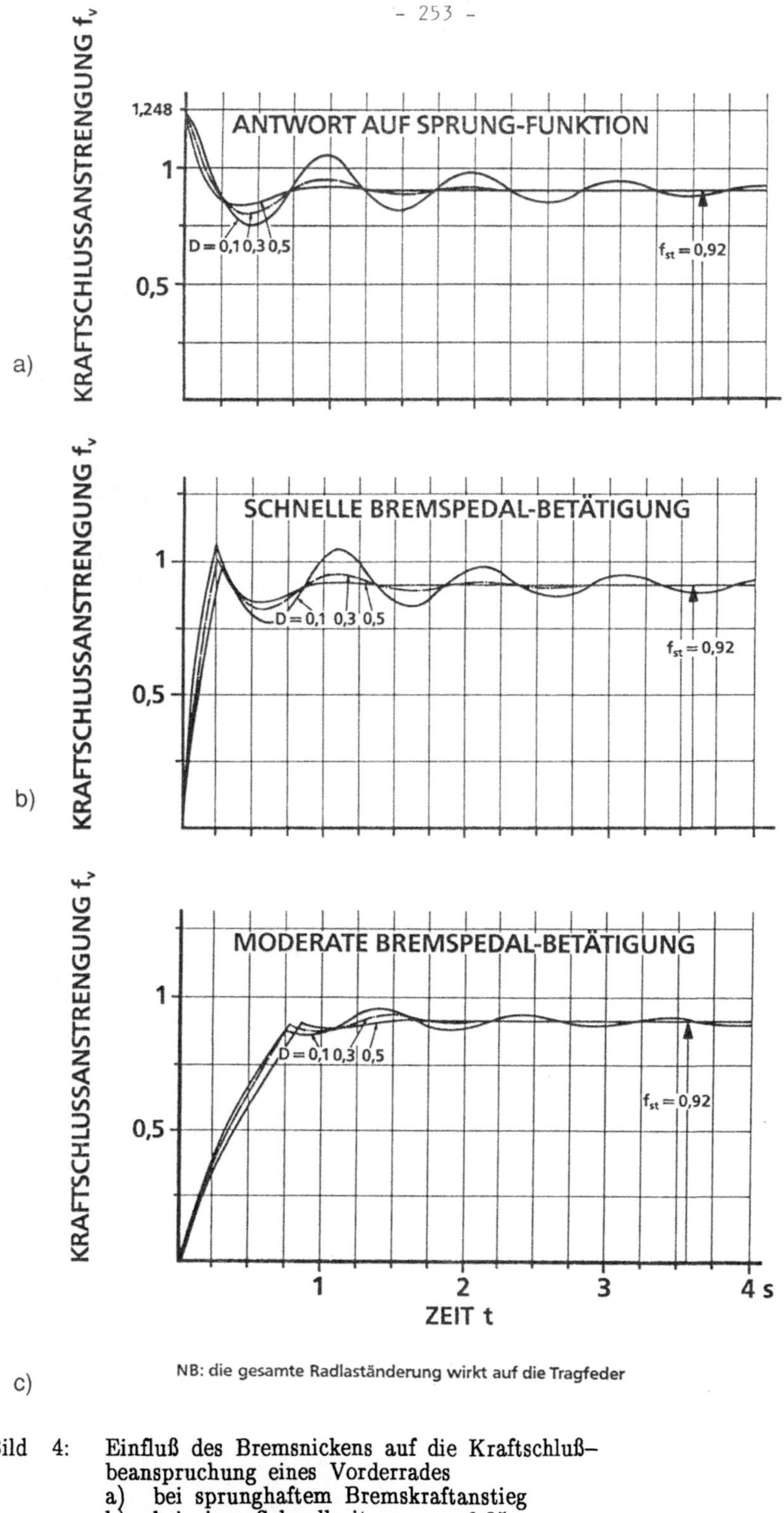

Bild 4: Einfluß des Bremsnickens auf die Kraftschluß-beanspruchung eines Vorderrades
a) bei sprunghaftem Bremskraftanstieg
b) bei einer Schwellzeit von ca. 0,25 s
c) bei einer Schwellzeit von ca. 0,8 s

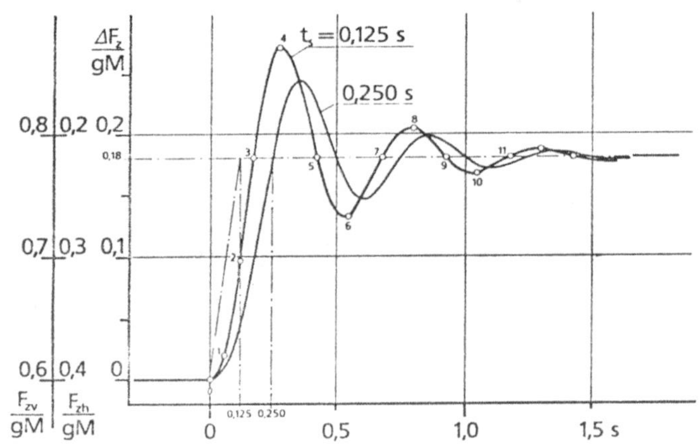

a)

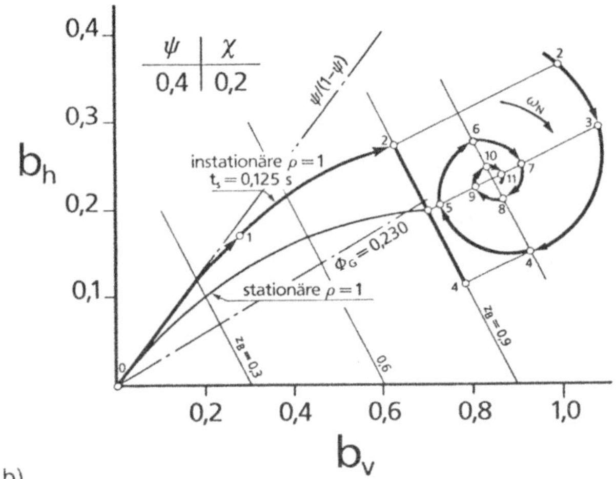

b)

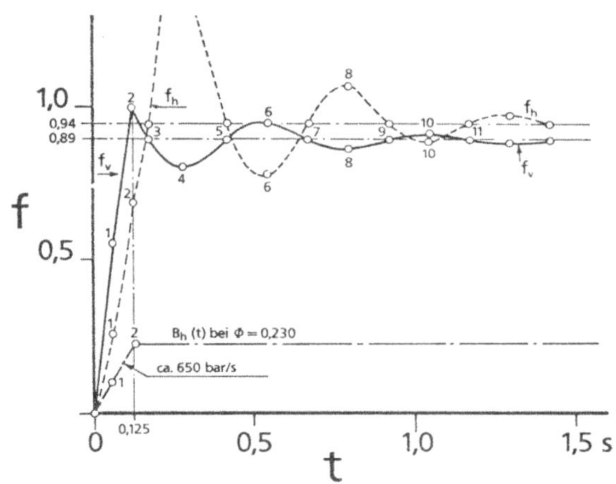

c)

Bild 5: Auswirkungen des zeitlichen Ablaufs der dynamischen Radlastverlagerung bei Geradesausbremsung

a) wirksame Radlasten an Vorder- und Hinterachse
b) instationäre $\rho = f_h/f_v = 1$ - Kurve im Tangentialkraft-Diagramm, im Vergleich dazu die stationäre (klassische) $\rho = 1$ - Kurve
c) Kraftschlußbeanspruchung an Vorder- und Hinterachse

dynamischen Achslastverlagerung für einen schnellen Bremskraftaufbau, wie er sich mit Modell (5) errechnet, dargestellt. Die diesem, unter der Voraussetzung $f_v = f_h = z_B$, entsprechenden Bremskräfte in $b_h - b_v$ – Koordinaten übertragen, liefern in Bild 5b die den instationären Nickvorgang berücksichtigende $\rho = 1$ Kurve. Die mit 0, 1, ... 12 gekennzeichneten Punkte markieren in allen drei Darstellungen zeitgleiche Zustände. Zum Zeitpunkt $t = t_4$ wird die Vollverzögerung $z_B = 0{,}9$ erreicht. Alle darauf folgenden Veränderungen von b_h und b_v verlaufen im $b_h - b_v$ – Diagramm auf der Linie z_B = const. und wurden an dieser Stelle deshalb in Form eines Phasenporträts sichtbar gemacht. – Der sich an Vorder- und Hinterachse einstellende Verlauf der Kraftschlußbeanspruchung ist in Bild 5c wiedergegeben.

Als nächstes Beispiel für wichtige Wechselwirkungen zwischen Brems- und Feder/Dämpfer-System wird auf die Beeinflussung von mechanisch angelenkten, hinterachslastabhängigen Bremskraftverteilern (BFD) durch Vertikalschwingungen eingegangen. – Heute verbaute Stoßdämpfer weisen bekanntlich für Zug- und Druckstufe eine unterschiedliche Charakteristik auf, wobei die mittlere Dämpfung bei Ausfederung (D_{2T}) deutlich größer als bei Einfederung (D_{2C}) ist. In Bild 6 sind die Wirkungen einer symmetrischen ($D_{2T} = D_{2C}$) und einer asymmetrischen ($D_{2T} > D_{2C}$) Stoßdämpferauslegung auf die

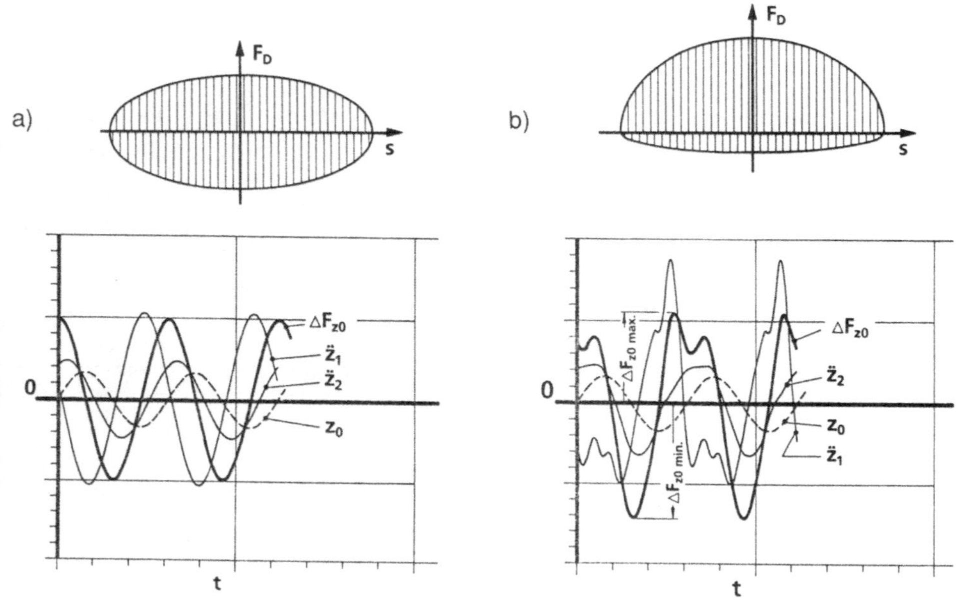

Bild 6: Einfluß der Stoßdämpfer-Charakteristik auf die dynamischen Radaufstandskräfte
a) symmetrische Zug- und Druckstufe
b) asymmetrische Zug- und Druckstufe, $F_{DT} > F_{DC}$

Vertikalbeschleunigungen $\ddot{z}_1$ und $\ddot{z}_2$ bei kinematischer, harmonischer Anregung wiedergegeben. Mit den Vertikalbeschleunigungen errechnet sich die dynamische Schwankung der Radaufstandskraft zu

$$\Delta F_{z0} = m_1 \cdot \ddot{z}_1 + m_2 \cdot \ddot{z}_2 \tag{11}$$

Zunächst fällt in Bild 6b deutlich der aufrauhende Einfluß der Unstetigkeit beim Übergang von D_{2T} auf D_{2C} auf, obwohl im Modell durch ein Übergangs–Polynom 4. Grades sichergestellt wurde, daß sich $dD/d\dot{s}$ nicht sprunghaft änderte. Sowohl bei symmetrischer als auch asymmetrischer F_D–s–Charakteristik folgt zeitlich auf das Maximum der Weganregung jenes der Radachsbeschleunigung $\ddot{z}_1$. Um Vertikalanregungen bzw. deren Änderungen möglichst frühzeitig zu erfassen, sollte also $\ddot{z}_1$ direkt sensiert werden.

Bild 7a und 7b geben die Abhängigkeit der $\ddot{z}_2$– und ΔF_{z0}–Scheitelwerte von der Anregungsfrequenz wieder. Wie schon Bild 6b erkennen ließ, unterscheiden sich bei asymmetrischer F_D–s–Charakteristik die Amplitudenmaxima von Ein– und Ausfederungshub. Die Beträge der Max– und Minwerte bei einem $D_{2T}/D_{2C} = 0{,}5/0{,}1$ werden für $D_{2T}/D_{2C} = 0{,}1/0{,}5$ zu Min–Maxwerten. Bild 7c beschreibt ein weiteres Phänomen asymmetrischer Stoßdämpfer–Charakteristiken, nämlich die Erzeugung einer dynamischen Veränderung des mittleren Abstandes von Aufbau und Radachse [10]. Sie erreicht im Bereich der Radresonanz für $D_{2T}/D_{2C} = 5$ eine Größenordnung von –12% für ein typisches Hinterrad–Massenverhältnis, bzw. –8 % für ein Vorderrad. – Die erwähnten Bremskraftverteiler (BFD) benutzen einen $(z_2–z_1)$ proportionalen Abstand im Hinterachsbereich als Eingangsgröße. Eine dynamisch erzeugte, quasi stationäre Aufbauabsenkung täuscht einen höheren Beladungszustand vor und hebt den Umschaltpunkt des BFD an. Dem Bremskraft–Diagramm Bild 8 kann entnommen werden, wie sich dieser Effekt beim Bremsen eines unbeladenen Fahrzeugs auswirkt. Ein $\Delta s/s$ von ca. –10 % führt in dieser Situation dazu, daß die Hinterachse bereits ab etwa $z_B = -\ddot{x}/g = 0{,}3$ überbremst wird! Bei Simulationsrechnungen mit stochastischer, anstelle harmonischer Anregung, ergab sich für eine Fahrbahn mittlerer Unebenheit – charakterisiert durch eine spektrale Dichte von $\phi_h\ (\Omega_0) = 22\ cm^3$, eine Welligkeit $w = 2{,}18$ und $\Omega_0 = 1\ m^{-1}$ – für die Vorderachse eine dynamische Aufbauabsenkung von maximal 10,4 % und über 13 s gemittelt 5,2 %. – Für ein B & SC Verbundregelsystem ist daraus die weitere Schlußfolgerung zu ziehen, daß der Stoßdämpfer im Brems–Mode mit symmetrischer Charakteristik arbeiten sollte.

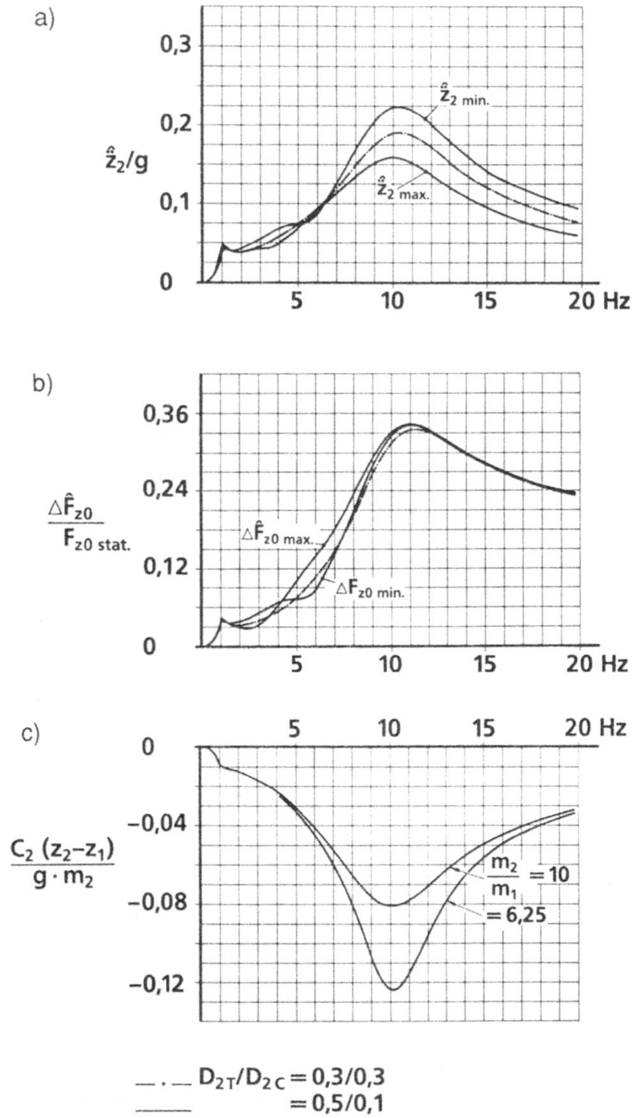

Bild 7: Frequenzgang–Darstellung zu Bild 6
a) Aufbau–Vertikalbeschleunigung
b) dynamische Schwankung der Radaufstandskraft
c) dynamische Änderung des mittleren Vertikalabstandes zwischen Aufbau und Radachse

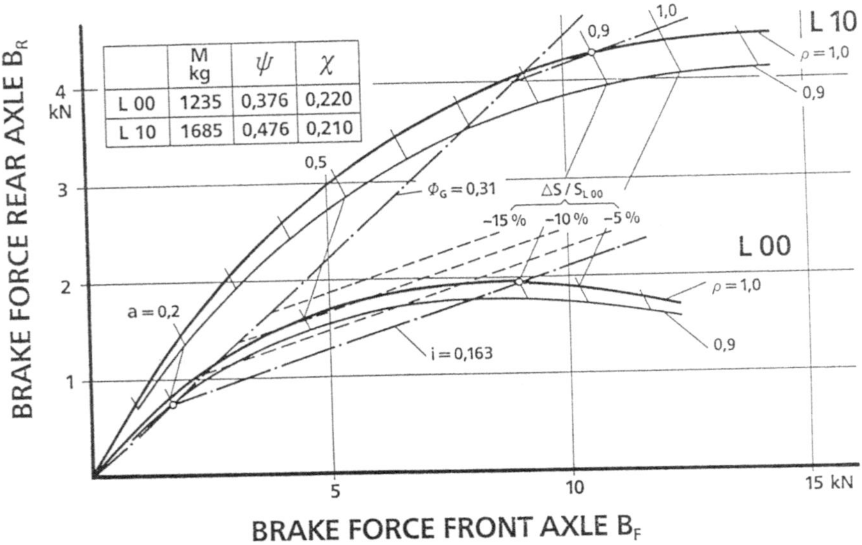

Bild 8: Verschiebung des Umschaltpunktes eines hinterachslastabhängig gesteuerten Bremskraftverteilers infolge asymmetrischer Stoßdämpfer–Charakteristik [4]
Auswirkung einer dynamischen Abstandsänderung von – 5 %, – 10 % und – 15 % bei unbeladenem Fahrzeug

Bei den bisherigen Beispielen war es – in 1. Näherung – nicht erforderlich, die Rotationsdynamik des gebremsten Rades zu berücksichtigen. Das ändert sich, wenn Radbewegungsgrößen in die Analyse einbezogen werden. Um den Einfluß einer harmonischen Vertikalanregung auf die Radbewegung und den Reifenschlupf bei einem stationären Bremsvorgang zu untersuchen, wurde das in Tafel 1 wiedergegebene Modell herangezogen.

Die Ergebnisse der mit diesem Modell durchgeführten Simulationsrechnungen sind in Bild 9 dargestellt.

Bei stationärer Abbremsung mit $T/(m \cdot R_D) = -7{,}10 \; m/s^2$ würde die Kraftschlußanstrengung 0,70 betragen. Infolge einer harmonischen Radlaständerung von $\Delta F_z/\bar{F}_z = 0{,}2$ ändert sich f nicht harmonisch, jedoch periodisch stabil zwischen 0,58 und 0,87 (Bild 9a). Das gleiche gilt für alle weiteren in Bild 9 dargestellten Merkmalswerte, wobei besonders auf die Anfachung einer Pseudodrehschwingung (Bild 9c) hinzuweisen ist. Sie erreicht Scheitelwerte von $-12 \; m/s^2$ (s. ABV–Beschleunigungs–Kriterium !), ohne, daß dabei das Rad zum

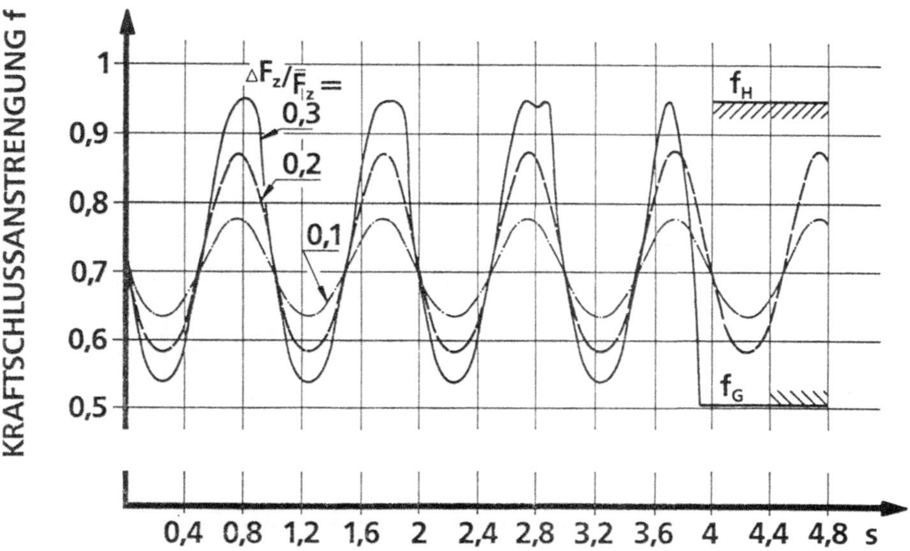
KRAFTSCHLUSSANSTRENGUNG f
1
0,9
0,8
0,7
0,6
0,5
ΔFz/F̄z =
0,3
0,2
0,1
fH
fG
0,4 0,8 1,2 1,6 2 2,4 2,8 3,2 3,6 4 4,4 4,8 s

a)

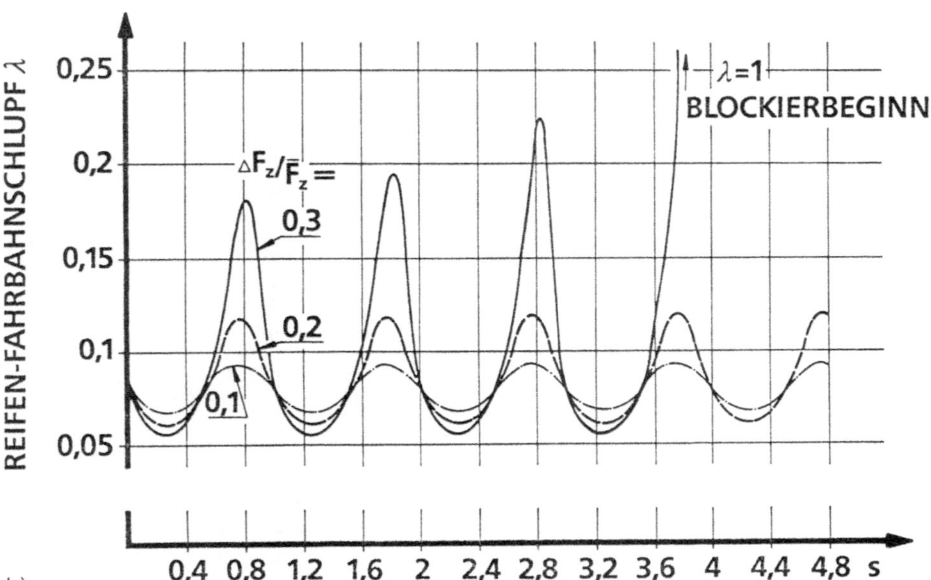
REIFEN-FAHRBAHNSCHLUPF λ
0,25
0,2
0,15
0,1
0,05
λ=1
BLOCKIERBEGINN
ΔFz/F̄z =
0,3
0,2
0,1
0,4 0,8 1,2 1,6 2 2,4 2,8 3,2 3,6 4 4,4 4,8 s

b)

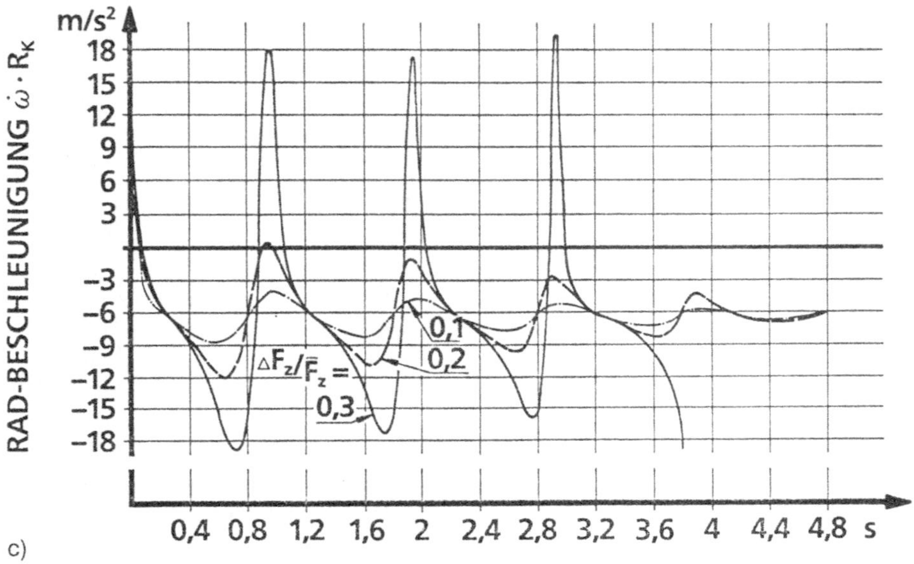
RAD-BESCHLEUNIGUNG $\dot{\omega} \cdot R_K$
m/s²
18
15
12
9
6
3
-3
-6
-9
-12
-15
-18
$\Delta F_z/\bar{F}_z$ =
0,1
0,2
0,3
0,4 0,8 1,2 1,6 2 2,4 2,8 3,2 3,6 4 4,4 4,8 s

c)

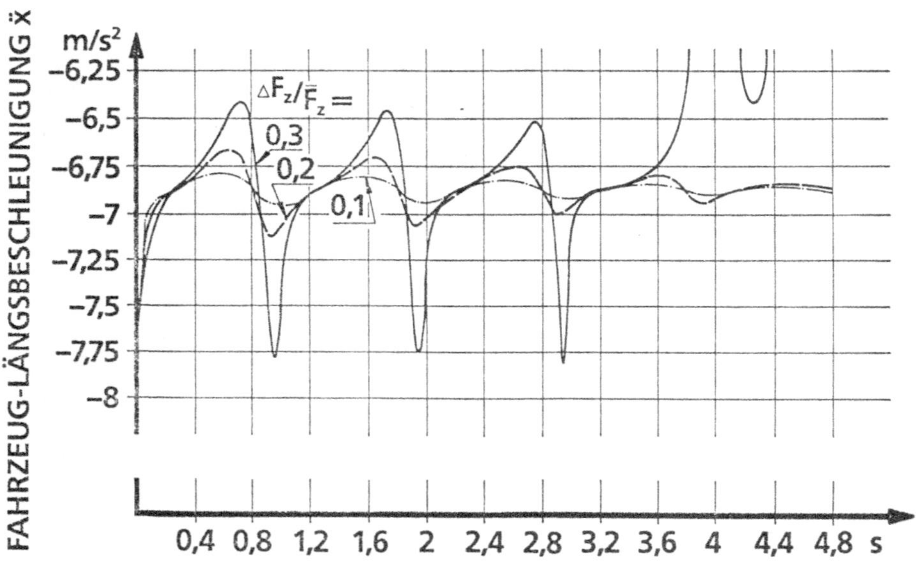
FAHRZEUG-LÄNGSBESCHLEUNIGUNG $\ddot{x}$
m/s²
-6,25
-6,5
-6,75
-7
-7,25
-7,5
-7,75
-8
$\Delta F_z/\bar{F}_z$ =
0,3
0,2
0,1
0,4 0,8 1,2 1,6 2 2,4 2,8 3,2 3,6 4 4,4 4,8 s

d)

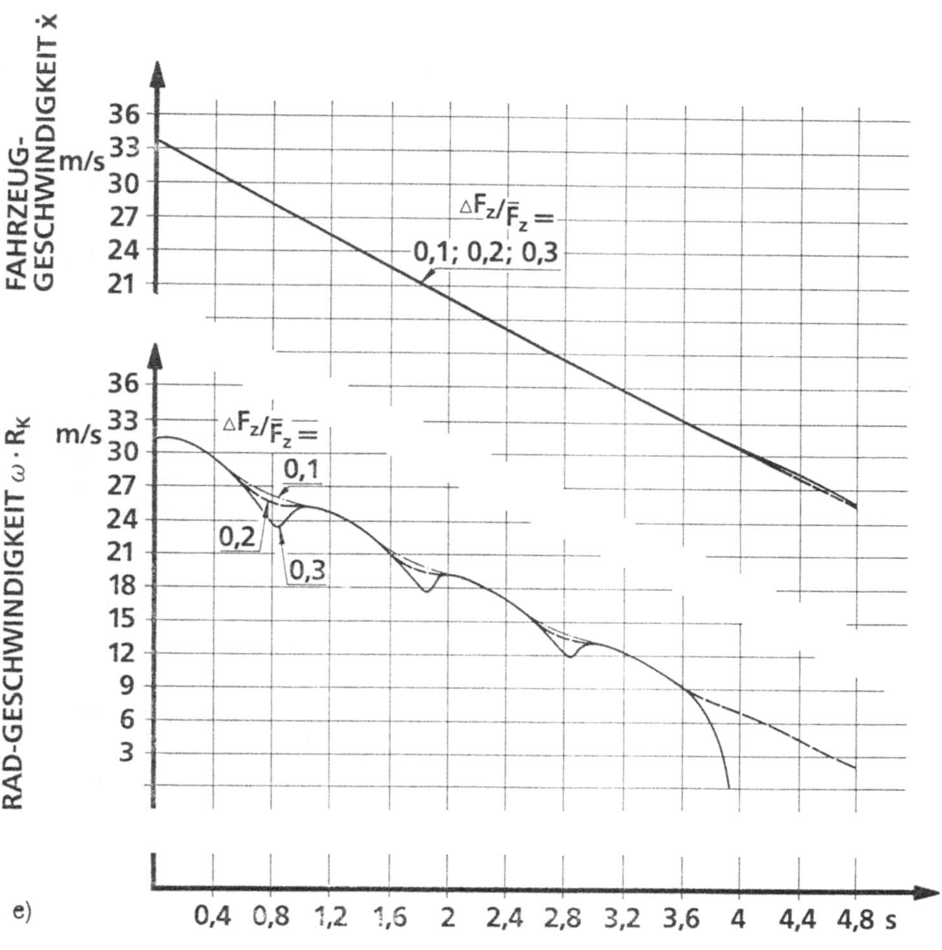

e)

Bild 9: Rotationsdynamik eines mit T_B = const. gebremsten Rades bei einer harmonischen Vertikalanregung entsprechend $\Delta\hat{F}_{z0}/F_{z0}$ = 0,1...0,3 [21]

a) Kraftschlußbeanspruchung
b) tangentialer Reifenschlupf
c) Rad–Drehbeschleunigung
d) Fzg.–Längsbeschleunigung
e) Rad–Dreh– und Fzg.–Längsgeschwindigkeit

Blockieren kommt. – Diese Simulationsergebnisse erklären frühere Straßenmessungen [11], welche auf einen möglichen Zusammenhang zwischen fahrbahnangeregten Vertikal– und beim Bremsen auftretenden Drehschwingungen sowie periodische Schlupfänderungen hinwiesen.

Eine Erhöhung von $\Delta F_z/\bar{F}_z$ auf 0,3 führt im Intervall der Radentlastung dazu, daß f den Haftwert f_H = 0,95 erreicht. Wie Bild 9b deutlich erkennen läßt, schaukelt sich die λ–Schwingung auf, erreicht bereits beim zweiten Zyklus λ_H = 0,19, kommt während des dritten in den instabilen Bereich der f(λ)–Charakteristik und stürzt im vierten Zyklus auf λ = 1 ab.

Dieses Beispiel ist deshalb so instruktiv, da es zeigt, daß trotz stationär ausreichendem Abstand zum Haftwert (Kraftschlußreserve: 1 – 0,7/0,95 = 0,26) ein Blockieren des Rades allein durch Vertikalschwingungen herbeigeführt werden kann. Bemerkenswert ist auch die Größenordnung der Längsverzögerungs–Schwankungen (Bild 9d), die vom Fahrer als unkomfortables Fahrzeug–Zucken registriert werden.

Die Untersuchungen dieser Zusammenhänge wurden bis zu Anregungsfrequenzen von 10 Hz und mit einer weiteren f(λ)–Charakteristik (f_H = 0,95, λ_H = 0,19, f_G = 0,80) fortgeführt. Die Ergebnisse unterscheiden sich von den hier gezeigten nur quantitativ.

Neben Vertikalanregungen als Ursache für die, die Raddrehgeschwindigkeits–Sensierung störenden Raddrehschwingungen, darf die Längselastizität der Radaufhängung nicht übersehen werden [15]. Wiederum vereinfacht, läßt sich letzterer Effekt mit dem in Tafel 2 wiedergegebenen Modell simulieren. Der Differenz zwischen horizontaler Radachs– (x_1) und Aufbaubewegung (x_2)

$$\Delta x = x_1 - x_2 \tag{12}$$

entspricht bei frei rollendem Rad ein Raddrehwinkel von

$$\Delta \varphi = \frac{\Delta x}{R_K} \tag{13}$$

bzw. als Geschwindigkeit ausgedrückt

$$\Delta \omega = \frac{1}{R_K} (\dot{x}_1 - \dot{x}_2) \tag{14}$$

Der tangentiale Reifenschlupf bezieht sich definitionsgemäß auf die absoluten momentanen Bewegungsgrößen des Rades gegenüber der

LÄNGSELASTIZITÄT ZWISCHEN RADTRÄGER UND AUFBAU

$$m_1(\ddot{x}_1-\ddot{x}_2)+K_{1x}(\dot{x}_1-\dot{x}_2)+C_{1x}(x_1-x_2)-F_{x0}=0$$

$$\Omega_{E1x}=\sqrt{C_{1x}/m_1}$$

$$D_{1x}=\frac{K_{1x}}{2\sqrt{m_1\cdot C_{1x}}}$$

$$\lambda_t=1-\omega\cdot R_K/\dot{x}_1$$

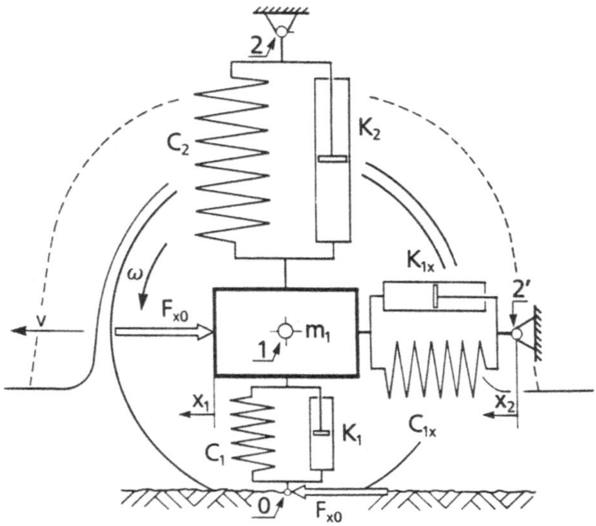

DREHELASTISCHES RAD MIT ZWEI DREHMASSEN

$$\Theta_1\cdot\ddot{\varphi}_1+K_{Rt}(\dot{\varphi}_1-\dot{\varphi}_0)+C_{Rt}(\varphi_1-\varphi_0)+e_x\cdot F_{z0}-T_y=0$$

$$\Theta_0\cdot\ddot{\varphi}_0-K_{Rt}(\dot{\varphi}_1-\dot{\varphi}_0)-C_{Rt}(\varphi_1-\varphi_0)+R_D\cdot F_{x0}=0$$

$$\lambda_t=1-\dot{\varphi}_0\cdot R_K/\dot{x}_1$$

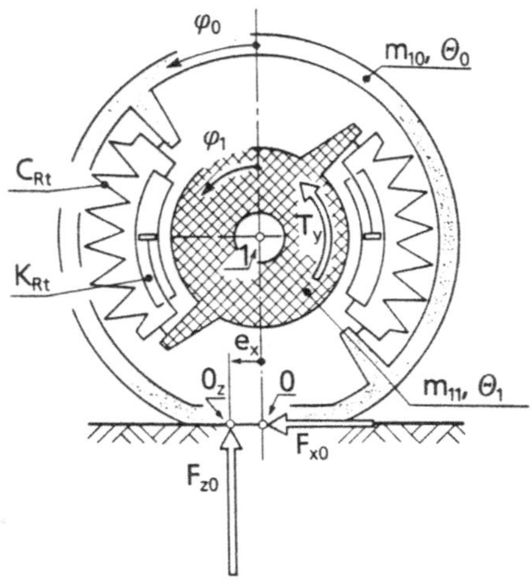

DREHUNG DES RADTRÄGERS RELATIV ZU DEN GLOBALEN X-Y-Z-KOORDINATEN

φ_{RT} – Drehwinkel des Radträgers infolge
- Abstützung des Bremsmomentes
- drehende Einfederung einer Kurbelachse
- Nickbewegung

φ_{SS} – Radsensor – Winkelsignal

$\varphi_1=\varphi_{SS}+\varphi_{RT}$

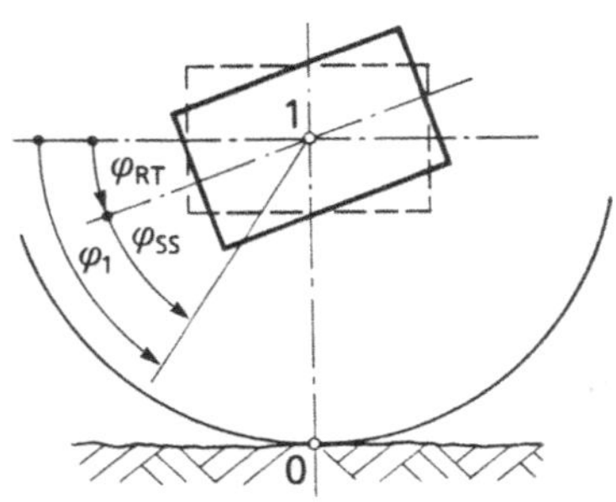

TAFEL 2: ERWEITERUNG DES BASISMODELLS DURCH BERÜCKSICHTIGUNG WEITERER ELASTIZITÄTEN

Fahrbahn, d.h. es gilt für das gebremste Rad

$$\lambda_t = 1 - \frac{\omega}{\dot{x}_1} \cdot R_K (F_{z0}) \tag{15}$$

mit $R_K (F_{z0})$ = von der Radaufstandskraft abhängiger, kinematischer Reifenradius.

Bezogen auf die gleichförmigere "Geschwindigkeit über Grund" des Aufbaus, folgt mit (12) für

$$\lambda_t = 1 - \frac{\omega}{\dot{x}_2 + \Delta\dot{x}} \cdot R_K (F_{z0}) \tag{16}$$

Ergebnisse diesbezüglicher Messungen [12] sind in Bild 10 zusammengestellt. Es handelt sich dabei um einen Bremsvorgang aus ca. 70 km/h mit $z_B \approx 0{,}4$ auf einer griffigen Strecke mit einer harmonischen Vertikalanregung der Wellenlänge 10 m. Die Eigenfrequenz des Rades betrug in z–Richtung 11,2 Hz und in x–Richtung 15,9 Hz. Bei den Zeitmarken 1,5 s und 2,1 s sind signifikante Einbrüche der Raddrehzahl mit λ_t–Werten von 8,5 % bzw. 16,7 % zu beobachten. Im $\ddot{x}_1$–Verlauf zeichnen sich an diesen Stellen besonders große Amplituden ab, die sich im $\ddot{z}_1$–Verlauf nicht wiederfinden.

Neben den bisher betrachteten sind noch folgende Effekte, welche die in λ_t eingehende Raddrehgeschwindigkeit betreffen, zu erwähnen (s. Tafel 2):

1. Mit dem Radsensor wird die Relativgeschwindigkeit $\dot{\varphi}_{SS}$ zwischen Radnabe und –träger gemessen.

2. Der Radträger kann relativ zum Aufbau (z.B. bei Kurbelachsen abhängig von der Einfederung $z_2 - z_1$), bzw. gegenüber den globalen Koordinaten (z.B. bei Nickbewegung) eine Drehung φ_{RT} um die Y–Achse ausführen, so daß

$$\dot{\varphi}_1 = \dot{\varphi}_{SS} + \dot{\varphi}_{RT} \tag{17}$$

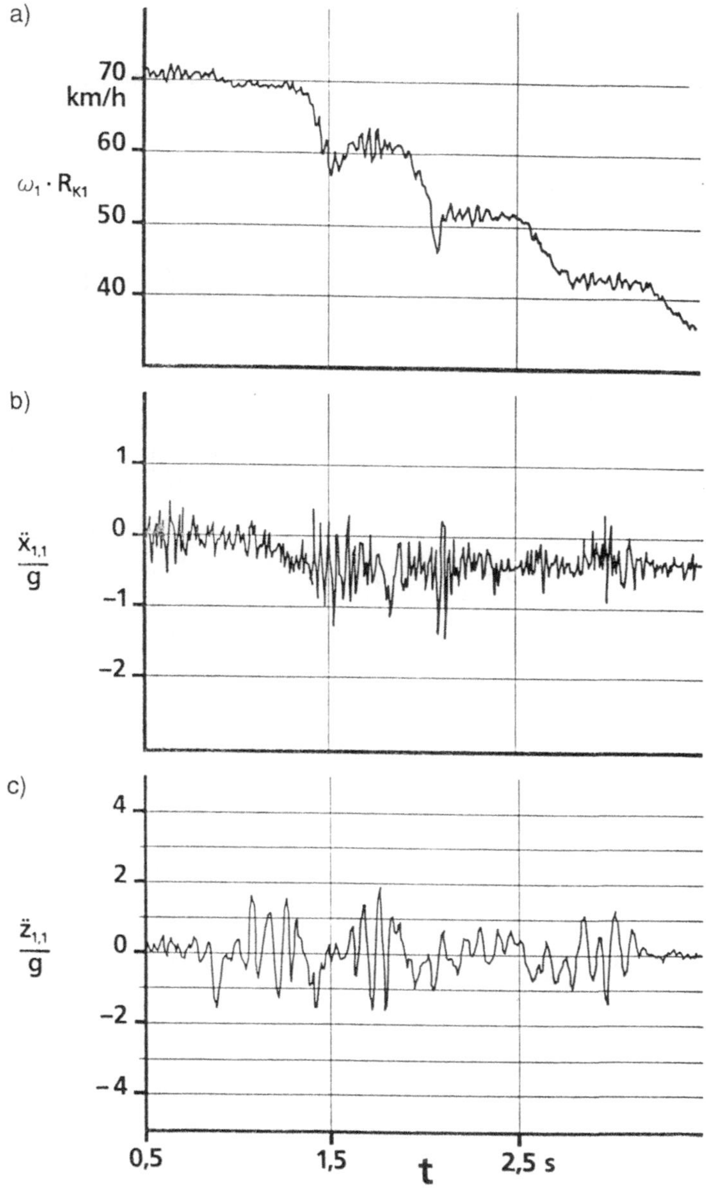

Bild 10: Meßwert–Ausdrucke der Rad–Bewegungsgrößen während eines Bremsvorganges mit $z_B = 0{,}42$ und harmonischer Vertikalanregung [12]
a) Drehgeschwindigkeit
b) Horizontalbeschleunigung der Radachse
c) Vertikalbeschleunigung der Radachse

3. Infolge der Drehelastizität des Rades unterscheiden sich die Winkelgeschwindigkeiten $\dot{\varphi}_1(t)$ und $\dot{\varphi}_0(t)$ sowohl hinsichtlich Amplitude als auch Phase.
   Damit lautet der präzisere Ansatz für den tangentialen Reifenschlupf

$$\lambda_t = 1 - \frac{\dot{\varphi}_0}{\dot{x}_1} \cdot R_K (F_{z0}) \tag{18}$$

   Ein Nichtbeachtung dieser Zusammenhänge verfälscht einerseits die λ_t-Werte, andererseits aber auch den Vergleich der ω-Werte zweier Räder.

Beim Überfahren von Einzelhindernissen treten ebenfalls ganz erhebliche instationäre dynamische Effekte auf, welche sich auf das Brems- bzw. ABV-Regelverhalten auswirken. In Bild 11 ist das Überfahren einer sin-förmigen Rampe (h_0 = 50 mm,

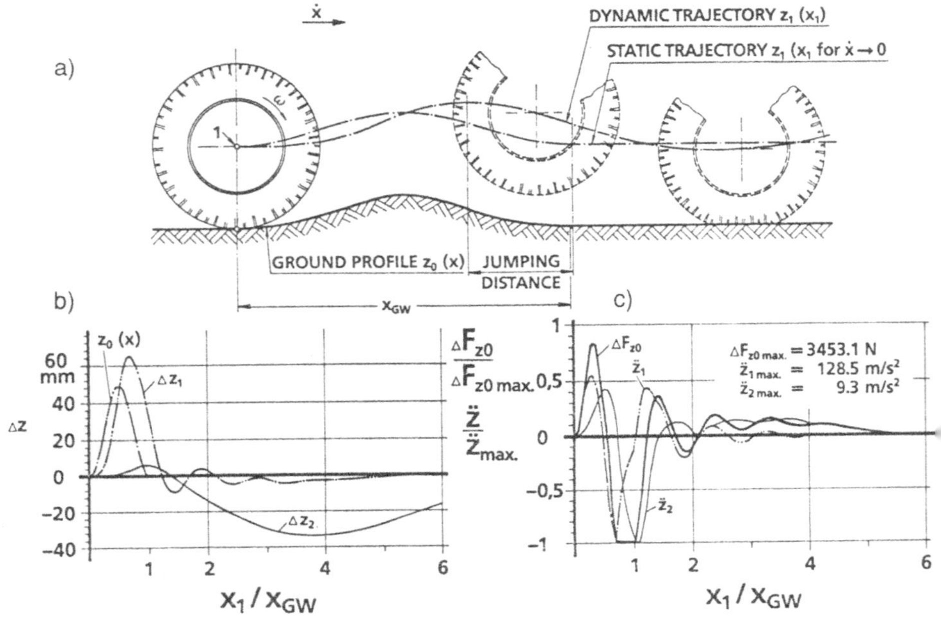

Bild 11: Überfahren eines sin-förmigen Einzelhindernisses
a) statische und dynamische Bahnkurve der Radachse $z_1(x_1)$
b) Fahrbahn-Erhebung, Radachs- und Aufbau-Vertikalbewegung in Ortskoordinaten-Darstellung
c) Radachs- und Aufbau-Vertikalbeschleunigung sowie dynamische Radlaständerung in Ortskoordinaten-Darstellung

$x_{GW} = 10^3$ mm) mit einer Geschwindigkeit $\dot{x} = 10$ m/s dargestellt. Bei der Simulation wurde nur die radiale Reifenverformung berücksichtigt. Die Ergebnisse sollten deshalb lediglich qualitativ bewertet werden. Prinzipiell gilt, daß die Drehbeschleunigung des gebremsten Rades im Bereich der Sprungweite extrem schnell, extrem hohe Werte annimmt. Im ABV–Mode wird diese Situation als nicht ausreichender Haftwert erkannt und entsprechend, d.h. mit einer Druckabsenkung in der Radbremse, reagiert. Da parallel zu der ω– auch eine sprunghafte $\ddot{z}_1$–Änderung erfolgt, kann bei Kenntnis beider in einem B & SC–Verbundregelsystem ein Entbremsen im ABV–Mode verhindert und eine unnötige Bremswegverlängerung vermieden werden.

Aus den bisher behandelten Beispielen lassen sich direkte Folgerungen für die optimale Anpassung der Stoßdämpferwirkung an das jeweilige Manöver ableiten (Tafel 3). Diese gehen in der getrennten Betrachtung der Dämpfung in Zug– bzw. Druckstufe über die aus dem sogenannten Fahrkomfort–, sicherheits–Konfliktdiagramm (CSC–Diagramm) zu ziehenden Handlungsanweisungen hinaus. Die vorteilhafte Wirkung einer semi–aktiven Dämpferkraft–Regelung gegenüber einer adaptiv–passiven ist in dem CSC–Diagramm von Bild 12 [14] deutlich zu erkennen.

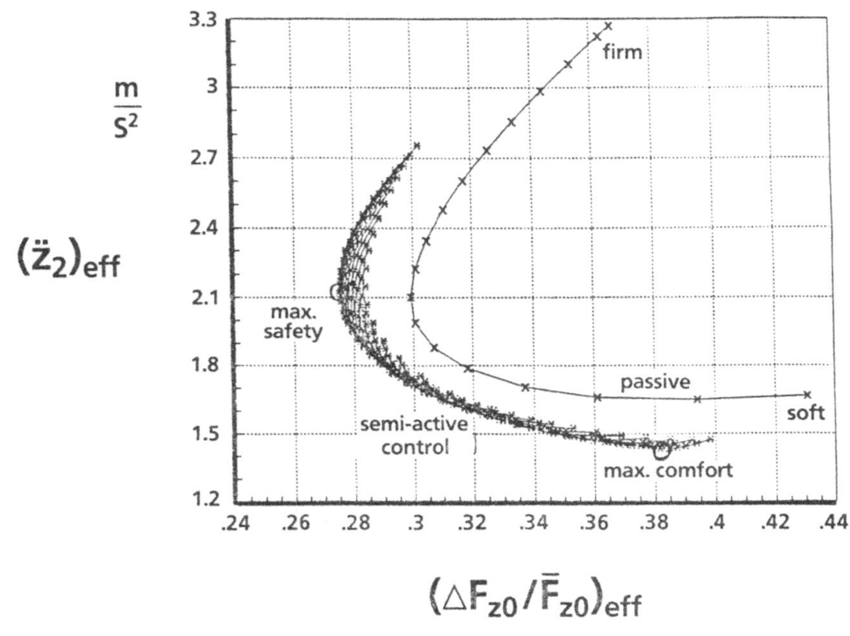

Bild 12: Simulationsergebnisse von Fahrten mit passiver und semi–aktiver Vertikal–Schwingungsdämpfung im sgn. Fahrkomfort–, –sicherheit–Konflikt–Diagramm (CSC–Diagramm) [14]
Das für die Simulation verwendete Fahrbahnprofil $z_0(x)$ wurde durch Vermessung eines existierenden Testkurses gewonnen

Beispiel	FOLGERUNGEN				
	Kriterien	optimaler Stoßdämpfer-Mode Vorderachse Zugstufe	Vorderachse Druckstufe	Hinterachse Zugstufe	Hinterachse Druckstufe
0 Grundeinstellung: Komfort	$\ddot{z}_{2v}, \ddot{z}_{2h}$	M – L	L	M – L	L
1 Bremsnicken Phase 1	$\ddot{x}_2, S_B, \ddot{z}_{2v}, \ddot{z}_{2h}$	M – L	H	L	M – L
Phase 2		H	H	H	H
2 Hinterachslast abhängiger Bremskraftverteiler	S_B	M	H	H	H
3 Vertikalanregung beim Bremsen	$\ddot{z}_{1v}, \ddot{z}_{1h}$, S_B	M	H	H	H
4 Längselastizität der Radaufhängung					
5 Sprung über Einzelhindernis Phase 1	$\ddot{z}_{1v}, \ddot{z}_{2v}, S_B$, $\ddot{z}_{1h}, \ddot{z}_{2h}$	L	L	L	L
Phase 2		H	H	H	H
Phase 3		M	M – L	M	M – L

S_B – Signal des Bremslichtschalters

H – hohe, M – mittlere, L – geringe } Dämpferkraft

TAFEL 3: FOLGERUNG AUS DEN BEHANDELTEN BEISPIELEN

3. B & SC – Systemkonzept

Ein Verbund zwischen Brems– und Suspension–System drängt sich nach dem oben gesagten geradezu auf. Das im folgenden behandelte B & SC–Systemkonzept beinhaltet folgende Funktionen:

- o Betriebsbremse
- o ABV/ASR–Regelung
- o semi–aktive Dämpferkraft–Regelung (SDC)
- o Nick– und Wankausgleichs–Regelung } (SLC)
- o Aufbau–Höhenverstellung } (SLC)

Kernstück ist der Informationsverbund zwischen ABV und SDC mit dem Ziel, für die Dauer eines Bremsvorganges und beim schnellen Durchfahren von Kurven, die größtmögliche Übertragung von Horizontalkräften in den Reifenaufstandsflächen sicherzustellen, Nick– und Wankbewegungen des Aufbaus zu kompensieren und bei normaler Fahrt für optimalen Fahrkomfort zu sorgen. Daneben ermöglicht dieser Informationsverbund die Auswertung bisher nicht verfügbarer Quer– und Vertikaldynamik–Informationen und die Einführung zusätzlicher Plausibilitäts–Kriterien für die ABV–Regelung sowie eine bessere Aufbereitung – Erhöhung des Informationsgehaltes – der Raddrehzahl–Signale.

Insgesamt sind zur Erfüllung der aufgeführten Teilaufgaben eines B & SC–Verbundregelsystems für Brems– und Suspension–Funktionen die in Bild 13 aufgelisteten Informationen erforderlich. Sie bestehen überwiegend aus niederfrequenten Signalen, beinhalten aber auch langsame Merkmalsänderungen bzw. Status–Meldungen. In den Mittelfrequenzbereich kommt allein das Raddrehzahlsignal sowie alle mit diesem synchronisierten Signale. Die baud rate der digitalisierten Signale liegt zwischen 35 bps und $40 \cdot 10^3$ bps.

Aus Bild 13 wird auch deutlich ersichtlich, welche Signale für die Funktion beider Systeme unabdingbar oder aber von Vorteil sind. Durch einen Informationsaustausch läßt sich also eine Duplizierung bestimmter Sensoren vermeiden. Durch die Wahl der Strichart wird hervorgehoben, welche Signale von beiden Systemen praktisch gleichzeitig benötigt werden und für welche ein langsamerer Datentransfer ausreicht.

Neben der Mehrfachnutzung einmal aufgenommener Signale werden für Verbundsysteme aber auch Multifunktions–Sensoren entwickelt. In Bild 14 wird ein Doppelfunktions–Radsensor gezeigt, welcher Radgeschwindigkeits– und Vertikalbeschleunigungssensor zu einer Baueinheit zusammenfaßt. Am Achsschenkel braucht damit nur noch ein Körper montiert und durch ein Kabel mit dem Aufbau verbunden werden.

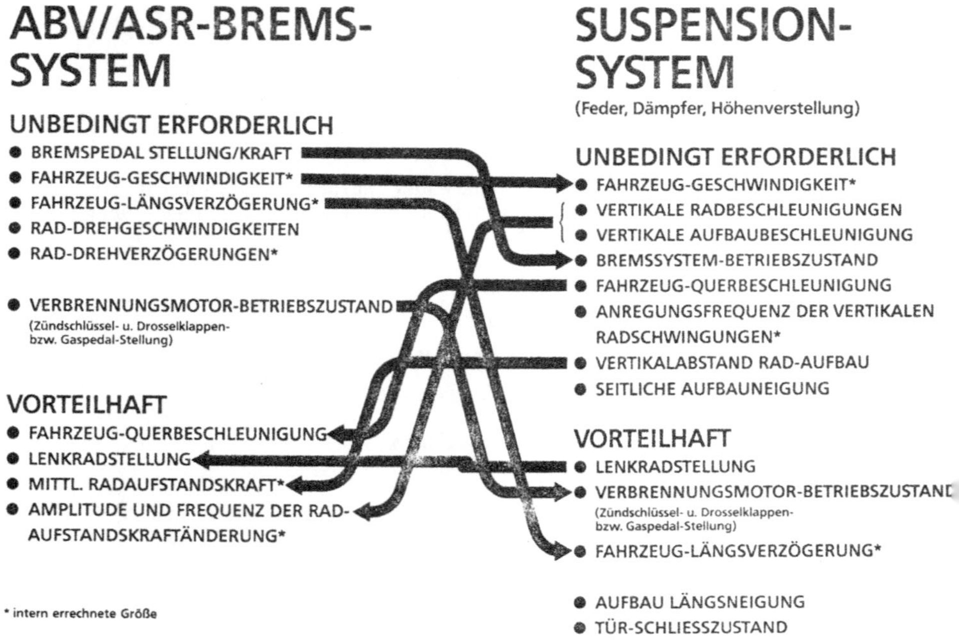

Bild 13: Für Brems- und Suspension-System-Regelungen erforderliche Informationen. Vorteilhafter Informationsaustausch in einem B & SC-Verbundregelsystem

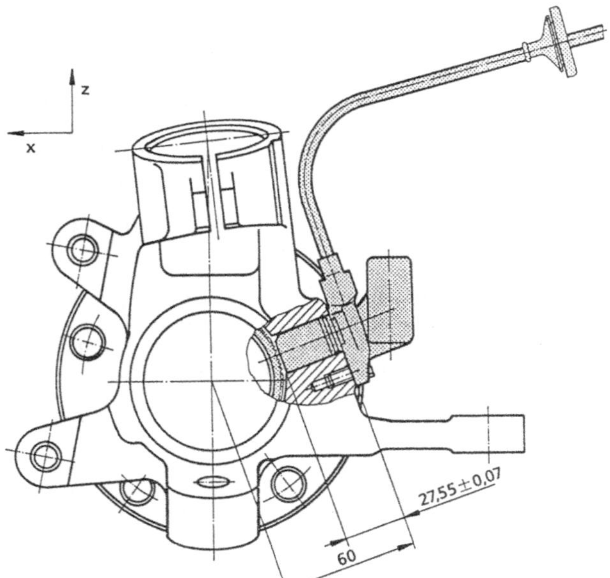

Bild 14: Doppelfunktions-Radsensor für Rad-Geschwindigkeit und Radachs-Vertikalbeschleunigung

Der hohe Informationsbedarf eines B & SC – so benötigt jeder Radbereich (Corner) bis zu sieben Signal– und 3...4 Leistungsverbindungen[1)] – führt zwangsläufig auf die folgende Regler– und Netzwerksarchitektur:

- o lokale Controller (LC) in jedem Radbereich
- o einen zentralen Controller (CC)
- o ein serielles Datenbus System (VDB)

In Bild 15 ist die Struktur eines lokalen B & SC Controllers als Blockdiagramm dargestellt. Alle anfallenden Signale werden in unmittelbarer Nähe der Sensoren aufbereitet, soweit notwendig und möglich miteinander verknüpft, lösen lokale Reaktionen aus oder/und werden in erheblich verdichteter, digitaler Formatierung über das lokale MUX–Interface und den VDB an den zentralen Controller weitergeleitet. Die in Bild 15 und 16 noch vorgesehenen separaten Signalleitungen für die Raddrehzahlsignale sind nur erforderlich, solange mit der heute existierenden ABS&TC–soft–ware gearbeitet werden muß.

Die Funktionen der Signal–Eingangs– und Ventil–Leistungs–Stufen bedürfen keiner weiteren Erläuterung. Anders ist dies bei den Funktionsblöcken SP 1...4, LDC und LLC, welche folgende Teilaufgaben haben:

SP1:	Aktive Radgeschwindigkeits–Signalaufbereitung
SP2:	Beschleunigungssignal–Kompaktierung
SP3:	Bestimmung der stationären Radaufstandskraft
SP4:	Bestimmung der dynamischen Radlast– und Reifenradiusänderung
LDC:	Lokaler Dämpfer–Regler
LLC:	Lokaler Aufbau–Abstands–Regler

Einzelheiten hierzu sind in [4] nachzulesen.

Über den lokalen Multiplex Transmission & Reception Controller (MUX T&R) wird die Verbindung zum zentralen Controller hergestellt. Alle Ausgangssignale liegen in digitaler Form vor, während die Sensorsignale überwiegend analoger Natur sind. Der LC ist als

---

1) Signalkanäle: ω, $\ddot{z}_1$, $\ddot{z}_2$, $(z_2 - z_1)$, Reifendruck, Bremsbelagdicke, Bremsflüssigkeitstemperatur
Leistungskanäle: zwei 2/2 Funktionen für die Höhenverstellung, ein bis zwei 2/2 Funktionen für die Dämpferkraftregelung

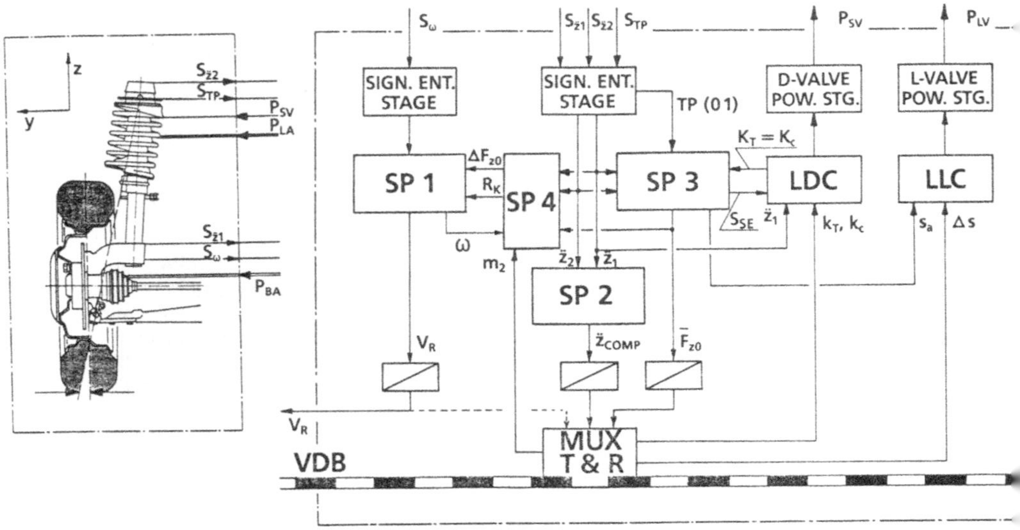

a) b)

Bild 15: Das "intelligent corner"–Konzept [4] bestehend aus

a) hard–ware corner: Rad, Radlagerung, Radbremse kompl., Radaufhängungskomponenten
- Federbein
- Stoßdämpfer
- Höhenverstell–Einheit

integrierte Sensoren, lokale ECU

b) corner soft–ware (LC): Eingangsstufen, Datenvorverarbeitung, –aufbereitung, lokale Control Algorithmen, Datenverdichtung, MUX–Datenübergabe

Hybridrechner konzipiert, so daß in den SP–Funktionsblöcken auf gewisse Vorteile analoger Methoden zurückgegriffen werden kann.

Bild 16 gibt das Blockdiagramm des zentralen B & SC–Controllers und dessen Verbindung mit den lokalen Controllern durch den VDB–Ringbus wieder. Dem zentralen Regler obliegen alle Steuer– und Regelaufgaben, die auf lokaler Ebene nicht, oder nicht optimal erfolgen können. Beispiele hierfür sind

- ABV/ASR–Regelung, bei welcher die Reaktion mehr als eines Rades verarbeitet werden muß
- vorder– und hinterachsabgestimmte Stoßdämpfer–Einstellung
- Nick– und Wankausgleich welche Informationen benötigen die am Rad erst verspätet als Reaktionen erkannt würden.

Die drei oberen Blöcke (Bild 16) beschreiben Steuerung und Regelung des Bremssystems, die beiden unteren jene des Suspensionssystems. Der beide Teilsysteme verbindende, zentrale Block kennzeichnet den "Zustandsbeobachter" (STO). Für die Regelungstechnik ist dies kein neuer Begriff, in Kfz–Regelsystemen sind solche STOs, wenn überhaupt, dann nur in rudimentärer Form eingesetzt, wie z.B. beim Bestimmen der Fahrzeug–Referenzgeschwindigkeit im ABV/ASR–Regler. Für ein Einzelsystem ist der dafür erforderliche Aufwand wohl auch nicht tragbar. Über den möglichen Nutzen besteht allerdings kein Zweifel auch nicht über die Notwendigkeit eines STO zur Lösung bestimmter Aufgaben [16, 17, 18]. Der STO (Bild 17) beinhaltet ein Fahrzeug–Ersatzmodell, mit dessen Hilfe sowohl System–parameter–Identifikationen [19, 20] durchgeführt, als auch, mit vertretbarem Aufwand nicht meßbare, Zustandsgrößen berechnet werden können. Besondere Vorteile verspricht die hier verfolgte Konzeption eines interaktiven Verbundes zwischen STO und Fahrzeug. So kann z.B. für die Ermittlung von $\bar{F}_{z0}$ der Stoßdämpfer auf eine symmetrische Charakteristik gesetzt werden, oder ein anderes Beispiel, bei Abbremsungen bis zu z_B = 0,40 kann temporär nur mit einer Achse gebremst werden, um die echte Bremskraftverteilung zu ermitteln. Es erscheint ferner realistisch anzunehmen, daß damit sogar der aktuelle Verlauf von $f(\lambda)$ erfaßt werden kann. – Derartige Parameter–Identifikationen sind nicht an die sehr kurzen Zykluszeiten der schnellen Regelkreise gebunden.

Der folgerichtige nächste Schritt wird die aktive Einbindung der Querdynamik sein, Informationen werden ja bereits hier in die Regelphilosophie einbezogen (Bild 18). Die Leistungsfähigkeit der heutigen passiven, elastokinematischen Systeme wird durch eine Schräglaufwinkel– und Sturz–Korrektur–Regelung nochmals verbessert werden. Schließlich wird auch die Servo– und ggf. die Hinterachslenkung mit dem B & SC zu einem Chassis–Fahrdynamik–Verbundsystem integriert werden [1, 21, 22].

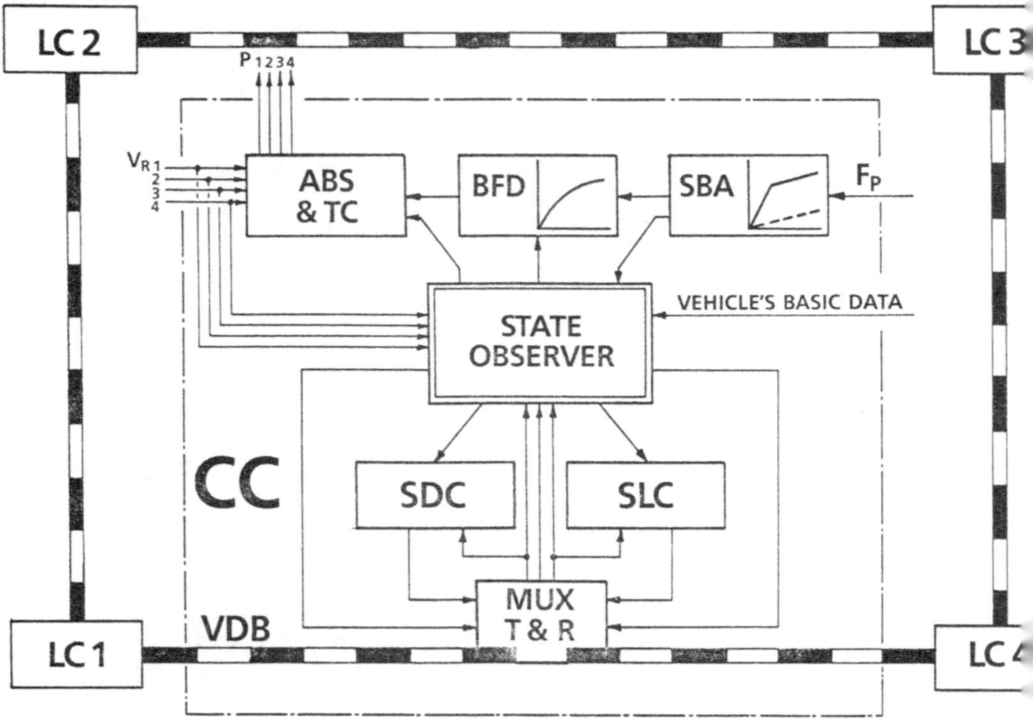

Bild 16: Struktur–Diagramm des B & SC–Verbundregelsystems
CC – zentraler Controller
LC1... LC4 – lokale Controller nach Bild 15
VDB – Daten Multiplex Ring BUS
Struktur des CC:
SBA – Steuerung der Betriebsbremswirkung
BFD – adaptive Bremskraftverteilung
ABS & TC – Überlagerung der existierenden ABS– und ASR–Kontrolle
SDC – Fahrzeug Dämpferkraft–Kontrolle
SLC – Nick– und Wank–Kompensation sowie Aufbau–Höhenverstellung

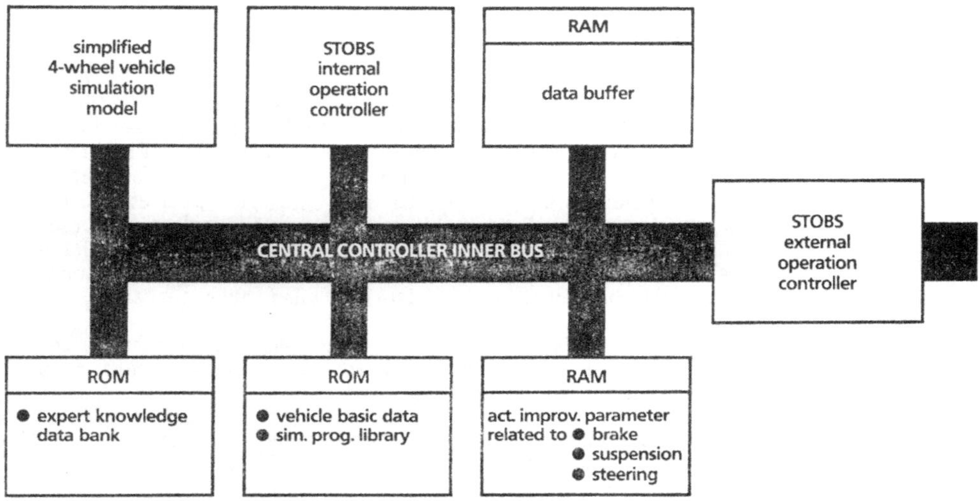

Bild 17: Struktur des interaktiven Zustandsbeobachters

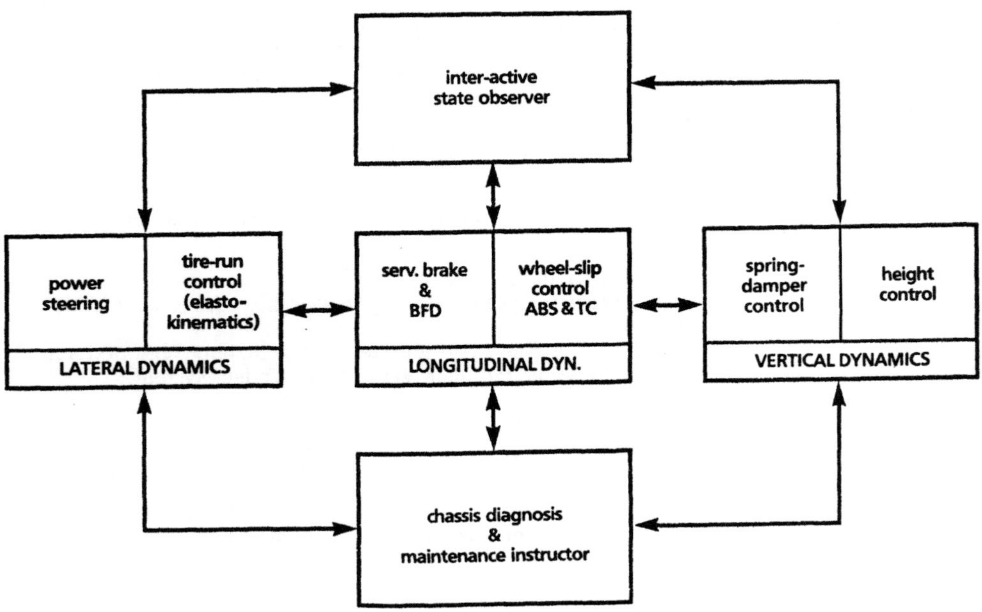

Bild 18: Zusammenfügen der Horizontal– und Vertikaldynamik beeinflussenden Systeme zu einem "Chassis–Verbundregelsystem (CCS)"
Sowohl dem interaktiven Zustandsbeobachter als auch der/dem erweiterten System–Diagnose/Monitoring kommt dabei eine die Integration fördernde Wirkung zu

4. DWI – Konzept

Im Zuge der Entwicklung und Einführung elektronisch gestützter Systeme im Fahrzeug wurde schon frühzeitig die Notwendigkeit erkannt, Sicherheitssysteme on–board hinsichtlich ihrer Funktionsfähigkeit zu überwachen. Features wie System–Selbstüberprüfung, –Eigendiagnose, Speicherung und Anzeige bewerteter Störmeldungen sind inzwischen zu einer Selbstverständlichkeit geworden [26]. Es besteht kein Zweifel, daß mit der steigenden Anzahl fahrzeugresidenter CA–Systeme auch die Diagnoseanforderungen zunehmen und dies nicht nur quantitativ sondern vor allem auch qualitativ.

Funktionale Verbundsysteme der im vorangehenden Abschnitt beschriebenen Art sind im hier zu betrachtenden Zusammenhang in mehrfacher Hinsicht von Bedeutung:

- jedes Teilsystem, wäre es als "stand–alone" System installiert, benötigt in Zukunft eine eigene on–board Diagnose mit "Ereignisspeicherung".
- durch die Zusammenfassung verschiedener Teilsysteme zu einem Verbund
  - reduziert sich die Anzahl zu überwachender Einzelkomponenten, Steckerverbindungen etc.
  - verteilt sich der Aufwand eines gemeinsamen Diagnosesystems auf mehrere Funktionen
  - erhöht sich aber auch die System–Komplexität und es
  - steigen die Anforderungen an die Qualität der Überwachung.

Letzteres wird die Entwicklung bzw. den Einsatz neuer Methoden erforderlich machen, wie

- Fehlererkennung und –diagnose mit Hilfe mathematischer Verfahren [23, 24, 25]
- Voraussetzungen dafür sind on–board
  - Verfügbarkeit geeigneter gemessener oder berechneter Kriterien
  - Möglichkeit einer gesteuerten, begrenzten, interaktiven Kommunikation mit dem zu überwachenden System
  - Signalaufzeichnungskapazität
  - Rechnerkapazität

  Anforderungen, die alle von einem entsprechend Bild 17 konzipierten interaktiven Zustandsbeobachter erfüllt werden
- on–board Erfassung und Bewertung seltener Ereignisse (Störungen), Aufzeichnung dieser gemeinsam mit deren simultanen Wirkungen (event–recording)
- Auswertung dieser "event records" durch ein wissensbasiertes, stationäres Diagnosesystem

o ein CA–Werkstattsystem muß darüber hinaus in der Lage sein, umfangreichere Systemüberprüfungen durchzuführen, Abweichungen von Sollvorgaben festzustellen und zu lokalisieren sowie daraus abgeleitete Wartungsinstruktionen zu formulieren und über einen Drucker auszugeben.

Ich denke, daß zur optimalen Kontrolle dieser Prozeduren vorteilhaft Methoden der fuzzy–set–logic in Verbindung mit stationären Wissens- und Datenbanken der Fahrzeughersteller und Systemhäuser eingesetzt werden können.

Bild 19, die Struktur eines integrierten Diagnose- und Wartungsinstruktor Systems darstellend, reflektiert diese Überlegungen:

Jedes fahrzeugresidente Funktional–System besitzt danach, als Bestandteil seiner soft–ware, eine spezielle Diagnose- und Selbstüberwachungsroutine. Die Ergebnisse des permanenten System–Monitoring werden in regelmäßigen Zeitabständen via VDB an die als "master" konzipierte on–board DWI–Unit gesendet. Deren soft–ware entscheidet über Ereignis–Speicherung, Fahrer–Information und ggf. erforderliche Status–Informationsweitergabe an andere (betroffene) Funktionalsysteme. – Die erste stationäre DWI–Ebene, d.h. die Werkstatt, kann den DWI–RAM, via Diagnosestecker mit Hilfe eines Handgeräts oder über das Werkstatt–LAN abfragen. Der Werkstatt–PC wertet die während der Fahrt registrierten Ereignisse aus, veranlaßt seinerseits bestimmte ergänzende System–Tests und kann im Bedarfsfall auf Informationen (Expertenwissen) aus einer höheren DWI–Ebene per Telecom zurückgreifen. –

Nach Abschluß der Diagnose formuliert der Werkstatt–PC mit Hilfe eines "wenn–dann"–Algorithmus die adequaten Wartungsinstruktionen und läßt diese ausdrucken. Bei dem angestrebten Informationsverbund beinhalten diese, neben den technischen Anweisungen auch die für das betreffende Fahrzeug gültigen Ident–Nummern evtl. benötigter Ersatz- oder Austauschteile. Infolge des DWI–Datenverbundes bis hin zu den Datenbanken der Systemlieferanten und Fahrzeughersteller sind alle DWI–Ausgaben ständig auf dem letzten Stand.

Sowohl der fahrzeugresidente als auch der stationär erforderliche Aufwand für ein solches DWI–System rechtfertigen den Einsatz für nur ein Funktional–System nicht. Im Gegenteil wäre ein DWI–Verbund über das B & SC bzw. CCS hinaus zu weiteren den gleichen VDB benutzenden Systemen wie z. B. dem EPM (Engine and Powertrain Management) anzustreben. Obwohl eine solche Aufgabenstellung sicher nur mittelfristig zu lösen ist, sollten möglichst frühzeitig Systemkonzepte, Schnittstellendefinitionen und entsprechende Spezifikationen auf eine flexibel zu erweiternde, integrierte Lösung abgestellt werden. Andernfalls könnte sich eines Tages ein Zustand einstellen, in welchem jedes System seinen eigenen Diagnosestecker, Werkstatt–Computer und sein spezifisches Datennetz benötigt.

5. Zusammenfassung

Basierend auf den unstrittigen physikalischen Zusammenhängen zwischen Längs-, Vertikal- und Querdynamik wurde das Konzept eines Regelsystem-Verbundes entwickelt. Im ersten Schritt sollte dieser das Brems- und das Radaufhängungssystem umfassen und später, durch Hinzufügung der Lenkungssysteme, auf die gesamte Horizontaldynamik ausgeweitet werden.

Offensichtlichen Vorteilen eines Verbundsystems, welche sich unter den Stichworten

- o Funktion
- o Gewicht
- o Kosten

zusammenfassen lassen, stehen Nachteile wie

- o höhere Komplexität
- o verminderte Produktflexibilität
- o optionale Ausstattungsvarianten nur bedingt selbständig

gegenüber. Bei einer Abwägung der pros und cons muß beachtet werden, daß neue und höhere Anforderungen an die Leistungsfähigkeit, Sicherheit und Zuverlässigkeit der Systeme nur dann zu erfüllen sind, wenn auch der Aufwand - z.B.: für einen interaktiven Zustandsbeobachter oder ein integriertes DWI - akzeptiert wird. Eine Umlage des Aufwands auf mehrere Nutznießer ist in diesem Zusammenhang stets von Vorteil; abgesehen von der Tatsache, daß bestimmte funktionelle Forderungen <u>nur und nur</u> durch ein Zusammenwirken von zwei oder mehr Teilsystemen erfüllt werden können.

Eine genauere Analyse läßt unterschiedliche Formen des Informationsaustausches erkennen. Sollen z.B. Vertikalbewegungsgrößen zur Signalaufbereitung von Raddrehzahlsignalen herangezogen werden (relativ große Datenmengen und -geschwindigkeiten) so ist das praktisch nur "vor Ort" d.h. in Sensornähe möglich. Gerade entgegengesetzt dazu sind die Anforderungen an den Informationsaustausch zwischen ASR- und Verbrennungsmotormanagement-System, welche durch reguläre Datenübergabe-Schnittstellen gut gelöst werden können. Die im Bild 20 wiedergegebene Grafik eines Verbundregelsystems veranschaulicht nochmals das Gesagte und läßt vor allem die verbindende Wirkung des Informationsaustausches und der gemeinsamen Stellenergieversorgung hervortreten.

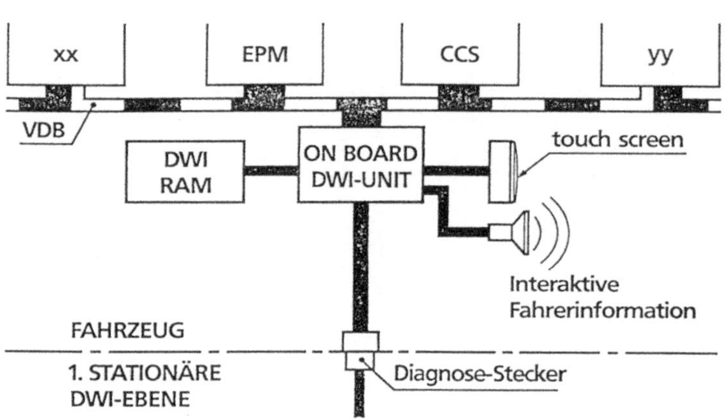

a)

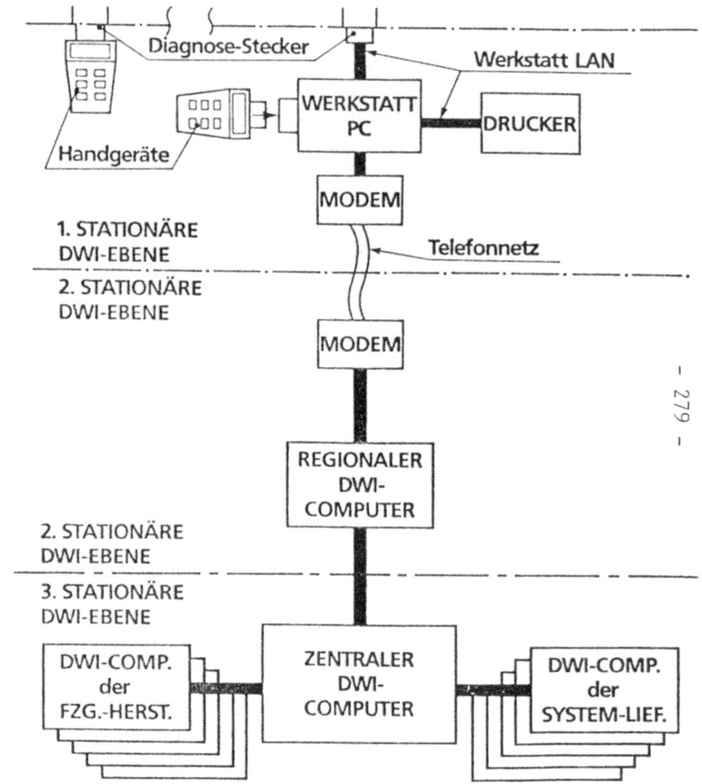

b)

Bild 19: Struktur–Diagramm eines integrierten Diagnose– und Wartungs–Instruktor (DWI) Systems

a) Fzg. residentes Teilsystem, Verbindung zur 1. stationären DWI–Ebene via Diagnose–Stecker

b) stationäre Teilsysteme

1. stationäre DWI–Ebene:	Kfz.–Werkstatt
2. stationäre DWI–Ebene:	regionaler DWI–Computer
3. stationäre DWI–Ebene:	Datenbank/Experten–System der System– u. Fzg. Hersteller

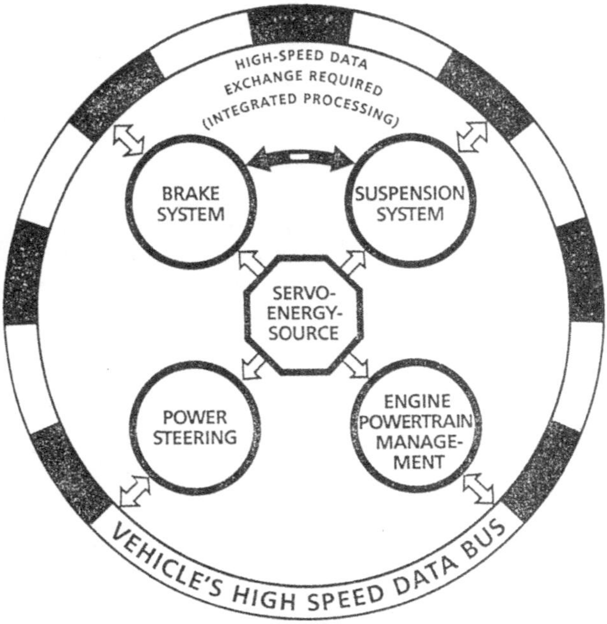

Bild 20: Datenaustausch und gemeinsame Servoenergieversorgung, die verbindenden Elemente zukünftiger Chassis–Verbundregelsysteme

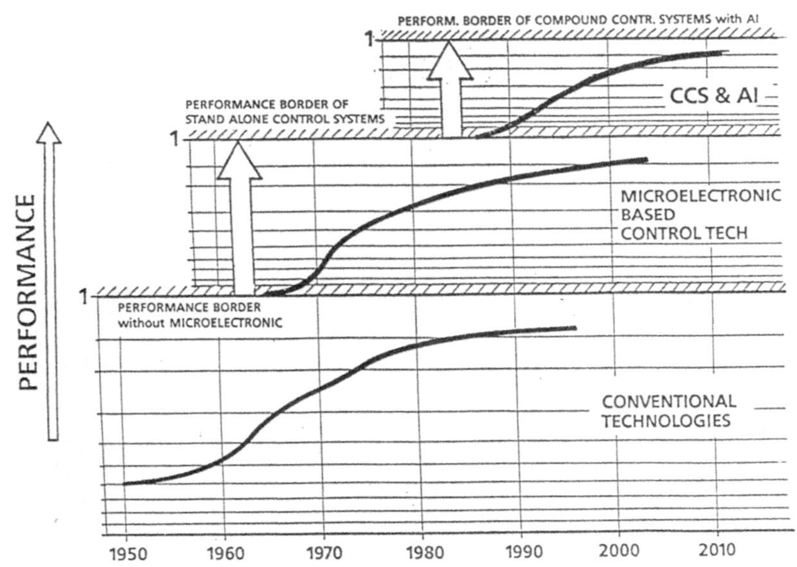

Bild 21: Evolution von Kfz.–Regelsystemen
Nur durch die Entwicklung und Nutzung neuer Technologien kann die Grenze der Leistungsfähigkeit signifikant angehoben werden

Abschließend sei auch hier die schon an anderer Stelle vorgetragene [4] und in Bild 21 visualisierte These wiederholt: Durch die Zusammenfassung von zwei oder mehr stand-alone Systemen zu einem "Verbund-System" wird sich die nur asymptotisch erreichbare Grenze der Technologie-Leistungsfähigkeit in ähnlich deutlicher Weise anheben lassen, wie das seinerzeit beim Übergang von konventionellen zu mikroelektronik-gestützten Regelungen der Fall war.

LITERATUR

[1] A. Zomotor und H. Leiber:
Schlupfregelung - ein Weg zur Erhöhung der aktiven Sicherheit
VDI-Tagung: Reifen, Fahrwerk, Fahrbahn
Hannover, Sept. 1987

[2] D. Hennecke et al:
Elektronische Dämpfer Control - eine vollautomatisch adaptive Dämpfkraftverstellung für den BMW 635 CSi
ATZ 89 (1987), S. 471/479

[3] A. Dreyer und H.-D. Heitzer:
Kraftschlußorientierte Regelstrategien für aktive Fahrwerke (Vertikal-, Längs- und Querdynamik)
2. Aachener Kolloquium "Fahrwerk- und Motoren-Technik"
Aachen, Oktober 1989

[4] H.-Ch. Klein:
Compound Control of Braking and Suspension Systems
XXIII FISITA-Congress, Torino 1990
Paper 905144,

[5] M. Mitschke und M. Thesenvitz:
Bremskraftverluste auf unebenen Fahrbahnen
VDI-Fortschrittsberichte, Reihe 12: Verkehrstechnik Nr. 58
VDI-Verlag, Düsseldorf, 1985

[6] K. Rompe und J. Ehlich:
Zum Stand der objektiven Bewertung von Reifen- und Fahrwerkseigenschaften
in: VDI-Berichte 650, S. 155/172
VDI-Verlag, Düsseldorf, 1987

[7] P. van der Jagt et al:
Influence of tyre and suspension dynamics on the braking performance of an anti-lock system on uneven roads
EAEC Conference on "New Developments in Powertrain and Chassis Engineering", Strasbourg, June 1989

[8] G. Heyer:
Trends in der Stoßdämpferentwicklung
Automobil-Industrie 33 (1988), S. 713/726

[9] H.-Ch. Klein, P. Lohberg und L. Münch:
Ein neues mobiles Meßdatenerfassungs- und Verarbeitungs-System für fahrdynamische Untersuchungen mit ereignisgesteuertem Data Sampling
Interner Bericht der Alfred Teves GmbH, Frankfurt/Main, 1989

[10] W. Matschinsky:
Die Radführungen der Straßenfahrzeuge
Verlag TÜV Rheinland, Köln 1987

[11] Makoto Satoh and Shuji Shiraishi:
Performance of Antilock Brakes with Simplified Control Technique
SAE paper 830484

[12] U. Kuckelkorn:
Experimentelle Erfassung der Stör- und Nutzsignale, sowie deren Ursache, von ABS-Raddrehzahlsignalen im Pkw
Diplomarbeit, Technische Hochschule, Darmstadt 1989

[13] G. Tanguy:
Antibloqueurs et suspensions des véhicules
XXI FISITA CONGRESS, Belgrade June 1986
Paper 865134

[14] M. Hoffmann, A. Eckert und St. Schmidt:
Design and Realization of a Suspension Control System with Continuously Variable Damping
Interner Bericht der Alfred Teves GmbH
Frankfurt am Main 1990 (Veröffentlichung demnächst)

[15] R. Tiemann:
Investigations to Optimize the Braking Behaviour on Uneven Roads,
III. EAEC Congress, Strasbourg, 1991

[16] European Patent Application 0 275 664:
Observer control means for suspension systems or the like

[17] H. Wallentowitz:
Das Einspurmodell, vom Simulationshilfsmittel zum helfenden Beifahrer
in: Vortragsausdrucke der VII. IfF-Tagung, Braunschweig, Mai 1989

[18] C. Charalambous et al:
The design and advanced development of a semi–active suspension
EAEC Conference on "New Developments in Powertrain and Chassis Engineering", Strasbourg, June 1989

[19] R. Isermann:
Identifikation dynamischer Systeme
Springer–Verlag Berlin, Heidelberg 1988

[20] H.–G. Natke:
Identifikation mechanischer Systeme
Automobil–Industrie 34 (1989), S. 171/182, S. 325/334 und S. 445/448

[21] H.–Ch. Klein:
PKW–ABV–Bremssysteme mit weiteren integrierten Funktionen
Automobil–Industrie 34 (1989), S. 659/673

[22] E. Donges et al:
Aktive Hinterachskinematik (AHK) – Neue Entwicklungsmöglichkeiten in der Fahrzeugquerdynamik
in: VDI–Berichte 778, S. 265/283
VDI–Verlag, Düsseldorf 1989

[23] R. Isermann:
Fehlerdiagnose mit mathematischen Prozeßmodellen
QZ 35 (1990), H. 9, S. 543/550

[24] R. Isermann:
Wissensbasierte Fehlerdiagnose technischer Prozesse
Automatisierungstechnik at 36 (1988), H. 11, S. 421/426

[25] G. Geiger:
Fehlererkennung und –diagnose an Gleichstrommotoren mit Parameter–Schätzverfahren
QZ 29 (1984), H. 3, S. 79/82

[26] H.–W. Bleckmann und L. Weise:
The new four–wheel anti–lock generation:
A compact anti–lock and booster aggregate and an advanced electronic safety concept
Conference on Antilock Braking Systems for Road Vehicles
London, 1985.

[27] H. Wallentowitz:
Powertrain and chassis control systems integration, a combination of two sensor systems offers more than they can separatly
SAE automotive engineering 99 (1991), H. 1, pp. 15/18.

Sehr geehrter Leser,

bei den Aufsätzen handelt es sich um die Referate einer Tagung des HAUSES DER TECHNIK in Essen. Das HDT, ein Außeninstitut der Technischen Hochschule in Aachen, ist die älteste Weiterbildungseinrichtung für Ingenieure in Deutschland und gehört zu den größten ihrer Art.

Pro Jahr werden fast 1000 Tagungen und Seminare auf unterschiedlichsten Gebieten durchgeführt. Die Veranstaltungspalette umfaßte die Bereiche und Branchen, wie beispielsweise Qualitätswesen, Fertigungstechnik, Instandhaltung, Bauwesen, Maschinenwesen, Elektrotechnik und Elektronik, Energietechnik, Verfahrenstechnik, Umweltschutz, Chemie, Medizin und Biotechnik.

Ein besonderer Schwerpunkt ist das Fahrzeugwesen. Themen wie Geräuschminderung, Fahrwerkstechnik, Rußminderung, Autolackierungen, Fahrzeugklimatisierung, Korrosionsschutz und Kraftfahrzeug-Elektronik stehen stellvertretend für fast 200 Tagungen, die in den letzten Jahren auf diesem Gebiet im Haus der Technik stattfanden.

Natürlich können immer nur einige wenige Tagungen als Buch herausgegeben werden. Auch kann ein noch so gut gemachtes Buch niemals den Besuch einer Fachtagung, bei der vielfach die Diskussion und die persönlichen Gespräche im Mittelpunkt stehen, ersetzen.

Falls Sie über das aktuelle Programm des HAUSES DER TECHNIK ständig unterrichtet werden möchten, rufen Sie uns an oder schreiben Sie uns. Für spezielle Fragen steht Ihnen Herr Dr. Hahn gerne zur Verfügung.

Ihr
HAUS DER TECHNIK

Postfach 10 15 43, Hollestraße 1, 4300 Essen 1 · Fernruf (02 01) 18 03-1
Fernschreiber 857 569 hdt d · Telefax-Nr. 02 01 / 18 03-2 69

GPSR Compliance

The European Union's (EU) General Product Safety Regulation (GPSR) is a set of rules that requires consumer products to be safe and our obligations to ensure this.

If you have any concerns about our products, you can contact us on ProductSafety@springernature.com

In case Publisher is established outside the EU, the EU authorized representative is:

Springer Nature Customer Service Center GmbH
Europaplatz 3
69115 Heidelberg, Germany

Batch number: 08544864

Printed by Printforce, the Netherlands